概率论与数理统计

主　编　吴月柱　李上钊
副主编　姜　伟　王志伟　崔召磊

科学出版社
北京

内 容 简 介

本书主要内容包括随机事件与概率、一维随机变量及其分布、多维随机变量及其分布、随机变量的数字特征、大数定律及中心极限定理、数理统计的基本概念、参数估计、假设检验、方差分析和一元回归分析等. 全书注重理论与应用相结合，强调直观性、准确性和应用性.

本书可作为高等学校对理论证明要求不高的理科、工科和经管等专业的教材.

图书在版编目（CIP）数据

概率论与数理统计 / 吴月柱，李上钊主编. —北京：科学出版社，2017.1
ISBN 978-7-03-050629-0

Ⅰ. ①概⋯ Ⅱ. ①吴⋯ ②李⋯ Ⅲ. ①概率论 ②数理统计 Ⅳ. ①O21

中国版本图书馆 CIP 数据核字（2016）第 272961 号

责任编辑：李淑丽　李香叶 / 责任校对：桂伟利
责任印制：霍　兵 / 封面设计：华路天然工作室

斜　学　出　版　社 出版

北京东黄城根北街 16 号
邮政编码：100717
http://www.sciencep.com

保定市中画美凯印刷有限公司 印刷

科学出版社发行　各地新华书店经销

*

2017 年 2 月第　一　版　　开本：720 × 1000　1/16
2022 年 12 月第十三次印刷　印张：14 1/2
字数：300 000

定价：43.50元
（如有印装质量问题，我社负责调换）

前　　言

概率论与数理统计是研究和揭示随机现象统计规律性的数学学科. 随机现象的普遍性使得概率论与数理统计在自然科学、社会科学、工程技术、工农业生产等领域中得到了广泛的应用. 因此, "概率论与数理统计"成为高等学校绝大多数本科专业中的一门重要的基础理论课.

目前, 我国高等教育已进入大众化阶段, 为适应普通本科院校应用型人才培养需求, 结合教育部高等学校数学与统计学教学指导委员会制定的工科类和经管类本科数学基础课程教学基本要求, 我们编写了本书.

结合多年的教学实践并参考国内众多教材, 在保持传统教材的基础上, 本书对知识体系进行了适当的调整和优化. 其重点介绍概率论与数理统计的基本概念、基本理论和基本方法, 注重理论与应用相结合, 强调直观性、准确性和应用性. 在内容上删除了一些过于繁琐的推理和计算, 在表述上大多从具体问题入手. 习题按章节配置, 部分习题有一定的难度, 可满足不同层次读者的需求. 本书可作为高等学校对理论证明要求不高的理科、工科和经管等专业的教材.

本书编写工作分工如下: 李上钊(第1, 4章)、姜伟(第2, 3章)、吴月柱(第5, 6章)、王志伟(第7, 8章)、崔召磊(第9, 10章). 本书在编写过程中得到了校内许多同事的帮助和支持, 在此一并表示衷心感谢.

由于编者水平有限, 书中错误及疏漏之处在所难免, 恳请读者批评指正.

编　者

2016 年 9 月

目　　录

第 1 章　随机事件与概率

本章介绍概率论的一些基本概念: 随机事件、概率、条件概率及独立性等, 这些概念将在后面的学习中反复使用.

1.1　随机事件及其运算

自然界和人类社会存在两类现象: 一类是在一定条件下必然发生的现象, 称为**确定性现象**. 比如 "太阳不会从西边升起" "水从高处流向低处", 这类现象的特征是条件完全决定结果. 另一类是在一定条件下可能出现也可能不出现的现象, 称为**随机现象**. 比如 "在相同条件下掷一枚均匀的硬币, 观察正反两面出现的情况" "明天的天气可能是晴, 也可能是多云或雨". 这类现象的特征是条件不能完全决定结果. 随机现象在一次观察或测量中是否发生呈现偶然性, 但在多次重复观察或测量中则表现为一定的统计规律性. 随机现象的这种统计规律性是通过随机试验来研究的.

1.1.1　随机试验

在概率论中, 试验是指对随机现象的观察或测量. 一个试验若满足条件:
(1) 可在相同条件下重复进行;
(2) 试验的全部可能结果(不止一个), 在试验前就明确;
(3) 一次试验结束之前, 不能准确预知哪一个结果会出现.
这样的试验被称为**随机试验**, 记为 E.
以下是一些随机试验的例子.
E_1: 抛一枚硬币, 观察哪一面朝上;
E_2: 将一枚硬币连续抛两次, 观察正面出现的次数;
E_3: 在一批灯泡中任意抽取一只, 测试它的寿命;
E_4: 在某一批产品中依次选取两件, 观察正品的件数;
E_5: 在某一批产品中依次选取两件, 观察正品、次品出现的情况.
但 "观察某地明天的气温" 不是随机试验, 因为它不能在相同条件下重复. 无特殊说明, 本书以后所提到的试验都是指随机试验.

1.1.2 样本空间与随机事件

随机试验 E 的所有可能结果组成的集合, 称为 E 的**样本空间**, 记为 Ω . 试验 E 的每个结果, 即样本空间的每一个元素称为 E 的一个**样本点**, 用 ω 表示.

例 1.1.1 写出上面所列举的随机试验 E_i ($i = 1, 2, \cdots, 5$)的样本空间.

(1) 试验 E_1 的样本空间为 $\Omega_1 = \{$正面, 反面$\}$;

(2) 试验 E_2 的样本空间为 $\Omega_2 = \{0, 1, 2\}$;

(3) 试验 E_3 的样本空间为 $\Omega_3 = \{\omega \mid \omega \geqslant 0\}$, 这是一个无限区间;

(4) 试验 E_4 的样本空间为 $\Omega_4 = \{0, 1, 2\}$;

(5) 试验 E_5 的样本空间为

$$\Omega_5 = \big\{(正品, 正品), (正品, 次品), (次品, 正品), (次品, 次品)\big\}.$$

随机试验的若干个结果组成的集合称为**随机事件**, 简称事件. 一般用大写字母 A, B, C 等表示. 只含一个试验结果的事件称为**基本事件**. 也就是说, 事件是样本空间 Ω 的子集, 基本事件只包含一个样本点.

在每次试验中, 当且仅当事件 A 所包含的某个样本点出现时, 称**事件 A 发生**.

样本空间 Ω 有两个特殊子集: 一个是 Ω 本身, 每次试验它总是发生, 称为**必然事件**; 另一个子集是 $\varnothing$, 每次试验它都不发生, 称为**不可能事件**.

例 1.1.2 设试验 E : 抛掷一枚骰子, 观察出现的点数, 则样本空间为 $\Omega = \{1, 2, 3, 4, 5, 6\}$;

$A =$ "出现 2 点", 即 $A = \{2\}$, 是一个基本事件;

$B =$ "出现偶数点" 即 $B = \{2, 4, 6\}$, 是一个事件;

$C =$ "出现奇数点" 即 $C = \{1, 3, 5\}$, 是一个事件;

$D =$ "点数不大于 6", 即 $D = \{1, 2, 3, 4, 5, 6\}$, 是必然事件;

$F =$ "点数大于 6", 即 F 是不可能事件.

如果在抛掷一枚骰子后, 出现点数 2 , 则事件 A, B, D 都发生; 如果出现点数 5 , 则事件 C, D 发生, 但事件 A, B 都不发生.

1.1.3 随机事件之间的关系及运算

对于一个随机试验来说, 有很多随机事件. 我们希望通过对较简单事件规律的研究去掌握更复杂事件的规律. 为此, 需要研究事件之间的关系和运算. 事件是一个集合, 因此我们可利用集合论的知识来研究事件之间的关系及其运算.

设试验 E 的样本空间为 Ω , A, B, C, A_k ($k = 1, 2, \cdots$)都是事件.

1. 事件的包含

如果事件 A 发生必然导致事件 B 发生, 则称事件 B **包含**事件 A, 或称事件 A **包含于**事件 B (图 1-1), 记为 $A \subset B$. 在例 1.1.2 中, 显然有 $A \subset B$.

对任一事件 A, 必有 $\varnothing \subset A \subset \Omega$.

2. 事件的相等

若 $A \subset B$ 且 $B \subset A$, 则称事件 A 与事件 B **相等**, 记为 $A = B$.

3. 事件的和(并)

事件 A 与事件 B 至少有一个发生的事件, 称为事件 A 与 B 的**和(并)**, 记为 $A \bigcup B$ (图 1-2). 在例 1.1.2 中, $B \bigcup C = \{1,\ 2,\ 3,\ 4,\ 5,\ 6\}$.

n 个事件 $A_1, A_2, \cdots, A_n$ 中至少有一个发生的事件, 称为 $A_1, A_2, \cdots, A_n$ 的和(并), 记作 $\bigcup\limits_{k=1}^{n} A_k$;

可列无限个事件 $A_1, A_2, \cdots, A_n, \cdots$ 中至少有一个发生的事件, 称为 $A_1, A_2, \cdots, A_n, \cdots$ 的和(并), 记作 $\bigcup\limits_{k=1}^{\infty} A_k$.

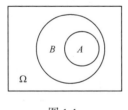

图 1-1

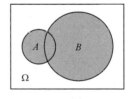

图 1-2

4. 事件 A 与 B 的积(交)

事件 A 与 B 同时发生的事件, 称为事件 A 与 B 的**积(交)**(图 1-3), 记作 $A \bigcap B$ 或 AB. 在例 1.1.2 中, $AB = \{2\}$.

n 个事件 $A_1, A_2, \cdots, A_n$ 中每一个事件都发生的事件, 称为 $A_1, A_2, \cdots, A_n$ 的积(交), 记作 $\bigcap\limits_{k=1}^{n} A_k$.

可列无限个事件 $A_1, A_2, \cdots, A_n, \cdots$ 中每一个事件都发生的事件, 称为 $A_1, A_2, \cdots, A_n, \cdots$ 的积(交), 记作 $\bigcap\limits_{k=1}^{\infty} A_k$.

5. 事件 A 与 B 的差

事件 A 发生而 B 不发生这一事件, 称为事件 A 与 B 的**差**(图 1-4), 记作 $A - B$. 在例 1.1.2 中, $D - C = \{2, 4, 6\}$.

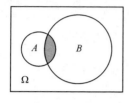

图 1-3

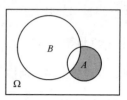

图 1-4

6. 事件的互不相容(互斥)

事件 A 与事件 B 不能同时发生这一事件, 即 $AB = \varnothing$ (图 1-5), 称 A 与 B **互不相容(互斥)**. 在例 1.1.2 中, 事件 A 与 C, B 与 C 都是互不相容的.

显然, 基本事件是两两互不相容的.

7. 事件的对立

事件 A 不发生这一事件, 称为事件 A 的**对立事件**或**逆事件**(图 1-6), 记作 $\bar{A}$. 在例 1.1.2 中, 事件 B 是 C 的对立事件, 但事件 A 不是 C 的对立事件.

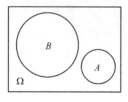

图 1-5

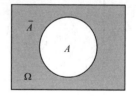

图 1-6

由于 A 也是 $\bar{A}$ 的对立事件, 所以称事件 A 与 $\bar{A}$ 为互逆事件. 又 $A \cap \bar{A} = \varnothing$, $A \cup \bar{A} = \Omega$, 因此每次试验中, 事件 A, $\bar{A}$ 中有且仅有一个发生. 显然有

(1) $\bar{\bar{A}} = A$, $\bar{\Omega} = \varnothing$, $\bar{\varnothing} = \Omega$;

(2) A 与 B 对立事件的充分必要条件是 $A \cup B = \Omega$ 且 $AB = \varnothing$.

例 1.1.3 设 A, B, C 是某个随机试验的三个事件, 则

(1) 事件 "A 发生" 可表示为: A;

(2) 事件 "只有 A 发生" 可表示为: $A \bar{B} \bar{C}$;

(3) 事件 "三个事件都发生" 可表示为: ABC;

(4) 事件 "三个事件中至少有两个发生" 可表示为: $AB\bigcup AC\bigcup BC$;

(5) 事件 "三个事件中恰好有两个发生" 可表示为: $AB\overline{C}\bigcup AC\overline{B}\bigcup BC\overline{A}$;

(6) 事件 "三个事件都不发生" 可表示为: $\overline{A}\,\overline{B}\,\overline{C}$;

(7) 事件 "三个事件中不多于两个发生" 可表示为: $\overline{A}\bigcup\overline{B}\bigcup\overline{C}$;

(8) 事件 "三个事件中不多于一个发生" 可表示为: $\overline{A}\,\overline{B}\bigcup\overline{A}\,\overline{C}\bigcup\overline{B}\,\overline{C}$.

事件运算满足下述规律, 证明从略.

(1) **交换律** $A\bigcup B=B\bigcup A$, $AB=BA$.

(2) **结合律** $(A\bigcup B)\bigcup C=A\bigcup(B\bigcup C)$, $(AB)C=A(BC)$.

(3) **分配律** $(A\bigcup B)\bigcap C=AC\bigcup BC$, $(A\bigcap B)\bigcup C=(A\bigcup C)(B\bigcup C)$.

(4) **对偶律(德·摩根律)** $\overline{A\bigcup B}=\overline{A}\bigcap\overline{B}$, $\overline{A\bigcap B}=\overline{A}\bigcup\overline{B}$.

德·摩根律可推广至 n 个及可列个事件的情形:

$$\overline{\bigcup_{i=1}^{n}A_i}=\bigcap_{i=1}^{n}\overline{A}_i , \quad \overline{\bigcap_{i=1}^{n}A_i}=\bigcup_{i=1}^{n}\overline{A}_i ,$$

$$\overline{\bigcup_{i=1}^{\infty}A_i}=\bigcap_{i=1}^{\infty}\overline{A}_i , \quad \overline{\bigcap_{i=1}^{\infty}A_i}=\bigcup_{i=1}^{\infty}\overline{A}_i .$$

习题 1-1

1. 写出下列随机试验的样本空间:

(1) 同时抛掷两颗骰子, 记录两颗骰子点数之和;

(2) 某人对靶标射击, 直到有 5 次击中为止, 记录射击的总次数;

(3) 将长为 1 米的绳剪成两段, 记录两段的长度;

(4) 平面直角坐标系中, 在以原点为圆心的单位圆内任意取一点, 记录它的坐标;

(5) 对一批产品进行检验, 合格的记为 1, 不合格的记为 0. 如果连续查出 2 个次品就停止检查, 如果检查了 4 个产品也停止检查, 记录检查的结果.

2. 袋中有 10 个分别编有号码 1 至 10 的球, 从中任取 1 球, 设 A = {取得球的号码是偶数}, B = {取得球的号码是奇数}, C = {取得球的号码小于 5}, 问下列运算表示什么事件:

(1) $A\bigcup B$; (2) AB ; (3) AC ; (4) $\overline{AC}$; (5) $\overline{A}\,\overline{C}$; (6) $\overline{B\bigcup C}$; (7) $A-C$.

3. 在数学系的学生中任选一名学生, 令事件 A 表示被选学生是男生, 事件 B 表示被选学生是三年级学生, 事件 C 表示该生是运动员.

(1) 叙述 $AB\overline{C}$ 的意义.

(2) 在什么条件下 $ABC=C$ 成立?

(3) 什么条件下关系式 $C\subset B$ 成立?

(4) 什么条件下 $\overline{A}=B$ 成立?

4. 连续进行三次射击, 设 A_i ={第 i 次射击命中}, $i=1,2,3$, B = {三次射击恰好命中两次},

$C = \{$三次射击至少命中两次$\}$, 试用 A_i 表示 B 和 C.

5. 指出下列命题中哪些成立, 哪些不成立, 并说明理由.

(1) $A \cup B = A\bar{B} \cup B$;   (2) $A \cup B = \overline{A}B$;

(3) $(\overline{A \cup B})C = \overline{A}\overline{B}C$;   (4) $(AB)(A\bar{B}) = \varnothing$;

(5) $A - AB = A - B$;   (6) 若 $C \subset A$, 则 $A \cup (B - C) = A \cup B$;

(7) $A(B - C) = AB - AC$;   (8) $A \cup (B - C) = A \cup B - A \cup C$.

6. 若事件 A, B, C 满足 $A \cup B = A \cup C$, 试问 $B = C$ 是否成立? 举例说明.

1.2 随机事件的概率

随机试验中的随机事件, 可能发生, 也可能不发生, 人们不能事先知道, 但它们发生的可能性大小却是客观存在的. 例如, 购买彩票中头奖的可能性远远小于中尾奖的可能性. 概率正是描述随机事件发生可能性大小的量.

1.2.1 概率的统计定义

定义 1.2.1   在相同的条件下进行 n 次试验, 事件 A 发生的次数 n_A 称为事件 A 发生的**频数**, 比值 $\dfrac{n_A}{n}$ 称为事件 A 发生的**频率**, 记作 $f_n(A)$.

由定义, 易知频率 $f_n(A)$ 具有以下性质:

(1) $0 \leqslant f_n(A) \leqslant 1$;

(2) $f_n(\Omega) = 1, f_n(\varnothing) = 0$;

(3) 设 $A_1, A_2, \cdots, A_k$ 是两两互不相容的事件, 则
$$f_n(A_1 \cup A_2 \cup \cdots \cup A_k) = f_n(A_1) + f_n(A_2) + \cdots + f_n(A_k).$$

由定义可知, 频率反映了一个随机事件在大量重复试验中发生的频繁程度. 频率越大, 事件 A 发生就越频繁, 在一次试验中 A 发生的可能性就越大, 也就是说, 事件 A 发生的概率就越大.

历史上曾经有一些著名学者做过抛掷硬币的试验, 以观察出现正面的次数, 其结果如表 1-1 所示.

表 1-1   历史上抛硬币试验

实验者	棣莫弗	蒲丰	费勒	皮尔逊	皮尔逊
抛掷次数 n	2048	4040	10000	12000	24000
正面向上的次数 n_A	1061	2048	4979	6079	12012
正面向上的频率 f_n	0.518	0.5069	0.4979	0.5016	0.5005

试验表明: 抛掷一枚均匀硬币时, 在一次试验中虽然不能确定是出现正面还是反面, 但大量重复试验时, 发现出现正面的频率大致为 0.5, 并且随着试验次数的增加, 频率稳定于 0.5.

人们经过长期的实践发现, 随着试验次数 n 的增大, 频率 $f_n(A)$ 总在某一常数的附近摆动, 并且出现较大偏差的可能性很小, 即稳定在该常数附近, 我们称频率的这一性质为**频率的稳定性**. 频率的这种稳定性可以用来刻画随机事件的概率.

定义 1.2.2 (概率的统计定义)　在相同条件下重复进行 n 次试验, 若事件 A 发生的频率 $f_n(A) = \dfrac{n_A}{n}$ 随着试验次数 n 的增大而稳定在某个常数 $p\,(0 \leqslant p \leqslant 1)$ 附近, 则称 p 为事件 A 的**概率**, 记为 $P(A)$.

根据概率的统计定义, 当重复试验的次数充分大时, 频率可以近似地表示事件发生的概率. 但是实际生活中有些试验不可重复进行, 即使可重复地进行试验, 也不可能对每一个事件进行大量的试验. 因此概率的统计定义有局限性, 不是一个严格的数学定义. 1933 年, 苏联数学家柯尔莫哥洛夫提出了概率论的公理化定义, 给出了概率的严格定义, 使概率论有了迅速的发展.

1.2.2　概率的公理化定义

定义 1.2.3　设 Ω 为随机试验 E 的一个样本空间, 对于 Ω 中每个事件 A 都对应一个实数 $P(A)$, 若 $P(A)$ 满足:

(1) **非负性**　$P(A) \geqslant 0$;

(2) **规范性**　$P(\Omega) = 1$;

(3) **可列可加性**　若 $A_1, A_2, \cdots$ 两两互不相容, 有

$$P\left(\bigcup_{n=1}^{\infty} A_n\right) = \sum_{n=1}^{\infty} P(A_n),$$

则称 $P(A)$ 为事件 A 的**概率**.

由概率的公理化定义可以导出下列性质.

性质 1.2.1　$P(\varnothing) = 0$.

证　设 $A_n = \varnothing\,(n = 1, 2, \cdots)$, 则 $\bigcup\limits_{n=1}^{\infty} A_n = \varnothing$ 且 $A_i A_j = \varnothing,\ i \neq j$. 由概率的可列可加性得

$$P(\varnothing) = P\left(\bigcup_{n=1}^{\infty} A_n\right) = \sum_{n=1}^{\infty} P(A_n) = \sum_{n=1}^{\infty} P(\varnothing),$$

由于 $P(\varnothing) \geqslant 0$, 故 $P(\varnothing) = 0$.　□

性质 1.2.2 (有限可加性)　设 $A_1, A_2, \cdots, A_n$ 是两两互不相容的事件, 则

$$P(A_1 \bigcup A_2 \bigcup \cdots \bigcup A_n) = P(A_1) + P(A_2) + \cdots + P(A_n).$$

证　令 $A_{n+1} = A_{n+2} = \cdots = \varnothing$，则 $A_i A_j = \varnothing, i \neq j, i, j = 1, 2, \cdots$.
由概率的可列可加性得

$$P(A_1 \bigcup A_2 \bigcup \cdots \bigcup A_n) = P\left(\bigcup_{k=1}^{\infty} A_k \right) = \sum_{k=1}^{\infty} P(A_k)$$

$$= \sum_{k=1}^{n} P(A_k) + 0 = P(A_1) + P(A_2) + \cdots + P(A_n). \qquad \square$$

性质 1.2.3　设 A, B 为两事件，且 $A \subset B$，则

$$P(A) \leqslant P(B), \quad P(B - A) = P(B) - P(A).$$

证　因为 $A \subset B$，所以 $B = A \bigcup (B - A)$ 且 $(B - A) \bigcap A = \varnothing$. 由概率的有限可加性得 $P(B) = P(A) + P(B - A)$，于是

$$P(B - A) = P(B) - P(A).$$

又因 $P(B - A) \geqslant 0$，故 $P(A) \leqslant P(B)$. $\qquad \square$

因为 $A - B = A - AB$，由性质 1.2.3 得如下推论.

推论 1.2.1 (减法公式)　$P(A - B) = P(A) - P(AB)$.

性质 1.2.4　设 $\overline{A}$ 是 A 的对立事件，则 $P(\overline{A}) = 1 - P(A)$.

证　因为 $A \bigcup \overline{A} = \Omega, A \bigcap \overline{A} = \varnothing, P(\Omega) = 1$，由概率的有限可加性得

$$1 = P(\Omega) = P(A \bigcup \overline{A}) = P(A) + P(\overline{A}),$$

于是

$$P(\overline{A}) = 1 - P(A). \qquad \square$$

性质 1.2.5 (加法公式)　对于任意两事件 A, B，有

$$P(A \bigcup B) = P(A) + P(B) - P(AB).$$

证　因为 $A \bigcup B = A \bigcup (B - AB)$，且 $A \bigcap (B - AB) = \varnothing$，$AB \subset B$，由概率的有限可加性及减法公式得

$$P(A \bigcup B) = P(A) + P(B - AB) = P(A) + P(B) - P(AB). \qquad \square$$

可将加法公式推广为三个及 n 个事件和的情形：

$$P(A_1 \bigcup A_2 \bigcup A_3) = P(A_1) + P(A_2) + P(A_3) - P(A_1 A_2)$$
$$- P(A_2 A_3) - P(A_1 A_3) + P(A_1 A_2 A_3). \qquad (1.2.1)$$

$$P(A_1 \bigcup A_2 \bigcup \cdots \bigcup A_n) = \sum_{i=1}^{n} P(A_i) - \sum_{1 \leqslant i < j \leqslant n} P(A_i A_j)$$
$$+ \sum_{1 \leqslant i < j < k \leqslant n} P(A_i A_j A_k) + \cdots + (-1)^{n-1} P(A_1 A_2 \cdots A_n). \qquad (1.2.2)$$

例 1.2.1 设事件 A,B 的概率分别为 $\dfrac{1}{3}$ 和 $\dfrac{1}{2}$，求在下列三种情况下 $P(B\overline{A})$ 的值:

(1) A 与 B 互不相容; (2) $A \subset B$; (3) $P(AB) = \dfrac{1}{8}$.

解 (1) 因为 A 与 B 互不相容, 故 $B\overline{A} = B(\Omega - A) = B - BA = B$, 从而

$$P(B\overline{A}) = P(B) = \frac{1}{2}.$$

(2) 因为 $A \subset B$, 故 $P(B\overline{A}) = P(B) - P(A) = \dfrac{1}{2} - \dfrac{1}{3} = \dfrac{1}{6}$.

(3) 因为 $B\overline{A} = B - BA$, $BA \subset B$, 所以

$$P(B\overline{A}) = P(B) - P(AB) = \frac{1}{2} - \frac{1}{8} = \frac{3}{8}. \qquad \square$$

例 1.2.2 已知 $P(A) = P(B) = P(C) = \dfrac{1}{3}$, $P(AB) = P(BC) = \dfrac{1}{8}$, $P(AC) = 0$, 则 A,B,C 中至少有一个发生的概率是多少? A,B,C 都不发生的概率是多少?

解 因为 $P(AC) = 0$, 而 $ABC \subset AC$, 所以由概率的性质 1.2.3 知, $P(ABC) = 0$. 再由式(1.2.1)得 A,B,C 中至少有一个发生的概率为

$$P(A \cup B \cup C) = P(A) + P(B) + P(C) - P(AB) - P(AC) - P(BC) + P(ABC)$$

$$= \frac{1}{3} + \frac{1}{3} + \frac{1}{3} - \frac{1}{8} - 0 - \frac{1}{8} + 0$$

$$= 1 - \frac{2}{8} = \frac{3}{4},$$

从而 A, B, C 都不发生的概率为 $1 - P(A \cup B \cup C) = \dfrac{1}{4}$. $\qquad \square$

习题 1-2

1. 设事件 A,B 互不相容, $P(A) = p, P(B) = q$, 试求

$$P(A \cup B), \quad P(AB), \quad P(A \cup \overline{B}), \quad P(A \cap \overline{B}) \text{ 及 } P(\overline{A} \cap \overline{B}).$$

2. 某人外出旅游两天, 据天气预报, 第一天下雨的概率是 0.6, 第二天下雨的概率为 0.3, 两天都下雨的概率为 0.1, 试求

(1) 第一天下雨而第二天不下雨的概率;

(2) 第一天不下雨而第二天下雨的概率;

(3) 至少有一天下雨的概率;

(4) 两天都不下雨的概率;

(5) 至少有一天不下雨的概率.

3. 设 A, B, C 是三个事件, 已知

$$P(A) = P(B) = P(C) = \frac{1}{3}, \quad P(AB) = P(BC) = P(AC) = \frac{1}{9}, \quad P(ABC) = \frac{1}{27}.$$

(1) 求 A, B, C 中至少有一个发生的事件的概率;

(2) 求 A, B, C 中至少有两个发生的事件的概率;

(3) 求 A, B, C 中只有一个发生的事件的概率.

4. 已知 $A \subset B$, $P(A) = 0.4$, $P(B) = 0.6$, 求

(1) $P(\bar{A})$, $P(\bar{B})$; (2) $P(A \bigcup B)$; (3) $P(AB)$; (4) $P(\bar{B}A)$, $P(\bar{A}\,\bar{B})$; (5) $P(\bar{A}B)$.

5. 设 A, B 是两个事件, 已知 $P(A) = 0.5$, $P(B) = 0.7$, $P(A \bigcup B) = 0.8$, 试求 $P(A - B)$ 及 $P(B - A)$.

6. 设 A, B 是两事件且 $P(A) = 0.6$, $P(B) = 0.7$. 问:

(1) 在什么条件下 $P(AB)$ 取到最大值, 最大值是多少?

(2) 在什么条件下 $P(AB)$ 取到最小值, 最小值是多少?

1.3 古典概型与几何概型

随机试验的形式多种多样, 本节讨论两类比较简单的随机试验, 它们在实际生活中具有广泛的应用.

1.3.1 古典概型

前面所讨论的随机试验的例子中, 如抛均匀硬币、掷均匀骰子, 它们具有两个共同特点:

(1) **有限性** 试验的样本空间只包含有限个元素.

(2) **等可能性** 在每次试验中, 每个基本事件发生的可能性相同.

具有以上两个特点的随机试验称为**古典概型**. 它在概率论发展的初期曾是主要的研究对象.

设古典概型的样本空间为 $\Omega = \{\omega_1, \omega_2, \cdots, \omega_n\}$, 因为每个基本事件发生的概率相同, 所以

$$P(\{\omega_1\}) = P(\{\omega_2\}) = \cdots = P(\{\omega_n\}).$$

又因为基本事件两两不相容, 由概率的公理化定义和性质得

$$1 = P(\Omega) = P(\{\omega_1\} \bigcup \{\omega_2\} \bigcup \cdots \bigcup \{\omega_n\})$$
$$= P(\{\omega_1\}) + P(\{\omega_2\}) + \cdots + P(\{\omega_n\}) = nP(\{\omega_i\}),$$

于是

$$P(\{\omega_i\}) = \frac{1}{n}, \quad i = 1, 2, \cdots, n.$$

若事件 A 包含 k 个样本点, 设 $A=\{\omega_{i_1}, \omega_{i_2}, \cdots, \omega_{i_k}\}$, 由于 A 可以表示为

$$A=\{\omega_{i_1}\}\bigcup\{\omega_{i_2}\}\bigcup\cdots\bigcup\{\omega_{i_k}\},$$

则由概率的有限可加性得

$$P(A)=\sum_{j=1}^{k}P(\{\omega_{i_j}\})=\frac{k}{n}=\frac{A\text{ 所包含样本点的个数}}{\text{样本点总数}}. \tag{1.3.1}$$

例 1.3.1 (抽签原理)　箱中有 a 根白签, b 根红签, 除颜色不同外, 这些签在其他方面无区别. 现有 $a+b$ 个人依次不放回地去抽签, 求第 k 个人抽到红签的概率.

解　设 $A_k=$ "第 k 个人抽到红签". 把 a 根白签及 b 根红签都看作是不相同的(设想对它们进行编号), 若抽到的签排成一列, 则所有可能的排法相当于把 $a+b$ 个元素进行全排列, 其总数为 $(a+b)!$, 这为样本点总数. 因为第 k 次抽到红签有 b 种抽法, 而另外 $a+b-1$ 次抽签相当于 $a+b-1$ 个元素进行全排列, 有 $(a+b-1)!$ 种抽取方式, 故 A_k 包含的样本点数为 $b\times(a+b-1)!$, 从而所求概率为

$$P(A_k)=\frac{b\times(a+b-1)!}{(a+b)!}=\frac{b}{a+b}\quad(1\leqslant k\leqslant a+b).\qquad\square$$

例 1.3.2　设袋中有 a 个白球, b 个黑球. 现分别采用(1) 有放回, (2) 不放回两种方式从中任意抽取 n ($n\leqslant a+b$)次, 每次取一个球, 问恰好有 k ($k\leqslant\min(a,n)$) 次取到白球的概率各是多少?

解　事件 $A_k=$ "n 次取球中有 k 次取到白球".

(1) 有放回情形. 从共有 $a+b$ 个球的袋中有放回地取 n 个球, 共有 $(a+b)^n$ 中取法. 每一种取法就是一个样本点. 而事件 $A_k=$ "n 次取球中有 k 次取到白球" 意味着其余 $n-k$ 次取到黑球, 由乘法原理知共有 $C_n^k a^k b^{n-k}$ 种取法, 故所求的概率为

$$P(A_k)=\frac{C_n^k a^k b^{n-k}}{(a+b)^n}=C_n^k\left(\frac{a}{a+b}\right)^k\left(\frac{b}{a+b}\right)^{n-k},\quad k=0,1,\cdots,n.$$

若记 $\dfrac{a}{a+b}=p$, 则

$$P(A_k)=C_n^k p^k(1-p)^{n-k},\quad k=0,1,\cdots,n.$$

(2) 不放回情形. 从共有 $a+b$ 个球的袋中不放回地取 n 个球, 因此共有 C_{a+b}^n 种取法. 每一种取法是一个样本点. 而在 a 个白球中取 k 个, 所有可能的取法有 C_a^k 种, 其余的 $n-k$ 个黑球在 b 个球中取得, 有 C_b^{n-k} 种. 由乘法原理, n 次取球中有 k 次取到白球的取法有 $C_a^k C_b^{n-k}$ 种. 故所求的概率为

$$P(A_k) = \frac{C_a^k C_b^{n-k}}{C_{a+b}^n}.$$ □

例 1.3.3 (球盒问题) 设有 n 个球, 每个球都等可能地被放到 N ($N \geqslant n$) 个不同盒子中的任一个, 每个盒子所放球数不限. 试求

(1) 指定的 n 个盒子中各有一球的概率;

(2) 恰好有 n 个盒子中各有一球的概率.

解 设 $A =$ "指定的 n 个盒子中各有一球", $B =$ "恰好有 n 个盒子中各有一球". 假设 n 个球和 N 个盒子都标有不同的记号. 先将 n 个球等可能地放到 N 个不同盒子中的任一个, 共有 N^n 种不同放法. 每一种放法是一个样本点.

(1) 事件 A 相当于将 n 个球依次放到 n 个不同盒子, 共有 $n!$ 种不同放法. 故所求概率为

$$P(A) = \frac{n!}{N^n}.$$

(2) 事件 B 相当于先从 N 个盒子中任取 n 个盒子, 然后将 n 个球依次放到这 n 个不同盒子中, 根据乘法原理共有 $C_N^n n!$ 种不同放法. 故所求概率为

$$P(B) = \frac{C_N^n n!}{N^n} = \frac{N!}{N^n (N-n)!}.$$ □

例 1.3.4 (女士品茶问题) 一位常饮奶茶的女士称: 她能从一杯冲好的奶茶中辨别出该奶茶是先放牛奶还是先放茶冲制而成. 做了 10 次测验, 结果她都能正确地辨别出来了. 问该女士的说法是否可信?

解 假设该女士的说法不可信, 即纯粹是靠运气猜对的. 在此假设下, 每次试验的两个可能结果为

奶+茶 或 茶+奶

且它们是等可能的, 因此是一个古典概型问题. 10 次试验共有 2^{10} 个等可能结果. 记 $A =$ "10 次试验中能正确分辨出放奶和放茶的先后次序", 则在 2^{10} 个样本点中 A 只包含其中的一个, 故

$$P(A) = \frac{1}{2^{10}} \approx 0.0009766,$$

这是一个非常小的概率. 人们在日常生活中遵循一个称为 "**实际推断原理**" 的准则: **一个概率很小的事件在一次试验中实际上几乎不会发生**. 依此原理我们认为 A 是不发生的, 这与实际试验结果矛盾, 因而一开始所做的 "该女士纯粹是靠运气猜对的" 假设不成立, 所以该女士的说法是可信的. □

1.3.2　几何概型

古典概型的试验结果为有限个且每个试验结果出现的可能性相同. 如果保留等可能性, 而试验的所有可能结果对应为线段、平面区域或者空间立体等几何图形, 称具有这种特点的试验为**几何概型**.

下面以平面区域为例介绍几何概型及随机事件概率的计算公式. 若在一个面积为 $\mu(\Omega)$ 的平面区域 Ω 中等可能地任意投点, 这里 "等可能" 的含义是: 点落在 Ω 内任意区域 A 的可能性与 A 的面积 $\mu(A)$ 成正比, 而与 A 的位置和形状无关. 将事件 "点落在区域 A 上" 仍记为 A, 则 A 的概率为

$$P(A) = k\mu(A),$$

其中 k 为比例常数. 由 $P(\Omega) = k\mu(\Omega) = 1$, 得到 $k = \dfrac{1}{\mu(\Omega)}$, 从而事件 A 的概率为

$$P(A) = \frac{\mu(A)}{\mu(\Omega)}. \tag{1.3.2}$$

注　若是在某线段或空间立体上投点, 则几何概型的随机事件概率的计算公式(1.3.2)中的面积分别改为线段的长度或立体的体积.

例 1.3.5 (会面问题)　甲乙两人约定在 6 时到 7 时之间在某处会面, 并约定先到者应等候另一人 10 分钟, 过时即可离去. 求两人会面的概率(假设每人在 6 时到 7 时这段时间内各时刻到达该地是等可能的, 且两人到达的时刻互不牵连).

解　设甲是 6:00 过 x 分钟, 乙是 6:00 过 y 分钟到达约会地点.

在平面上建立如图 1-7 所示的直角坐标系, 边长为 60 分钟的正方形区域就是样本空间 $\Omega = \{(x,y)\mid 0 \leqslant x \leqslant 60, 0 \leqslant y \leqslant 60\}$, 其面积为 $\mu(\Omega) = 60^2$.

设 $A =$ "两人能够会面", 由于两人能够会面的

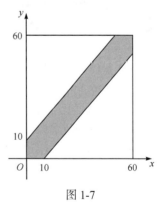

图 1-7

充要条件为 $|x - y| \leqslant 10$ (见图 1-7 中阴影部分), 故 $A = \{(x,y)\mid |x - y| \leqslant 10\}$, 其面积 $\mu(A) = 60^2 - 50^2$. 则两人会面的概率为

$$P(A) = \frac{\mu(A)}{\mu(\Omega)} = \frac{60^2 - 50^2}{60^2} = \frac{11}{36} \approx 0.3056. \qquad \square$$

习题 1-3

1. 某城市居民电话号码由 8 位数字组成, 规定首位不能为 0, 1, 4, 9, 并假设各数字随机产

生. 求某一用户的电话号码出现下列情况的概率:

(1) 8 个数字完全不相同;

(2) 首位数字不是 2;

(3) 恰好出现两个 1;

(4) 至少出现两个 8.

2. 一口袋中有 5 个红球及 2 个白球, 从这袋中任取一球, 看过它的颜色后放回袋中, 然后再从这袋中任取一球, 设每次取球时袋中各个球被取到的可能性相同. 求

(1) 两次都取到红球的概率;

(2) 第一次取到红球, 第二次取到白球的概率;

(3) 两次取得的球为红、白各一的概率;

(4) 第二次取到红球的概率.

3. 在房间里有 10 个人, 分别佩戴着从 1 号到 10 号的纪念章, 任意选 3 人记录其纪念章的号码.

(1) 求最小号码为 5 的概率;

(2) 求最大号码为 6 的概率.

4. 掷两颗骰子, 求下列事件的概率:

(1) 点数之和为 7;　　(2) 点数之和不超过 5;　　(3) 点数之和为偶数.

5. 总经理的五位秘书中有两位精通英语, 今偶遇其中的三位, 求下列事件的概率:

(1) 事件 A: "其中恰有一位精通英语";

(2) 事件 B: "其中恰有二位精通英语";

(3) 事件 C: "其中有人精通英语".

6. 把 10 本书任意放在书架上, 求其中指定的 3 本书放在一起的概率.

7. 为了减少比赛场次, 把 20 个球队任意分成两组(每组 10 个队)进行比赛, 求最强的两个队被分在不同组的概率.

8. 求 n 个人中: (1) 生日全不相同的概率;　　(2) 至少有两人生日相同的概率.

1.4　条件概率

1.4.1　条件概率

在实际问题中, 常常要考虑在某个事件发生的条件下另一事件发生的概率. 例如, 在信号传输中, 往往需要关心在接收到某个信号的条件下发出的也是该信号的概率.

一般地, 设 A, B 两个事件, $P(A) > 0$, 在事件 A 发生的条件下事件 B 发生的概率称为**条件概率**, 记为 $P(B \mid A)$.

例 1.4.1　设有两箱同类零件, 第一箱内装有 50 件, 其中 10 件是一等品; 第二箱内装有 30 件, 其中 18 件是一等品. 现在从第一箱中任意抽取一件放到第二箱, 再从第二箱中抽取一件. 求第一箱中取出的是一等品的条件下从第二箱也取出一等品的概率.

解　设 $A =$ "第一箱中取出一等品", $B =$ "第二箱中取出一等品". 要求条件概率 $P(B \mid A)$. 注意到在事件 A 发生的条件下, 第二箱中含有 19 个一等品、12 个非一等品, 因此共有 31 个样本点, 而 B 的样本点有 19 个, 由古典概型概率的计算公式得

$$P(B \mid A) = \frac{19}{31}.$$

在此处计算中, 因为事件 "A 已发生", 样本空间变为 "第二箱中含有 19 件一等品、12 件非一等品, 共有 31 个样本点", 一切计算都在这个新的样本空间中进行.

现在我们回到例 1.4.1, 考虑原来的样本空间. 此时从两个箱子中各取 1 件产品, 共有 50×31 个样本点. 因此

$$P(A) = \frac{10 \times 31}{50 \times 31} = \frac{1}{5},$$

$$P(AB) = \frac{10 \times 19}{50 \times 31} = \frac{1}{5} \cdot \frac{19}{31}.$$

于是

$$P(B \mid A) = \frac{19}{31} = \frac{\dfrac{1}{5} \cdot \dfrac{19}{31}}{\dfrac{1}{5}} = \frac{P(AB)}{P(A)},$$

即

$$P(B \mid A) = \frac{P(AB)}{P(A)}.$$

这一关系式不仅对上述特例成立, 对一般情形也成立.

定义 1.4.1　设 A, B 是两个随机事件, 且 $P(A) > 0$, 称

$$P(B \mid A) = \frac{P(AB)}{P(A)} \tag{1.4.1}$$

为在事件 A 发生条件下事件 B 发生的**条件概率**.

不难验证, 条件概率 $P(\cdot \mid A)$ 满足概率定义中的三个条件:

(1) **非负性**　$P(B \mid A) \geqslant 0$;

(2) **规范性**　$P(\Omega \mid A) = 1$;

(3) **可列可加性**　设 $B_1, B_2, \cdots$ 是两两互不相容的事件, 则

$$P\left(\bigcup_{i=1}^{\infty} B_i \,\middle|\, A\right) = \sum_{i=1}^{\infty} P(B_i \mid A).$$

所以, 条件概率也是一种概率, 从而概率具有的性质和满足的关系式对条件概率仍适用. 例如:

$$P((B_1 \bigcup B_2) \mid A) = P(B_1 \mid A) + P(B_2 \mid A) - P(B_1 B_2 \mid A);$$

$$P((B_1 - B_2) \mid A) = P(B_1 \mid A) - P(B_1 B_2 \mid A);$$

或

$$P(B \mid A) = 1 - P(\bar{B} \mid A).$$

例 1.4.2　某种动物由出生算起活到 20 岁以上的概率为 0.8, 活到 25 岁以上的概率为 0.4. 如果现在有一个 20 岁的这种动物, 问它能活到 25 岁以上的概率是多少?

解　设事件 $A =$ "能活 20 岁以上", $B =$ "能活 25 岁以上"的事件, 则 $AB = B$. 因为

$$P(A) = 0.8, \quad P(B) = 0.4, \quad P(AB) = P(B),$$

所以

$$P(B \mid A) = \frac{P(AB)}{P(A)} = \frac{0.4}{0.8} = \frac{1}{2}. \qquad \square$$

1.4.2　乘法公式

由条件概率定义, 立即得到下面的乘法公式:

$$P(AB) = P(A)P(B \mid A), \quad 若 P(A) > 0,$$

或

$$P(AB) = P(B)P(A \mid B), \quad 若 P(B) > 0.$$

我们可将乘法公式推广到三个及 n 个事件的情形.

设 A, B, C 为事件, 且 $P(AB) > 0$, 则

$$P(ABC) = P(A)P(B \mid A)P(C \mid AB).$$

设 $A_1, A_2, \cdots, A_n$ 为 $n (n \geqslant 2)$ 个事件, 且 $P(A_1 A_2 \cdots A_{n-1}) > 0$, 则

$$P(A_1 A_2 \cdots A_n) = P(A_1)P(A_2 \mid A_1) \cdots P(A_{n-1} \mid A_1 A_2 \cdots A_{n-2})P(A_n \mid A_1 A_2 \cdots A_{n-1}).$$

例 1.4.3　已知 $P(A) = \dfrac{1}{4}$, $P(B \mid A) = \dfrac{1}{3}$, $P(A \mid B) = \dfrac{1}{2}$, 求 $P(A \bigcup B)$.

解　由乘法公式可知,

$$P(AB) = P(A)P(B \mid A) = \frac{1}{4} \times \frac{1}{3} = \frac{1}{12},$$

于是

$$P(B) = \frac{P(AB)}{P(A \mid B)} = \frac{1/12}{1/2} = \frac{1}{6}.$$

因此

$$P(A \bigcup B) = P(A) + P(B) - P(AB) = \frac{1}{4} + \frac{1}{6} - \frac{1}{12} = \frac{1}{3}. \qquad \Box$$

例1.4.4　某批产品中有 a 件正品和 b 件次品. 现在依次不放回地从中抽取 2 件, 试求

(1) 第二次取到正品的概率;

(2) 如果已知第二次取到正品, 求第一次取到正品的概率.

解　设事件 $A_i =$ "第 i 次取到正品", 则 $\overline{A_i}$ 表示第 i 次取到次品的事件 $(i = 1, 2)$.

(1) 注意到事件 A_2 有如下分解:

$$A_2 = (A_1 \bigcup \overline{A_1}) A_2 = A_1 A_2 \bigcup \overline{A_1} A_2. \qquad (1.4.2)$$

右端事件 $A_1 A_2$ 与 $\overline{A_1} A_2$ 是互不相容的. 使用概率的加法公式和乘法公式, 有

$$\begin{aligned} P(A_2) &= P(A_1 A_2) + P(\overline{A_1} A_2) \\ &= P(A_1) P(A_2 \mid A_1) + P(\overline{A_1}) P(A_2 \mid \overline{A_1}) \\ &= \frac{a}{a+b} \cdot \frac{a-1}{a+b-1} + \frac{b}{a+b} \cdot \frac{a}{a+b-1} = \frac{a}{a+b}. \end{aligned}$$

(2)　$P(A_1 \mid A_2) = \dfrac{P(A_1 A_2)}{P(A_2)} = \dfrac{P(A_1) P(A_2 \mid A_1)}{P(A_2)} = \dfrac{\dfrac{a}{a+b} \cdot \dfrac{a-1}{a+b-1}}{\dfrac{a}{a+b}} = \dfrac{a-1}{a+b-1}. \qquad \Box$

1.4.3　全概率公式与贝叶斯公式

我们继续讨论例 1.4.4, 在求解事件 A_2 的概率 $P(A_2)$ 过程中, 事件 A_2 的分解式 (1.4.2) 是关键. 因为第一次是否取到正品, 会对 "第二次取到正品的取法" 造成影响, 所以我们可以这样理解 (1.4.2) 式, 将事件 A_2 看作 "结果", 而事件 A_1, $\overline{A_1}$ 是产生 "结果" A_2 的两个 "原因", 且 $A_1 \bigcap \overline{A_1} = \varnothing$. 分解式 (1.4.2) 正是 "结果" 与可能 "原因" 之间的一种联系方式, 而问题是已知 "原因" 发生的概率, 求 "结果" 发生的概率. 称这类问题为**全概率问题**. 下面将分解式 (1.4.2) 推广到一般情形.

定义 1.4.2　设 Ω 为试验 E 的样本空间, B_1, B_2, $\cdots$, B_n 为 E 的一组事件, 若

(1) $B_i B_j = \varnothing, i \neq j, i, j = 1, 2, \cdots, n$;

(2) $B_1 \bigcup B_2 \bigcup \cdots \bigcup B_n = \Omega$,

则称 $B_1, B_2, \cdots, B_n$ 为样本空间 Ω 的一个**划分**.

如果 $B_1, B_2, \cdots, B_n$ 为样本空间 Ω 的一个划分, A 为 E 的任一事件, 则

$$A = A\Omega = A(B_1 \bigcup B_2 \bigcup \cdots \bigcup B_n) = AB_1 \bigcup AB_2 \bigcup \cdots \bigcup AB_n \quad \text{且} \quad (AB_i)(AB_j) = \varnothing,$$

$$(1.4.3)$$

其中 $i \neq j$, $i, j = 1, 2, \cdots, n$. 直观示意图见图 1-8.

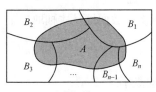

图 1-8

(1.4.3)式可以看作"结果"与"原因"之间的一种联系方式, 而将事件 $B_1, B_2, \cdots, B_n$ 看作产生结果 A 的所有可能的原因. 对于全概率问题, 我们可以利用(1.4.3)式及概率的有限可加性及条件概率的定义和乘法公式, 得到一般情形的**全概率公式**.

定理 1.4.1 (全概率公式)　设试验 E 的样本空间为 Ω, A 为 E 的事件, $B_1, B_2, \cdots,$ B_n 为样本空间 Ω 的一个划分, 且 $P(B_i) > 0$ $(i = 1, 2, \cdots, n)$, 则

$$P(A) = P(B_1)P(A \mid B_1) + P(B_2)P(A \mid B_2) + \cdots + P(B_n)P(A \mid B_n).$$

证　由式(1.4.3)知, $A = AB_1 \bigcup AB_2 \bigcup \cdots \bigcup AB_n$, 且 $(AB_i)(AB_j) = \varnothing$, 于是

$$P(A) = P(AB_1) + P(AB_2) + \cdots + P(AB_n)$$

$$= P(B_1)P(A \mid B_1) + P(B_2)P(A \mid B_2) + \cdots + P(B_n)P(A \mid B_n). \qquad \square$$

全概率公式提供了计算复杂事件概率的一条有效途径, 使一个复杂事件的概率计算转化为在不同情况或不同原因下发生的简单事件的概率问题.

例 1.4.5　有一批同一型号的产品, 已知其中由一厂生产的占 30%, 二厂生产的占 50%, 三厂生产的占 20%, 又知这三个厂的产品次品率分别为 2%, 1%, 1%, 问从这批产品中任取一件是次品的概率是多少?

解　设 $A =$ "任取一件为次品", $B_i =$ "任取一件为 i 厂的产品", $i = 1, 2, 3$, 则

$$B_1 \bigcup B_2 \bigcup B_3 = \Omega, \quad B_i B_j = \varnothing, \quad i, j = 1, 2, 3.$$

因为

$$P(B_1) = 0.3, \quad P(B_2) = 0.5, \quad P(B_3) = 0.2,$$

$$P(A \mid B_1) = 0.02, \quad P(A \mid B_2) = 0.01, \quad P(A \mid B_3) = 0.01,$$

故由全概率公式得

$$P(A) = P(B_1)P(A \mid B_1) + P(B_2)P(A \mid B_2) + P(B_3)P(A \mid B_3)$$

$$= 0.3 \times 0.02 + 0.5 \times 0.01 + 0.2 \times 0.01 = 0.013. \qquad \square$$

全概率公式是由"原因"推断"结果"的概率计算公式. 在实际问题中, 常常要考虑如何从"结果"推断"原因". 例如在例 1.4.5 中, 若已知从这批产品中取到一件次品, 要求它是第一工厂生产的这一事件的条件概率. 这类问题更具有实际意义和应用价值, 贝叶斯公式是解决这类问题的计算公式.

定理 1.4.2 (贝叶斯公式) 设试验 E 的样本空间为 Ω, A 为 E 的事件, B_1, $B_2,\cdots,B_n$ 为样本空间 Ω 的一个划分, 且 $P(B_i) > 0$ $(i=1,2,\cdots,n)$, 则

$$P(B_i \mid A) = \frac{P(B_i)P(A \mid B_i)}{\sum\limits_{j=1}^{n} P(B_j)P(A \mid B_j)}, \quad i=1,2,\cdots,n.$$

证 $P(B_i \mid A) = \dfrac{P(B_iA)}{P(A)} = \dfrac{P(B_i)P(A \mid B_i)}{\sum\limits_{j=1}^{n} P(B_j)P(A \mid B_j)}, \quad i=1,2,\cdots,n.$ $\qquad\Box$

贝叶斯于 1763 年给出这一公式, 它是在观察到事件 A, 即 "结果" 已经发生的条件下, 寻找导致 A 发生的每个 "原因" 的概率. 从形式上看, 贝叶斯公式只是条件概率定义与乘法公式及全概率公式的一个推论, 但它更具哲理意义和现实应用. 在公式中, $P(B_i)$ 是在试验以前(不知道 A 是否发生)就已经知道的概率, 称为**先验概率**, 它是由以往经验得到的, 是事件 A 的原因. 而 $P(B_i \mid A)$ 是在试验以后得到的新信息, 即事件 A 已经发生的情况下, 对事件 B_i 发生的概率的修正, 称为**后验概率**. 贝叶斯公式是后验概率的计算公式, 它应用在医疗诊断上, 可根据症状找病因; 应用在案件侦破中, 可在案件已发生的条件下寻找重点作案嫌疑人.

例 1.4.6 对以往数据分析结果表明, 当机器状态良好时, 产品的合格率为 98%, 而当机器发生故障时, 其合格率为 55%. 每天早上机器开动时, 机器状态良好的概率为 95%. 试求已知某日早上第一件产品为合格品时, 机器状态良好的概率是多少?

解 设 $A =$ "产品合格", $B =$ "机器状态良好", 则

$$P(A \mid B) = 0.98, \quad P(A \mid \overline{B}) = 0.55, \quad P(B) = 0.95, \quad P(\overline{B}) = 0.05.$$

由贝叶斯公式得所求概率为

$$P(B \mid A) = \frac{P(B)P(A \mid B)}{P(B)P(A \mid B) + P(\overline{B})P(A \mid \overline{B})}$$

$$= \frac{0.95 \times 0.98}{0.95 \times 0.98 + 0.05 \times 0.55} = 0.97.$$

即当生产出第一件产品为合格品时, 机器状态良好的概率为 0.97. $\qquad\Box$

例 1.4.7 由医学统计数据分析可知, 人群中患有某种病菌引起的疾病的人数占总人数的 0.5%. 根据以往的临床记录, 一种血液化验以 95% 的概率将患有此疾病的人检验出呈阳性, 但也以 5% 的误差将不患此疾病的人检验出呈阳性. 现在某人被检验出呈阳性反应, 问他确患有此病的概率是多少?

解 以 $A =$ "检验呈阳性", $B =$ "被检验者患此疾病", 则

$$P(A\,|\,B)=0.95,\quad P(A\,|\,\overline{B})=0.05,\quad P(B)=0.005,\quad P(\overline{B})=0.995.$$

由贝叶斯公式得

$$P(B\,|\,A)=\frac{P(B)P(A\,|\,B)}{P(B)P(A\,|\,B)+P(\overline{B})P(A\,|\,\overline{B})}=0.087.\qquad\square$$

计算结果表明，虽然 $P(A\,|\,B)=0.95$，$P(\overline{A}\,|\,\overline{B})=0.95$ 这两个概率都比较高，但若某人被检查出呈阳性，也不必过于恐慌，因为实际上患此病的概率为 0.087.

习题 1-4

1. 已知 $P(A)=0.5$，$P(B)=0.4$，$P(A\bigcup B)=0.6$，求 $P(A\,|\,B)$.

2. 盒中有 9 个乒乓球，其中 6 个是新的，第一次比赛时从盒中任取 3 个，用后仍放回盒中，第二次比赛时再从盒中任取 3 个，求

(1) 第二次取出的球都是新球的概率;

(2) 若已知第二次取出的球是新球，求第一次取到的球全是新球的概率.

3. 仓库中有十箱同样规格的产品，已知其中有五箱、三箱、二箱依次为甲、乙、丙厂生产的，且甲、乙、丙厂生产的这种产品的次品率依次为 $\dfrac{1}{10},\dfrac{1}{15},\dfrac{1}{20}$. 从这十箱产品中任取一件产品，求取得正品的概率.

4. 有朋友自远方来，他坐火车、坐船、坐汽车、坐飞机来的概率分别是 $0.3,0.2,0.1,0.4$. 若坐火车来迟到的概率是 $\dfrac{1}{4}$；坐船来迟到的概率是 $\dfrac{1}{3}$；坐汽车来迟到的概率是 $\dfrac{1}{12}$；坐飞机来，则不会迟到. 实际上他迟到了，推测他坐火车来的可能性的大小.

5. 已知一批产品中 96% 是合格品，检查产品时，一合格品被误认为次品的概率是 0.02；一次品被误认为合格品的概率是 0.05. 求在被检查后认为合格品的产品确实是合格品的概率.

6. 为了防止意外，在矿内同时装有两种报警系统 I 和 II. 两种报警系统单独使用时，系统 I 和 II 有效使用的概率分别为 0.92 和 0.93. 在系统 I 失灵的条件下，系统 II 仍有效的概率为 0.85. 求

(1) 两种报警系统 I 和 II 都有效的概率;

(2) 系统 II 失灵而系统 I 有效的概率;

(3) 在系统 II 失灵的条件下，系统 I 仍有效的概率.

7. 某地居民肝癌发病率为 0.0004，现用甲胎蛋白质法检查肝癌：以 0.05 的概率将患者检查出呈阳性，以 0.01 的概率将未患病者检查出呈阳性. 假设现有一人经过检查后结果呈阳性，那么患肝癌的概率有多大?

1.5　独　立　性

在实际问题中, 有些时候条件概率 $P(B \mid A) = P(B)$, 即不论事件 A 发生与否, 对事件 B 发生的概率都没有影响. 这时可以认为事件 B 不依赖于事件 A, 即 A, B 是彼此独立的. 此时有

$$P(AB) = P(A)P(B \mid A) = P(A)P(B).$$

由此引出关于事件独立性的讨论.

定义 1.5.1　设 A, B 是两个事件, 如果满足

$$P(AB) = P(A)P(B),$$

则称事件 A 与 B **相互独立**.

由此可知, 必然事件和不可能事件与任何事件都相互独立. 两个事件相互独立可推广为三个及 n 个事件的情形.

定义 1.5.2　设 A, B, C 是三个事件, 如果满足

$$\begin{cases} P(AB) = P(A)P(B), \\ P(BC) = P(B)P(C), \\ P(AC) = P(A)P(C), \\ P(ABC) = P(A)P(B)P(C), \end{cases}$$

则称事件 A, B, C **相互独立**.

由定义可知, 三个事件相互独立与两两相互独立是有区别的. 三个事件相互独立可推出三个事件两两相互独立, 但反之不然.

例 1.5.1　设袋中装有 4 只球, 其中有一只红球, 一只白球, 一只黑球, 一只染有红、白、黑 3 色球, 现从袋中任取 1 球, 记

$$A = \text{“取到的球有红色”},$$
$$B = \text{“取到的球有白色”},$$
$$C = \text{“取到的球有黑色”},$$

由于 2 只球染有红色, 故 $P(A) = \dfrac{1}{2}$, 同理 $P(B) = \dfrac{1}{2}$, $P(C) = \dfrac{1}{2}$. 又

$$P(AB) = P(AC) = P(BC) = P(ABC) = \frac{1}{4}.$$

因此

$$P(AB) = P(A)P(B),$$
$$P(AC) = P(A)P(C),$$

$$P(BC) = P(B)P(C),$$

即事件 A, B, C 两两相互独立, 但由于

$$P(ABC) \neq P(A)P(B)P(C),$$

可见事件 A, B, C 不是相互独立的. □

定义 1.5.3 设 $A_1, A_2, \cdots, A_n$ 是 n 个事件, 如果从中任取 $k (2 \leqslant k \leqslant n)$ 个事件 $A_{i_1}, A_{i_2}, \cdots, A_{i_k}$ 都有

$$P(A_{i_1} A_{i_2} \cdots A_{i_k}) = P(A_{i_1})P(A_{i_2}) \cdots P(A_{i_k}),$$

则称事件 $A_1, A_2, \cdots, A_n$ **相互独立**.

由定义可知, 若事件 $A_1, A_2, \cdots, A_n (n \geqslant 2)$ 相互独立, 则其中任意 $k (2 \leqslant k \leqslant n)$ 个事件也相互独立.

对于事件的独立性, 有以下性质.

性质 1.5.1 若事件 A, B 相互独立, 则事件 $\overline{A}$ 与 B , A 与 $\overline{B}$, $\overline{A}$ 与 $\overline{B}$ 也相互独立.

证 先证 A 与 $\overline{B}$ 相互独立.

因为 $A = AB \bigcup A\overline{B}$ 且 $(AB)(A\overline{B}) = \varnothing$, 故由加法公式得

$$P(A) = P(AB) + P(A\overline{B}).$$

于是

$$P(A\overline{B}) = P(A) - P(A)P(B) = P(A)(1 - P(B)) = P(A)P(\overline{B}),$$

从而 A 与 $\overline{B}$ 相互独立. 由此可得 $\overline{A}$ 与 $\overline{B}$ 也相互独立. 再由 $B = \overline{\overline{B}}$, 又推出 $\overline{A}$ 与 B 相互独立.

  □

性质 1.5.1 可推广到 n 个相互独立的事件的情形.

性质 1.5.2 若事件 $A_1, A_2, \cdots, A_n (n \geqslant 2)$ 相互独立, 则将 $A_1, A_2, \cdots, A_n$ 中任意多个事件换成它们的对立事件所得的 n 个事件仍相互独立.

依据事件的独立性, 可以简化许多事件的概率的计算. 例如, 若事件 $A_1, A_2, \cdots,$ A_n 相互独立, 则

(1) $P(A_1 A_2 \cdots A_n) = P(A_1)P(A_2) \cdots P(A_n)$;

(2) $P\left(\bigcup\limits_{i=1}^{n} A_i\right) = 1 - P\left(\overline{\bigcup\limits_{i=1}^{n} A_i}\right) = 1 - P(\overline{A_1} \, \overline{A_2} \cdots \overline{A_n}) = 1 - P(\overline{A_1})P(\overline{A_2}) \cdots P(\overline{A_n})$

$$= 1 - [1 - P(A_1)][1 - P(A_2)] \cdots [1 - P(A_n)] ;$$

(3) $P(A_1 - A_2) = P(A_1 \overline{A_2}) = P(A_1)P(\overline{A_2}) = P(A_1)[1 - P(A_2)]$.

例 1.5.2 (保险赔付) 设有 n 个人向保险公司购买人身意外保险(保险期为 1 年).

假定投保人在一年内发生意外的概率为 0.01，且不同投保人发生意外是相互独立的. 求 n 至少为多大时，保险公司的赔付概率超过 $\frac{1}{2}$ ？

解　设 $A_i =$ "第 i 个投保人出现意外"，则 $P(A_i) = 0.01$，$i = 1, 2, \cdots, n$，设 $B =$ "保险公司赔付"，则

$$B = A_1 \bigcup A_2 \bigcup \cdots \bigcup A_n .$$

于是

$$P(B) = 1 - P(\overline{A_1}) P(\overline{A_2}) \cdots P(\overline{A_n}) = 1 - (0.99)^n .$$

由 $P(B) \geqslant 0.5$，即 $(0.99)^n \leqslant 0.95$，得

$$n \geqslant \frac{\lg 2}{2 - \lg 99} \approx 68.97 .$$

所以当投保人数 $n \geqslant 69$ 时，保险公司的赔付概率大于 $\frac{1}{2}$.　　　　□

该例表明，虽然概率为 0.01 的事件是小概率事件，它在一次试验中实际上几乎不会发生，但若重复做 n 次试验，只要 $n \geqslant 69$，这一系列小概率事件至少发生一次的概率要超过 0.5. 特别地，当 $n \to \infty$ 时，$P(B) \to 1$. 小概率事件经过累加后可成为大概率事件，中国古语中的"勿以恶小而为之，勿以善小而不为"说的就是这个道理.

例 1.5.3 (系统的可靠性问题)　用若干元件组成一个系统，若每个元件能否正常工作是相互独立的，且每个元件正常工作的概率为 r ($0 < r < 1$). 试比较下列三种连接方式下系统的可靠性(即正常工作的概率).

(1) 单一串联方式 R_s.

(2) 附加通路方式 R_c.

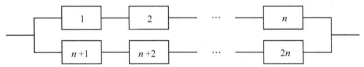

(3) 附加元件方式 R_c'.

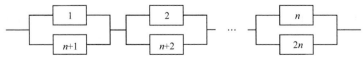

解　设 $A_i =$ "第 i 个元件正常工作"，$i = 1, 2, \cdots, 2n$.

(1) 单一串联方式系统的可靠性为

$$R_s = P(A_1 A_2 \cdots A_n) = P(A_1)P(A_2) \cdots P(A_n) = r^n.$$

(2) 附加通路方式系统的可靠性为

$$R_c = P((A_1 A_2 \cdots A_n) \bigcup (A_{n+1} A_{n+2} \cdots A_{2n}))$$
$$= P(A_1 A_2 \cdots A_n) + P(A_{n+1} A_{n+2} \cdots A_{2n}) - P(A_1 A_2 \cdots A_n A_{n+1} A_{n+2} \cdots A_{2n})$$
$$= r^n + r^n - r^{2n} = r^n(2 - r^n).$$

(3) 附加元件方式系统的可靠性为

$$R_c' = P((A_1 \bigcup A_{n+1})(A_2 \bigcup A_{n+2}) \cdots (A_n \bigcup A_{2n}))$$
$$= P(A_1 \bigcup A_{n+1})P(A_2 \bigcup A_{n+2}) \cdots P(A_n \bigcup A_{2n})$$
$$= (r + r - r^2)^n = r^n(2 - r)^n. \qquad \square$$

由此例可知, 当 $n \geqslant 2$ 时, $R_c' > R_c > R_s$, 即附加元件方式的可靠性高于附加通路方式, 而附加通路方式的可靠性又高于单一串联方式.

习题 1-5

1. 三个人独立破译密码, 他们能独立译出的概率分别为 0.25, 0.35, 0.4. 求

(1) 此密码译出的概率;

(2) 三个人同时破译此密码的概率.

2. 射手对目标独立地射击 3 次, 每次射击的命中率均为 $p(0 < p < 1)$. 求目标被击中的概率.

3. 某宾馆大楼有 4 部电梯, 通过调查, 知道在某时刻 T, 各电梯正在运行的概率均为 0.75, 求:

(1) 在此时刻至少有 1 台电梯运行的概率;

(2) 在此时刻恰好有一半电梯运行的概率;

(3) 在此时刻所有电梯都运行的概率.

4. 甲、乙、丙 3 位同学同时独立参加 "概率论与数理统计" 考试, 不及格的概率分别为 0.4, 0.3, 0.5. 求

(1) 恰有两位同学不及格的概率;

(2) 如果已经知道这 3 位同学中有两位不及格, 求同学乙不及格的概率.

5. 已知 $P(A_1) = P(A_2) = P(A_3) = P(A_4) = 0.8$ 且 A_1, A_2, A_3, A_4 相互独立, 求 $P(A_1 \bigcup A_2 \bigcup A_3 \bigcup A_4)$.

6. 设两两相互独立的三事件 A, B, C 满足条件 $ABC = \varnothing, P(A) = P(B) = P(C)$, 且已知 $P(A \bigcup B \bigcup C) = \dfrac{9}{16}$, 求 $P(A)$.

7. (分散风险策略)设某公司拥有三支获利是独立的股票, 且三支股票获利的概率分别为 0.8, 0.6, 0.5, 求

(1) 至少有两支股票获利的概率;

(2) 三支股票至少有一支股票获利的概率.

第 2 章 一维随机变量及其分布

随机变量是概率论中一个非常重要的概念. 随机变量的引入, 不仅使概率论的研究由个别随机事件的研究转为随机变量所表示的随机现象的研究, 而且使人们可以利用微积分的方法对随机试验的结果进行深入的研究. 本章将介绍一维随机变量及其分布.

2.1 随机变量及其分布函数

本节将给出一维随机变量和概率分布函数的概念, 以便于研究随机变量的概率.

2.1.1 随机变量

在概率的公理化定义中, 事件 A 的概率 $P(A)$ 可以认为是事件 A 的 "函数", 把该随机试验样本空间 Ω 的所有子集构成的集合中的事件 A 与实数域的子集 $[0,1]$ 中的一个实数 $P(A)$ 对应起来. 类似于这种定义域不是数集的 "函数", 我们通常会考虑从样本空间 Ω 的子集(随机试验的结果)到实数的映射, 将事件(试验的结果)转换成一个数来研究该随机试验.

定义 2.1.1 设 Ω 是随机试验 E 的样本空间, $\mathbf{R}$ 表示实数域. 映射 $X:\Omega \to \mathbf{R}$, $\omega \mapsto X(\omega)$ 是一个定义域为 Ω 的实值函数, 则称 $X = X(\omega)$ 为一个**随机变量**, 简记为 X.

换言之, 设随机试验的样本空间为 Ω, 如果对于每一样本点 $\omega \in \Omega$, 均有唯一的实数 $X(\omega)$ 与之对应, 则 $X = X(\omega)$ 为样本空间 Ω 上的随机变量.

随机变量一般用大写字母 X, Y, Z 等表示. 注意随机变量这个函数可以是不同样本点对应不同的实数, 也可以多个样本点对应同一个实数(图 2-1).

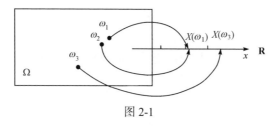

图 2-1

随机变量这个函数的自变量(样本点)可以是数, 也可以不是数, 但因变量一定是实数. 看下面随机变量的例子.

例 2.1.1　掷一枚骰子一次, 观察出现的点数, 样本空间可用 $\Omega = \{1,2,3,4,5,6\}$ 来表示. 用 X 表示该试验中骰子出现的点数, 则 X 是一个随机变量. X 可能的取值为 1, 2, 3, 4, 5, 6. 事实上

$$X(\omega) = \omega, \quad \omega = 1,2,3,4,5,6 ,$$

则 X 是样本空间 Ω 上的恒等函数.　　　　　　　　　　　　　　□

注　从上面的讨论我们知道: 对有些随机试验结果 ω 本身就是一个数的随机试验, 往往可令 $X(\omega) = \omega$, 使 X 为随机变量. 类似的例子还有很多, 例如: 每天进入某超市的顾客数 U; 顾客购买的商品件数 V; 某人等候付款的时间 W; 一台笔记本电脑的寿命 T 等都是随机变量.

对于随机试验的样本点本身不是一个数或不考虑随机变量是恒等函数的情况, 我们也可以根据研究需要设计随机变量.

例 2.1.2　掷一枚骰子一次, 观察出现奇数点还是偶数点情况, 其样本空间为 $\Omega = \{奇数点, 偶数点\}$. 我们为了把样本点与实数对应起来, 可用 0 表示出现偶数点, 用 1 表示出现奇数点. 令

$$X(\omega) = \begin{cases} 0, & \omega = 偶数点, \\ 1, & \omega = 奇数点, \end{cases}$$

则 X 是样本空间 Ω 上的函数, 即 X 是一个随机变量.　　　　　□

例 2.1.3　在相同条件下将一枚硬币抛掷两次, 观察正面(记为 H)和反面(记为 T)出现情况的试验中, 其样本空间 $\Omega = \{HH, HT, TH, TT\}$. 用 X 表示试验出现正面的次数, 则 X 是一个随机变量. X 所有可能的取值为 0, 1, 2. 令

$$X(\omega) = \begin{cases} 0, & \omega = TT, \\ 1, & \omega = HT, TH, \\ 2, & \omega = HH, \end{cases}$$

则 X 为样本空间 Ω 上的函数.　　　　　　　　　　　　　　□

随机变量与微积分中普通的一元函数的区别在于: 一是它们的定义域不同, 随机变量的定义域是样本空间, 不一定是数的集合(如例 2.1.3), 而普通一元函数的定义域是实数域的子集; 二是随机变量的取值具有随机性, 即试验前只能知道其值域 (样本空间在随机变量这个映射下的像集 $X(\Omega)$, 如例2.1.3中 $X(\Omega) = \{0,1,2\}$), 而不能预先肯定它将取哪个值; 三是随机变量的取值具有统计规律性, 即它取每个值有一定的概率. 如上面例 2.1.1 中 X 取数值 1 的概率为 $\dfrac{1}{6}$.

事实上, 随机变量在某一范围内取值, 表示一个随机事件, 并可计算其概率. 例如在例 2.1.3 中, 使 X 取值为 1 的样本点构成的子集为 $A = \{HT, TH\}$. 显然,

$$P(\{X = 1\}) = P(A) = \frac{1}{2}.$$

类似地, 有

$$P(\{X \leqslant 1\}) = P(\{HT, TH, TT\}) = \frac{3}{4}.$$

这里, 事件 $A =$ "一枚硬币抛掷两次出现不同面" 可用随机变量 X 的取值为 1 的事件 $\{\omega \mid X(\omega) = 1\} = \{HT, TH\}$ 来表示, 简记为 $\{X = 1\}$.

一般地, 对于随机变量 X 及某个数集 $\mathbf{I}$, 以后我们将事件 $\{\omega \mid X(\omega) \in \mathbf{I}\}$ 简记为 $\{X \in \mathbf{I}\}$ 或 $X \in \mathbf{I}$, 此时事件 $\{X \in \mathbf{I}\}$ 的概率记为 $P(X \in \mathbf{I})$. 例如, 事件 $\{a < X \leqslant b\}$ 的概率记作 $P(a < X \leqslant b)$. 以后把符号 $P(\{X = 1\})$ 记为 $P(X = 1)$.

此外, 随机变量的引入, 使得随机试验中的各种事件可通过随机变量的取值范围表达出来.

由此可见, 随机事件这个概念实际上是包容在随机变量这个更广的概念内. 也可以说, 随机事件是从静态的观点来研究随机现象, 而随机变量则以动态的观点来研究之, 其关系类似微积分中常量与变量的关系.

随机变量概念的产生是概率论发展史上的重大事件. 引入随机变量后, 对随机现象统计规律的研究, 就由对事件及事件概率的研究转化为随机变量及其取值规律的研究, 使人们可利用微积分的方法对随机试验的结果进行广泛而深入的研究.

随机变量因其取值方式不同, 通常分为离散型和非离散型两类. 而非离散型随机变量中最重要的是连续型随机变量. 本书主要讨论离散型随机变量和连续型随机变量.

2.1.2 随机变量的分布函数

定义 2.1.2 设 X 是一个随机变量. 定义一元函数 $F : \mathbf{R} \to [0, 1]$ 为

$$F(x) = P(X \leqslant x), \quad x \in \mathbf{R},$$

称函数 $F(x)$ 为随机变量 X 的**概率分布函数**, 简称**分布函数**, 记为 $X \sim F(x)$.

由定义知, 分布函数 $F(x)$ 的定义域是实数集 $\mathbf{R}$. 函数值 $F(x)$ 是事件 $\{X \leqslant x\}$ 的概率, 从而其值域是区间 $[0, 1]$ 的子集. 如果将 X (的取值)看作数轴上随机点的坐标, 则分布函数 $F(x)$ 的值就表示 X (的取值)落在区间 $(-\infty, x]$ 内的概率.

随机变量 X 的分布函数 $F(x)$ 具有如下基本性质:

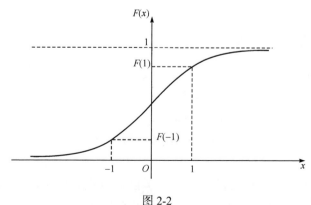

(1) **有界性** 对任何 $x \in \mathbf{R}$, 有 $0 \leqslant F(x) \leqslant 1$, 且

$$F(-\infty) = \lim_{x \to -\infty} F(x) = 0, \quad F(+\infty) = \lim_{x \to +\infty} F(x) = 1;$$

(2) **单调不减性** 对任何 $x, y \in \mathbf{R}$ 且 $x < y$, 有 $F(x) \leqslant F(y)$;

(3) **右连续性** 对任何 $x, x_0 \in \mathbf{R}$, 有 $\lim_{x \to x_0^+} F(x) = F(x_0)$.

反之, 若一个函数具有上述性质, 则它一定可看作是某个随机变量的分布函数.

有了 X 的分布函数 $F(x)$, 我们就可以方便地计算 X 各种取值的概率. 对任何 $a, b \in \mathbf{R}$, 我们有

（Ⅰ）$P(a < X \leqslant b) = F(b) - F(a)$,

（Ⅱ）$P(X > a) = 1 - P(X \leqslant a) = 1 - F(a)$,

（Ⅲ）$P(X = a) = F(a) - F(a - 0)$,

（Ⅳ）$P(X \geqslant b) = 1 - F(b - 0)$,

（Ⅴ）$P(a < X < b) = F(b - 0) - F(a)$,

（Ⅵ）$P(a \leqslant X \leqslant b) = F(b) - F(a - 0)$,

（Ⅶ）$P(a \leqslant X < b) = F(b - 0) - F(a - 0)$.

特别地, 当 $F(x)$ 在 a 与 b 连续时, 有 $F(a - 0) = F(a)$, $F(b - 0) = F(b)$.

例 2.1.4 设随机变量 X 的分布函数 $F(x) = A - B \arctan x, x \in \mathbf{R}$. 试求:

(1) 常数 A, B;

(2) $P(-1 < X < 1)$.

解 (1) 因为 $F(x)$ 是分布函数, 所以 $F(x)$ 满足

$$\lim_{x \to -\infty} F(x) = 0, \quad \lim_{x \to +\infty} F(x) = 1,$$

如图 2-2 所示.

图 2-2

即

$$\lim_{x \to -\infty}(A - B \arctan x) = A + \frac{\pi}{2}B = 0,$$

$$\lim_{x \to +\infty}(A - B \arctan x) = A - \frac{\pi}{2}B = 1.$$

解得

$$A = \frac{1}{2}, \quad B = -\frac{1}{\pi}.$$

故

$$F(x) = \frac{1}{2} + \frac{1}{\pi}\arctan x.$$

(2) $P(-1 < X < 1) = F(1-0) - F(-1)$

$$= \left(\frac{1}{2} + \frac{1}{\pi}\arctan 1\right) - \left(\frac{1}{2} + \frac{1}{\pi}\arctan(-1)\right) = \frac{1}{2}. \qquad \square$$

习题 2-1

1. 在将一枚硬币抛掷三次, 观察正面 H 、反面 T 出现情况的试验中, 用 X 表示试验出现正面 H 的总次数.

(1) 写出样本空间 Ω ;

(2) 根据随机变量的定义写出 X 的函数表达式;

(3) 用样本点集合表示事件 $\{X = 2\}$ 和事件 $\{X \leqslant 1\}$, 并求 $P(X = 2)$ 和 $P(X \leqslant 1)$.

2. 在装有 m 个红球、 n 个白球的袋子里, 随机取一球, 观察取出球的颜色, 请设计一个随机变量来分别表示事件 "抽到红球" 和 "抽到白球", 并计算它们的概率.

3. 下列函数中, 可以作为随机变量分布函数的是(　　).

(A) $F(x) = \dfrac{1}{1+x^2}$ 　　　　　(B) $F(x) = \dfrac{3}{4} + \dfrac{1}{2\pi}\arctan x$

(C) $F(x) = \begin{cases} 0, & x \leqslant 0, \\ \dfrac{x}{1+x}, & x > 0 \end{cases}$ 　　(D) $F(x) = \dfrac{2}{\pi}\arctan x + 1$

4. 设一口袋里有依次标有–1, 2, 2, 2, 3, 3 数字的六个完全相同的球. 从中任取一球, 记随机变量 X 为取得的球上标有的数字, 求 X 的分布函数, 并画出该函数的图像.

2.2　离散型随机变量及其分布

本节主要利用离散型随机变量的分布律与分布函数来刻画离散型随机变量取值的统计规律性, 并介绍三类常用的离散型分布.

2.2.1　离散型随机变量的分布律

定义 2.2.1　若一个随机变量 X 的所有可能的取值是有限个或可列无限个,则称这个随机变量 X 为**离散型随机变量**.

对于离散型随机变量 X, 要掌握其统计规律, 必须且仅需了解如下两点:

(1) X 的所有可能的取值是什么?

(2) X 取每个可能值的概率是多少?

定义 2.2.2　设离散型随机变量 X 的所有可能取值为 $x_1, x_2, \cdots, x_k, \cdots$, 则称

$$P(X = x_k) = p_k, \quad k = 1, 2, \cdots$$

为随机变量 X 的**概率分布**或**分布律**, 常简记为 $\{p_k\}$, 它具有如下性质:

(1) **非负性**　$p_k \geqslant 0$, $k = 1, 2, \cdots$; 　　　　　　　　　　　　　　　　　(2.2.1)

(2) **归一性**　$\displaystyle\sum_{k=1}^{n} p_k = 1$. 　　　　　　　　　　　　　　　　　　　(2.2.2)

常用表格形式表示随机变量 X 的分布律为:

X	x_1	x_2	$\cdots$	x_k	$\cdots$
P	p_1	p_2	$\cdots$	p_k	$\cdots$

如果随机变量 X 只取有限个值, 如 n 个值, 它的分布律可类似定义, 此时归一性为一个有限和 $\displaystyle\sum_{k=1}^{n} p_k = 1$.

设随机变量 X 的分布律为 $P(X = x_k) = p_k$, $k = 1, 2, \cdots$, 则可以求得 X 取任何值事件的概率, 例如

$$P(a < X \leqslant b) = P\left(\bigcup_{a < x_k \leqslant b} \{X = x_k\} \right) = \sum_{a < x_k \leqslant b} p_k .$$ 　　(2.2.3)

一般地, 若 I 是一个区间, 则

$$P(X \in I) = \sum_{x_k \in I} P(X = x_k) = \sum_{x_k \in I} p_k .$$

例 2.2.1　设随机变量 X 的分布律为

$$P(X = k) = a\frac{\lambda^k}{k!}, \quad k = 0, 1, 2, \cdots, \quad \lambda > 0,$$

试确定常数 a.

解　由分布律的归一性知, $1 = \displaystyle\sum_{k=0}^{\infty} P(X = k) = \sum_{k=0}^{\infty} a\frac{\lambda^k}{k!} = a\sum_{k=0}^{\infty} \frac{\lambda^k}{k!} = a\mathrm{e}^{\lambda}$, 解得 $a = \mathrm{e}^{-\lambda}$. 　　　　　　　　　　　　　　　　　　　　　　　　　　　　□

注　这里利用了幂级数和函数 $\sum\limits_{k=0}^{\infty}\dfrac{x^k}{k!}=\mathrm{e}^x$.

例 2.2.2　设一辆汽车沿一街道行驶, 需要通过 4 盏均设有红色信号灯的路口, 每盏信号灯红灯亮表示禁止通行, 否则可以通行, 并且每盏信号灯相互独立工作, 且每盏信号灯红灯开启与关闭的时间相等. 以 X 表示该汽车首次遇到红灯前已通过的路口的个数, 求 X 的分布律.

解　X 的所有可能的取值为 $0,1,2,3,4$. 下面计算 X 取值的概率. 设事件 A_i 表示"一辆汽车在第 i 个路口遇到红灯", 则 $P(A_i)=p=0.5$, $i=1,2,3,4$. 再由事件 $\{X=k\}=\overline{A}_1\cdots\overline{A}_k A_{k+1}$, $k=0,1,2,3$; $\{X=4\}=\overline{A}_1\overline{A}_2\overline{A}_3\overline{A}_4$ 与事件的独立性知

$$P(X=k)=(1-p)^k p,\quad k=0,1,2,3,\quad P(X=4)=(1-p)^4.$$

将 $p=0.5$ 代入上式, 得到 X 的分布律为

X	0	1	2	3	4
P	0.5	0.25	0.125	0.0625	0.0625

$\square$

例 2.2.3　设 $P(X=k)=\dfrac{c}{2^k}$, $k=0,1,2,3,4$, 是某个随机变量 X 的分布律.

(1) 试确定常数 c.

(2) 求: $P(X\leqslant 2)$; $P\left(\dfrac{1}{2}<X<\dfrac{5}{2}\right)$; $P(X>2)$.

解　(1) 由分布律的归一性知, $1=\sum\limits_{k=0}^{4}P(X=k)=\sum\limits_{k=0}^{4}\dfrac{c}{2^k}=\dfrac{31}{16}c$, 解得 $c=\dfrac{16}{31}$.

(2) $P(X\leqslant 2)=P(X=0)+P(X=1)+P(X=2)=\dfrac{16}{31}\left(1+\dfrac{1}{2}+\dfrac{1}{4}\right)=\dfrac{28}{31}$.

$$P\left(\dfrac{1}{2}<X<\dfrac{5}{2}\right)=P(X=1)+P(X=2)=\dfrac{16}{31}\left(\dfrac{1}{2}+\dfrac{1}{4}\right)=\dfrac{12}{31}.$$

$$P(X>2)=1-P(X\leqslant 2)=1-\dfrac{28}{31}=\dfrac{3}{31}.$$

$\square$

2.2.2　离散型随机变量的分布函数

设随机变量 X 的分布律为 $P(X=x_k)=p_k$, $k=1,2\cdots$, 则由 (2.2.3) 式知 X 的分布函数为

$$F(x)=P(X\leqslant x)=\sum_{x_k\leqslant x}P(X=x_k)=\sum_{x_k\leqslant x}p_k, \text{对于} \forall x\in\mathbf{R}. \tag{2.2.4}$$

一般地, 离散型随机变量 X 的分布函数是一个阶梯形函数: 将 X 的所有可能取值从小到大排列, 即 $x_1<x_2<\cdots<x_n<\cdots$, 则

$$F(x) = \begin{cases} 0, & x < x_1, \\ p_1, & x_1 \leqslant x < x_2, \\ p_1 + p_2, & x_2 \leqslant x < x_3, \\ \vdots & \vdots \\ \sum_{k=1}^{n} p_k, & x_n \leqslant x < x_{n+1}, \\ \vdots & \vdots \end{cases} \qquad (2.2.5)$$

离散型随机变量 X 取值 x_k 的概率恰好等于分布函数 $F(x)$ 在 $x = x_k$ 处的跳跃度:

$$p_k = P(X = x_k) = F(x_k) - F(x_k^-), \qquad (2.2.6)$$

这里 $F(x_k^-)$ 表示 $F(x)$ 在点 $x = x_k$ 处的左极限.

从(2.2.5)式可以看出, 给定离散型随机变量 X 的分布律 $\{p_k\}$, X 的分布函数也就唯一确定. 由(2.2.6)式知 X 的分布律 $\{p_k\}$ 也可以由 X 的分布函数 $F(x)$ 唯一决定, 如图 2-3 所示. 今后只要选用离散型随机变量的分布律或分布函数中任何一个都能完整地描述其取值规律.

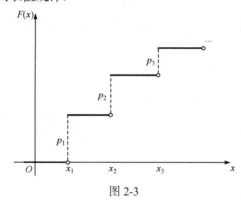

图 2-3

例 2.2.4 设随机变量 X 的分布律为

X	0	1	2
P	$\dfrac{1}{3}$	$\dfrac{1}{6}$	$\dfrac{1}{2}$

试求: (1) $F(x)$; (2) $P(X \leqslant 0.5), P(1 < X \leqslant 2.5), P(1 \leqslant X \leqslant 2.5)$.

解 (1) 由 $F(x) = P(X \leqslant x)$ 与(2.2.4)式知,

当 $x < 0$ 时, $\{X \leqslant x\} = \varnothing$, 故 $F(x) = 0$;

当 $0 \leqslant x < 1$ 时, $F(x) = P(X \leqslant x) = P(X = 0) = \dfrac{1}{3}$;

当 $1 \leqslant x < 2$ 时，$F(x) = P(X = 0) + P(X = 1) = \dfrac{1}{3} + \dfrac{1}{6} = \dfrac{1}{2}$；

当 $x \geqslant 2$ 时，$F(x) = P(X = 0) + P(X = 1) + P(X = 2) = 1$.

故

$$F(x) = \begin{cases} 0, & x < 0, \\ \dfrac{1}{3}, & 0 \leqslant x < 1, \\ \dfrac{1}{2}, & 1 \leqslant x < 2, \\ 1, & x \geqslant 2. \end{cases}$$

(2) $P(X \leqslant 0.5) = F(0.5) = \dfrac{1}{3}$，$P(1 < X \leqslant 2.5) = F(2.5) - F(1) = 1 - \dfrac{1}{2} = \dfrac{1}{2}$，

$$P(1 \leqslant X \leqslant 2.5) = P(X = 1) + P(1 < X \leqslant 2.5) = \dfrac{1}{6} + \dfrac{1}{2} = \dfrac{2}{3}.$$ □

例 2.2.5　设随机变量 X 的分布函数为

$$F(x) = \begin{cases} 0, & x < 1, \\ \dfrac{9}{19}, & 1 \leqslant x < 2, \\ \dfrac{15}{19}, & 2 \leqslant x < 3, \\ 1, & x \geqslant 3. \end{cases}$$

求 X 的分布律.

解　由于 $F(x)$ 是一个阶梯形函数, 故知 X 是一个离散型随机变量, $F(x)$ 的跳跃点分别为 $1, 2, 3$, 对应的跳跃高度分别为 $\dfrac{9}{19}$, $\dfrac{6}{19}$, $\dfrac{4}{19}$, 如图 2-4 所示.

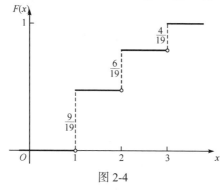

图 2-4

故 X 的分布律为

X	1	2	3
P	$\dfrac{9}{19}$	$\dfrac{6}{19}$	$\dfrac{4}{19}$

□

2.2.3　三类常用的离散型分布

1. 两点分布

定义 2.2.3　若随机变量 X 的分布律为

$$P(X=1)=p, \quad P(X=0)=1-p,$$

其中 $0<p<1$, 则称 X 服从参数 p 的**两点分布**或 **0-1 分布**, 记作 $X\sim b(1,p)$.

　　注　这里 X 的分布律也可记为

$$P(X=k)=p^k(1-p)^{1-k}, \quad k=0,1, \quad 0<p<1,$$

也常用表格表示如下:

X	0	1
P	$1-p$	p

　　定义 2.2.4　若一个随机试验 E 的可能结果只有两个: 事件 A 和事件 $\overline{A}$, 则称 E 为**伯努利试验**.

这里伯努利试验的命名是为了纪念瑞士伯努利家族(17—18 世纪)的科学家雅各布·伯努利, 并且人们也称两点分布为伯努利分布.

我们引进事件 A 的示性函数

$$X_A=X_A(\omega)=\begin{cases}0, & \omega\notin A, \\ 1, & \omega\in A,\end{cases}$$

则 X_A 为一个随机变量. 显然 $A=\{X_A=1\}$, $\overline{A}=\{X_A=0\}$.

　　上述的随机变量 X_A 称为**伯努利变量**, 又称为**特征随机变量**.

　　注　若设 $P(A)=p$, 则伯努利变量 X_A 服从参数 p 的两点分布.

　　对于一个随机试验, 如果它的样本空间只包含两个元素, 我们总能在样本空间上定义一个服从两点分布的随机变量. 两点分布是生活中经常遇到的一种离散型分布, 如掷一枚硬币一次, 观察出现正面还是反面; 检查一件产品质量, 观察产品合格还是不合格; 对一个新生儿的性别进行登记; 打靶一次, 观察是命中还是脱靶; 掷一枚骰子一次, 观察出现是奇数点还是偶数点; 一辆汽车遇到信号灯通过还是不通过等.

例 2.2.6　在 200 件产品中, 有 196 件正品, 4 件次品, 今从中随机地抽取一件, 若规定

$$X = \begin{cases} 1, & \text{取到正品,} \\ 0, & \text{取到次品,} \end{cases}$$

则 $P(X=1) = \dfrac{196}{200} = 0.98$, $P(X=0) = \dfrac{4}{200} = 0.02$. 于是, X 服从参数为 0.98 的两点分布. □

2. 二项分布

定义 2.2.5　若一个伯努利试验 E 在相同条件下独立地重复 n 次, 则称这一系列的 n 次试验为 **n 重伯努利试验**或**伯努利概型**.

n 重伯努利试验在社会生活中很常见, 例如, 连续抛硬币 n 次, 观察正面出现次数; 对 n 个新生儿的性别进行登记, 观察男婴儿的人数; 打靶时一个人独立射击 n 次, 观察命中的次数; 掷一枚骰子 n 次, 观察出现的奇数点的次数等.

在 n 重伯努利试验中, 用 X 表示事件 A 发生的次数, 则 X 是一个离散型随机变量. 显然, X 的取值为 $0, 1, 2, \cdots, n$. 为了求 X 的分布律, 我们还需要计算 X 取值的概率.

下面来确定 n 重伯努利试验中事件 A 恰好发生 k 次的概率. 注意每次试验事件 A 发生的概率是固定的. 设 $P(A) = p$. 为了便于分析, 不妨先假设前 k 次是事件 A 发生, 而后 $n-k$ 次是事件 $\overline{A}$ 发生, 记为

$$A_1 A_2 \cdots A_k \overline{A}_{k+1} \overline{A}_{k+2} \cdots \overline{A}_n.$$

因为各次试验是相互独立进行的, 故事件 $A_1, A_2, \cdots, A_n$ 是相互独立的. 由性质 1.5.1 得

$$P(A_1 A_2 \cdots A_k \overline{A}_{k+1} \overline{A}_{k+2} \cdots \overline{A}_n) = P(A_1)P(A_2) \cdots P(A_k)P(\overline{A}_{k+1})P(\overline{A}_{k+2}) \cdots P(\overline{A}_n)$$
$$= p^k (1-p)^{n-k}.$$

一般情况下, 在 n 次试验中事件 A 要发生 k 次不一定是在最前面 k 次试验中发生, 一共应有 C_n^k 种不同的可能. 易知这 C_n^k 个事件是互不相容的, 所以根据概率的可加性得事件 A 恰好发生 k 次的概率为

$$P(X=k) = C_n^k p^k (1-p)^{n-k}, \quad k = 0, 1, 2, \cdots, n. \tag{2.2.7}$$

由于 $\displaystyle\sum_{k=0}^{n} P(X=k) = \sum_{k=0}^{n} C_n^k p^k (1-p)^{n-k} = (p+1-p)^n = 1$, 不难验证(2.2.7)式满足两个基本性质(2.2.1)与(2.2.2). 故(2.2.7)式就是随机变量 X 的分布律.

定义 2.2.6　若随机变量 X 的分布律满足(2.2.7)式, 则称 X 服从参数为 n,p $(0<p<1)$ 的**二项分布**, 记作 $X\sim b(n,p)$.

注　当 $n=1$ 时, 二项分布为

$$P(X=k)=p^k(1-p)^{1-k}, \quad k=0,1, \quad 0<p<1,$$

即 $X\sim b(1,p)$ 为两点分布. 故两点分布是二项分布的特殊情形.

例 2.2.7　已知某厂生产的大批产品中次品率为 0.2, 现从中抽取 10 件, 问其中恰有 k 件次品的概率是多少?

解　由于产品数量很大, 虽然这是"无放回"的抽样问题, 但可以近似作为"有放回"问题处理, 其误差可以忽略不计. 每检查一件产品, 相当于做一次伯努利试验. 用 X 表示抽取的 10 件产品中次品的数目, 则 $X\sim b(10,0.2)$. 由分布律(2.2.7), 有

$$P(X=k)=\mathrm{C}_{10}^k(0.2)^k(0.8)^{10-k}, \quad k=0,1,2,\cdots,10. \qquad \square$$

注　在例 2.2.7 中 X 的分布律计算结果列表如下(精确到小数点后三位):

X	0	1	2	3	4	5	6	7	$\geqslant 8$
P	0.107	0.268	0.302	0.201	0.088	0.026	0.006	0.001	<0.001

为了对上述数据有一个直观的了解, 图 2-5 为上表的图形.

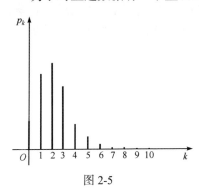

图 2-5

从图 2-5 中可以看到, 概率值 p_k 在某一 k 值处达到最大值. 在例 2.2.7 中 $k=2$ 时, p_k 最大. 可以证明对给定的 n 和 p, 二项分布的概率值 p_k 都有这样的规律.

若例 2.2.7 中产品数量很小时, 将"有放回"改为"无放回", 那么各次试验条件就不同了, 已不是伯努利概型, 此时可用第 1 章古典概型概率计算方法求解.

中国民间有句俗语"常在河边走, 哪有不湿鞋"有其一定道理, 这体现了环境对人的影响, 与"近朱者赤, 近墨者黑"的道理相似. 当然我们也相信意志坚强的人只要能坚持原则还是能避免"哪有不湿鞋"的. 看下面的问题.

例 2.2.8　某环卫工人在海边捡垃圾, 每天被海水弄湿鞋的概率为 0.02, 试求这个工人一年 365 天至少有两天湿鞋的概率.

解　设湿鞋的天数为 X, 则由题意知 $X\sim b(365,0.02)$. 于是

$$P(X \geqslant 2) = 1 - P(X = 0) - P(X = 1)$$
$$= 1 - 0.98^{365} - 365 \times 0.02 \times 0.98^{364} \approx 0.9947.$$

注　类似的问题还有很多,如一个人打靶命中的概率很低,但射击次数多了,至少命中 2 次是会大概率发生的. 这个道理可由 1.5 节提到的"小概率事件经过累加后就成为大概率事件"来解释.

由例 2.2.8 可知,有时利用对立事件求概率比直接求更简单. 但在例 2.2.8 中如要求 $P(X \geqslant 200)$,这时 n 和 k 都比较大,计算很麻烦,所以需要寻求某种近似计算的方法. 下面先介绍泊松分布的概念.

3. 泊松分布

定义 2.2.7　如果随机变量 X 的分布律为
$$P(X = k) = \mathrm{e}^{-\lambda} \frac{\lambda^k}{k!}, \quad k = 0, 1, 2, \cdots,$$
其中 $\lambda > 0$ 是一个实数参数,则称 X 服从参数为 λ 的**泊松分布**,记作 $X \sim p(\lambda)$ 或 $X \sim \pi(\lambda)$.

注　这里不难验证 $P(X = k) > 0$,并且
$$\sum_{k=0}^{\infty} P(X = k) = \sum_{k=0}^{\infty} \frac{\mathrm{e}^{-\lambda} \lambda^k}{k!} = \mathrm{e}^{-\lambda} \cdot \sum_{n=0}^{\infty} \frac{\lambda^k}{k!} = \mathrm{e}^{-\lambda} \cdot \mathrm{e}^{\lambda} = 1.$$

例 2.2.9　由某商店过去的销售记录知道,某种商品每月的销售数可以用参数 $\lambda = 5$ 的泊松分布来描述. 为了以 95% 以上的把握不脱销,问商店在月底至少应进某种商品多少件?

解　用 X 表示该商店一个月销售这种商品的数量. 设上个月底进货为 a 件,则当 $X \leqslant a$ 时该商品不脱销. 由题意知,$P(X \leqslant a) \geqslant 0.95$. 由于 $X \sim p(5)$,从而有
$$\sum_{k=0}^{a} \mathrm{e}^{-5} \frac{5^k}{k!} \geqslant 0.95.$$
查附表 1 "泊松分布表"可知
$$\sum_{k=0}^{8} \mathrm{e}^{-5} \frac{5^k}{k!} \approx 0.9319 < 0.95, \quad \sum_{k=0}^{9} \mathrm{e}^{-5} \frac{5^k}{k!} \approx 0.9682 > 0.95.$$
于是,这家商店只要在月底进货这种商品 9 件(假定上月没有存货),就能以 95% 以上的把握保证这种商品在下个月不脱销.

泊松分布是概率论中几个最重要的分布之一,它具有许多特殊的性质和应用. 下述定理告诉我们,在一定条件下,泊松分布可以作为二项分布的近似分布.

定理 2.2.1 (泊松定理)*　考察 n 重伯努利试验,设事件 A 在一次试验中发生的概率 $p_n = \dfrac{\lambda}{n}$ 与试验的总次数 n 有关(其中 $\lambda > 0$ 是常数),事件 A 发生的次数计为

X, 则 n 次试验中事件 $\{X = k\}$ 的概率的极限为

$$\lim_{n\to\infty} P(X = k) = \lim_{n\to\infty} C_n^k p_n^k (1-p_n)^{n-k} = \frac{e^{-\lambda}\lambda^k}{k!}, \quad k = 0,1,2,\cdots.$$

证 因

$$P(X = k) = C_n^k \left(\frac{\lambda}{n}\right)^k \left(1 - \frac{\lambda}{n}\right)^{n-k}$$

$$= \frac{\lambda^k}{k!}\left(\frac{n}{n}\frac{n-1}{n}\cdots\frac{n-k+1}{n}\right)\left(1 - \frac{\lambda}{n}\right)^{n-k}$$

$$= \frac{\lambda^k}{k!}\left(\left(1 - \frac{1}{n}\right)\cdots\left(1 - \frac{k-1}{n}\right)\right)\left(1 - \frac{\lambda}{n}\right)^{\left(-\frac{n}{\lambda}\right)(-\lambda)\frac{n-k}{n}},$$

固定 k, 令 $n \to \infty$, 可得

$$\lim_{n\to\infty} P(X = k) = \frac{\lambda^k}{k!} e^{-\lambda}. \qquad \square$$

注 法国物理与数学家泊松一生共发表 300 多篇论著, 最著名的著作有《力学教程》(二卷, 1811, 1833)和《判断的概率研究》(1837). 他是 19 世纪概率统计领域里的卓越人物. 他改进了概率论的运用方法, 特别是用于统计方面的方法, 建立了描述随机现象的一种概率分布——泊松分布.

一般应用时, 若 n 充分大且 p 较小, 我们就近似地将 np 看成是 $\lambda (np \approx \lambda)$, 二项分布可用泊松分布来近似:

$$P(n = k) \approx \frac{(np)^k}{k!} e^{-np}.$$

这一近似公式通常当 $0 < np < 4$ 时使用, 泊松分布有专门的数值表, 参见附录中的附表 1 "泊松分布表".

表 2-1 给出了当参数 $\lambda = np = 1$ 时二项分布与泊松分布的近似程度比较.

表 2-1 二项分布与泊松分布比较*

分布 参数值 k 值	$b(n, p)$				$p(\lambda)$
	$(10, 0.1)$	$(20, 0.05)$	$(40, 0.025)$	$(100, 0.01)$	$\lambda = np = 1$
0	0.349	0.358	0.369	0.366	0.368
1	0.385	0.377	0.372	0.370	0.368
2	0.194	0.189	0.186	0.185	0.184
3	0.057	0.060	0.060	0.061	0.061
4	0.011	0.013	0.014	0.015	0.015
≥5	0.004	0.003	0.005	0.003	0.004

例 2.2.10 注射一种血浆, 有副作用的概率为 0.001. 在 2000 名接受注射这种血浆的人中, 3 人有副作用的概率是多少? 多于 2 人有副作用的概率又是多少?

解 如果用 X 表示这 2000 人中产生副作用的人数, 则 $X \sim b(2000, 0.001)$. 于是 2000 人中 3 人有副作用的概率为

$$P(X = 3) = C_{2000}^3 (0.001)^3 (0.999)^{1997} \approx 0.18054,$$

多于 2 人有副作用的概率是

$$P(X > 2) = 1 - [(0.999)^{2000} + C_{2000}^1 (0.001)(0.999)^{1999} + C_{2000}^2 (0.001)^2 (0.999)^{1998}].$$

上面计算十分麻烦, 如利用泊松分布作为近似, 这里 $n = 2000$, $p = 0.001$, $np = 2$, 故 2000 人中 3 人有副作用的概率为

$$P(X = 3) \approx \frac{2^3 e^{-2}}{3!} = \frac{4}{3} e^{-2} \approx 0.18045.$$

多于 2 人有副作用的概率为

$$P(X > 2) \approx 1 - \left(\frac{2^0 e^{-2}}{0!} + \frac{2^1 e^{-2}}{1!} + \frac{2^2 e^{-2}}{2!} \right) = 1 - \frac{5}{e^2} \approx 0.32332. \qquad \square$$

习题 2-2

1. 设 X 为随机变量, 且

$$P(X = k) = \frac{1}{2^k}, \quad k = 1, 2, \cdots.$$

(1) 判断上面的式子是否为 X 的分布律; (2) 若是, 求 $P(X \geqslant 5)$.

2. 设随机变量 X 的分布律为

$$P(X = k) = \frac{c \lambda^k}{k!} e^{-\lambda}, \quad k = 1, 2, \cdots,$$

且 $\lambda > 0$, 求常数 c.

3. 一箱中装有 6 个产品, 其中有 2 个是二等品, 现从中随机地取出 3 个, 试求取出二等品个数 X 的分布律.

4. 设袋中有 6 个球, 编号分别为 $-1, 2, 2, 2, 3, 3$, 从袋中任取一球. 设 X 表示取到的球的编号. 求 X 的分布律.

5. 设一次试验成功的概率为 $p(0 < p < 1)$, 不断进行重复试验, 直到首次成功为止. 用随机变量 X 表示试验的次数, 求 X 的分布律.

6. 设随机变量 X 的分布函数为

$$F(x) = \begin{cases} 0, & x < -1, \\ 0.4, & -1 \leqslant x < 1, \\ 0.8, & 1 \leqslant x < 3, \\ 1, & x \geqslant 3. \end{cases}$$

求 X 的分布律.

7. 设自动生产线在调整以后出现废品的概率为 $p = 0.1$, 当生产过程中出现废品时立即进行调整, 用 X 表示在两次调整之间生产的合格品数, 求:

(1) X 的分布律; (2) $P(X \geqslant 5)$.

8. 一张考卷上有 5 道选择题, 每道题列出 4 个可能答案, 其中有 1 个答案是正确的. 求某学生靠猜测能答对至少 4 道题的概率.

9. 从家到学校的途中有 3 个交通岗, 假设在各个交通岗遇到红灯的概率是相互独立的, 且概率均是 0.4, 设 X 为途中遇到红灯的次数, 求:

(1) X 的分布律; (2) X 的分布函数.

10. 射手向目标独立地进行了 3 次射击, 每次击中率为 0.8, 求 3 次射击击中目标的次数的分布律及分布函数, 并求 3 次射击中至少击中 2 次的概率.

11. 某车间有 8 台 5.6 千瓦的车床, 每台车床由于工艺上的问题, 常要停车. 设各车床停车是相互独立的, 每台车床平均每小时停车 12 分钟. 求:

(1) 在某一指定的时刻, 车间恰有两台车床停车的概率;

(2) 全部车床用电超过 30 千瓦的可能有多大?

12. 设随机变量 X 服从参数为 λ 的泊松分布, 且 $P(X = 0) = 1/2$, 求:

(1) λ; (2) $P(X > 1)$.

13. 设书籍上每页印刷错误的个数 X 服从泊松分布. 经统计发现, 在某本书上有一个印刷错误与有两个印刷错误的页数相同, 求检验 4 页, 每页上都没有印刷错误的概率.

14. 在长度为 t 的时间间隔内, 某急救中心收到紧急呼救的次数服从参数为 $t/2$ 的泊松分布, 而与时间间隔的起点无关(单位: 小时), 求:

(1) 某一天从中午 12 时至下午 3 时没有收到紧急呼救的概率;

(2) 某一天从中午 12 时至下午 5 时收到 1 次紧急呼救的概率.

15*. 为了保证设备正常工作, 需要配备适当数量的维修人员. 根据经验每台设备发生故障的概率为 0.01, 各台设备工作情况相互独立.

(1) 若由 1 人负责维修 20 台设备, 求设备发生故障后不能及时维修的概率;

(2) 设有设备 100 台, 1 台发生故障由 1 人处理, 问至少需配备多少维修人员, 才能保证设备发生故障而不能及时维修的概率不超过 0.01?

2.3 连续型随机变量及其分布

在实际问题中, 有一些随机变量可能的取值有无限多, 但它们不能一一列出. 对于这类随机变量, 本节将主要研究其中的连续型随机变量, 其特点是它的可能取值连续地充满某个区间甚至整个数轴.

2.3.1 连续型随机变量

定义 2.3.1 如果存在非负可积函数 $f(x)$, 使随机变量 X 的分布函数 $F(x)$ 可表示为

$$F(x) = \int_{-\infty}^{x} f(t)\,\mathrm{d}t,$$

则称随机变量 X 为**连续型随机变量**, 其中 $f(x)$ 称为随机变量 X 的**概率密度函数**, 简称为**概率密度**或**密度函数**(图 2-6).

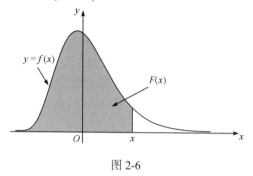

图 2-6

由定义 2.3.1 和分布函数的性质, 显然密度函数 $f(x)$ 有以下两条基本性质:

(1) **非负性**　$f(x) \geqslant 0$;

(2) **归一性**　$\int_{-\infty}^{+\infty} f(x)\mathrm{d}x = 1$.

由图 2-6 知, 随机变量 X 的密度函数曲线 $y = f(x)$ 在直角坐标平面上位于 x
轴上方, 在 x 轴上任取一点 x, 以曲线 $y = f(x)$
和 x 轴在区间 $(-\infty, x]$ 两端点之间所围的曲边梯
形的面积是随机变量 X 在点 x 的分布函数值
$F(x)$. 由图 2-7 知, 归一性表明曲线 $y = f(x)$
与 x 轴所围成的平面图形的面积为 1.

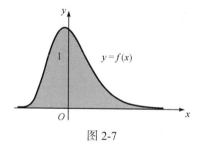

图 2-7

从以上两条性质可以看出密度函数 $f(x)$ 与
离散型随机变量的分布律 $\{p_k\}$ 有着类似的性质.
在连续型随机变量中, 密度函数起着分布律在离散型随机变量中的作用, 当密度
函数 $f(x)$ 给定时, 分布函数 $F(x)$ 也就确定了. 所以 $f(x)$ 同样全面地描述了连续
型随机变量的取值特性.

另一方面, 可以证明, 如果一个可积函数 $f(x)$ 满足上述两条性质, 它一定是
某个连续型随机变量的概率密度函数.

由分布函数的性质及定义 2.3.1, 还有如下性质:

(3) 设 X 为连续型的随机变量, 则有

$$P(a < X \leqslant b) = F(b) - F(a) = \int_{a}^{b} f(x)\,\mathrm{d}x. \tag{2.3.1}$$

证　只要证明(2.3.1)式右边等号. 显然,

$$F(b) - F(a) = \int_{-\infty}^{b} f(x)\,\mathrm{d}x - \int_{-\infty}^{a} f(x)\,\mathrm{d}x$$

$$= \int_{-\infty}^{a} f(x)\,\mathrm{d}x + \int_{a}^{b} f(x)\,\mathrm{d}x - \int_{-\infty}^{a} f(x)\,\mathrm{d}x = \int_{a}^{b} f(x)\,\mathrm{d}x.$$

从这条性质可以看出连续型随机变量 X (的取值)落入区间 $(a,b]$ 内的概率等于以区间 $(a,b]$ 为底的**曲边梯形**面积, 即等于 $\int_{a}^{b} f(x)\,\mathrm{d}x$, 也等于 $F(b) - F(a)$ (图 2-8). 由此可见, 密度函数 $f(x)$ 在 $(a,b]$ 内的大小直接影响随机变量 X 在 $(a,b]$ 内取值的概率. 因此, $f(x)$ 表示概率值在 x 轴上的分布.

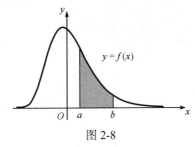

图 2-8

推论 2.3.1 设 X 为连续型的随机变量, 则 $P(X = a) = 0$, 其中 a 为任意实数. 进而,

$$P(a < X < b) = P(a \leqslant X < b) = P(a < X \leqslant b) = P(a \leqslant X \leqslant b) = \int_{a}^{b} f(x)\,\mathrm{d}x.$$

证 对于任意的 $h > 0$, 有

$$\{X = a\} \subset \{a - h < X \leqslant a\}.$$

因此

$$0 \leqslant P(X = a) \leqslant P(a - h < X \leqslant a) = \int_{a-h}^{a} f(x)\,\mathrm{d}x.$$

由 h 的任意性, 令 $h \to 0$, 则

$$0 \leqslant P(X = a) \leqslant \lim_{h \to 0} \int_{a-h}^{a} f(x)\,\mathrm{d}x = 0.$$

故 $P(X = a) = 0$. 再由(2.3.1)式, 其他等式得证.

注 这里顺便指出, 不可能事件 $\varnothing$ 的概率为 0, 而概率为 0 的事件未必就是不可能事件, 例如这里 $P(X = a) = 0$, 但 $\{X = a\} \neq \varnothing$.

推论 2.3.2 若 X 的密度函数 $f(x)$ 在 $(x, x + \Delta x]$ 上有定义, 且在 $(x, x + \Delta x)$ 内连续, 则由积分中值定理得

$$P(x < X \leqslant x + \Delta x) = \int_{x}^{x+\Delta x} f(x)\,\mathrm{d}x = f(\xi)\Delta x,$$

其中 $x < \xi < x + \Delta x$.

这样 $f(x) = \lim\limits_{\Delta x \to 0} f(\xi) = \lim\limits_{\Delta x \to 0} \dfrac{P(x < X \leqslant x + \Delta x)}{\Delta x}$. 这个式子可以理解为: X 在点 x 的"密度" $f(x)$, 恰好是 X 落在区间 $(x, x + \Delta x]$ 上的概率 $P(x < X \leqslant x + \Delta x)$ 与区间长度 Δx 之比的极限, 好比是线状物体的某段质量与其长度比的极限是这个物体在一点处的线密度一样, 这就是称函数 $f(x)$ 为"密度函数"或"概率密度"的由来. 此外, 再回到推论 2.3.1 上面的解释, "密度" $f(x)$ 的确表示概率值在 x 轴上的分布情况.

(4) 设 X 为连续型的随机变量, 则 X 的分布函数 $F(x)$ 是连续函数.

事实上, 对于任意实数 x 和一个增量 Δx, 则 $F(x)$ 的增量为

$$\Delta F = F(x + \Delta x) - F(x) = \int_x^{x + \Delta x} f(x) \mathrm{d}x.$$

于是 $\lim\limits_{\Delta x \to 0} \Delta F = \lim\limits_{\Delta x \to 0} \int_x^{x + \Delta x} f(x)\,\mathrm{d}x = 0$, 即 $F(x)$ 是实数域 $\mathbf{R}$ 上的连续函数.

注　连续型的随机变量的密度函数 $f(x)$ 不一定是连续函数, 例如我们后面提到的均匀分布的概率密度函数(图 2-9)在 a,b 两点不连续.

(5) 如果密度函数 $f(x)$ 在点 x 处连续, 则

$$F'(x) = f(x).$$

也就是说, 当 $f(x)$ 连续时, 分布函数 $F(x)$ 是密度函数 $f(x)$ 的一个原函数. 此时, 公式(2.3.1)右边等式实际为**牛顿-莱布尼茨公式**.

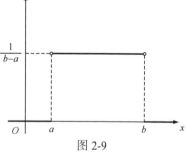

图 2-9

证　由推论 2.3.2, 有

$$F'(x) = \lim\limits_{\Delta x \to 0} \frac{F(x + \Delta x) - F(x)}{\Delta x} = \lim\limits_{\Delta x \to 0} \frac{P(x < X \leqslant x + \Delta x)}{\Delta x} = \lim\limits_{\Delta x \to 0} f(\xi) = f(x),$$

其中, $x < \xi < x + \Delta x$. 　　　　□

例 2.3.1　设随机变量 X 具有概率密度

$$f(x) = \begin{cases} kx, & 0 \leqslant x < 3, \\ 2 - \dfrac{x}{2}, & 3 \leqslant x \leqslant 4, \\ 0, & \text{其他.} \end{cases}$$

(1) 确定常数 k;

(2) 求 X 的分布函数 $F(x)$;

(3) 求 $P\left(1 < X \leqslant \dfrac{7}{2}\right)$.

解 (1) 由归一性 $\int_{-\infty}^{+\infty} f(x)\mathrm{d}x = 1$，得 $\int_0^3 kx\mathrm{d}x + \int_3^4 \left(2 - \frac{x}{2}\right)\mathrm{d}x = 1$，解得 $k = \frac{1}{6}$，于是 X 的概率密度为

$$f(x) = \begin{cases} \dfrac{x}{6}, & 0 \leqslant x < 3, \\ 2 - \dfrac{x}{2}, & 3 \leqslant x \leqslant 4, \\ 0, & \text{其他.} \end{cases}$$

(2) X 的分布函数为

$$F(x) = \begin{cases} 0, & x < 0 \\ \displaystyle\int_0^x \frac{t}{6}\mathrm{d}t, & 0 \leqslant x < 3 \\ \displaystyle\int_0^3 \frac{t}{6}\mathrm{d}t + \int_3^x \left(2 - \frac{t}{2}\right)\mathrm{d}t, & 3 \leqslant x < 4 \\ 1, & x \geqslant 4 \end{cases} = \begin{cases} 0, & x < 0, \\ \dfrac{x^2}{12}, & 0 \leqslant x < 3, \\ -3 + 2x - \dfrac{x^2}{4}, & 3 \leqslant x < 4, \\ 1, & x \geqslant 4. \end{cases}$$

(3) $P\left(1 < X \leqslant \dfrac{7}{2}\right) = \displaystyle\int_1^{\frac{7}{2}} f(x)\mathrm{d}x = \int_1^3 \frac{1}{6}x\mathrm{d}x + \int_3^{\frac{7}{2}} \left(2 - \frac{x}{2}\right)\mathrm{d}x$

$$= \frac{1}{12}x^2 \Big|_1^3 + \left(2x - \frac{x^2}{4}\right)\Big|_3^{7/2} = \frac{41}{48},$$

或 $P\left(1 < X \leqslant \dfrac{7}{2}\right) = F\left(\dfrac{7}{2}\right) - F(1) = \dfrac{41}{48}$.　　　　　□

例 2.3.2 设连续型随机变量 X 的分布函数为

$$F(x) = \begin{cases} 0, & x \leqslant 0, \\ x^2, & 0 < x \leqslant 1, \\ 1, & 1 < x. \end{cases}$$

求: (1) $P(0.3 < X < 0.7)$; (2) X 的密度函数.

解 由连续型随机变量分布函数的性质, 有

(1) $P(0.3 < X < 0.7) = F(0.7) - F(0.3) = 0.7^2 - 0.3^2 = 0.4$;

(2) X 的密度函数为

$$f(x) = F'(x) = \begin{cases} 0, & x \leqslant 0 \\ 2x, & 0 < x < 1 \\ 0, & x \geqslant 1 \end{cases} = \begin{cases} 2x, & 0 < x < 1, \\ 0, & \text{其他.} \end{cases}$$

　　　　　□

2.3.2　常用的连续型分布

1. 均匀分布

定义 2.3.2　设随机变量 X 的密度函数为

$$f(x)=\begin{cases}\dfrac{1}{b-a}, & a<x<b,\\ 0, & \text{其他},\end{cases}$$

则称随机变量 X 服从区间 (a,b) 上的**均匀分布**, 记作 $X\sim U(a,b)$.

容易验证

$$\int_a^b f(x)\,\mathrm{d}x=1.$$

设长为 δ 的小区间 $(c,c+\delta)\subset(a,b)$, 则

$$P(c<X<c+\delta)=\int_c^{c+\delta}f(x)\,\mathrm{d}x=\frac{\delta}{b-a}.$$

由此可见, 随机变量 X 取值于 (a,b) 内任一小区间的概率只与小区间长成正比, 而与小区间的位置无关(换言之, X 取值落在区间 (a,b) 中任意等长度子区间内的可能性是相同的, 这种特点类似于古典概型取值的等可能性), 所以这种分布被称为均匀分布.

容易求得随机变量 X 的分布函数

$$F(x)=\int_{-\infty}^x f(t)\,\mathrm{d}t=\begin{cases}0, & x<u,\\ \dfrac{x-a}{b-a}, & a\leqslant x<b,\\ 1, & x\geqslant b.\end{cases}$$

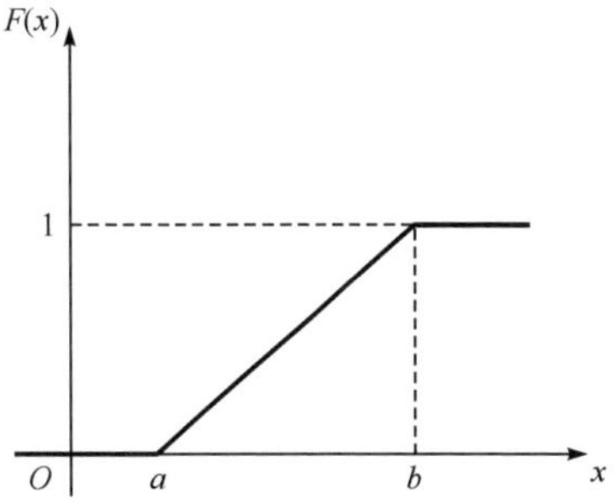

显然除点 $x=a$ 和 $x=b$ 外, $F'(x)=f(x)$. $f(x)$ 和 $F(x)$ 的图像分别见图 2-9 和图 2-10.

图 2-10

例 2.3.3　某公共汽车站从上午 7 时起, 每 15 分钟来一班车, 即 7:00, 7:15, 7:30, 7:45 等时刻有汽车到达此站, 如果一个乘客到达此站的时刻 X 服从 7:00 到 7:30 之间的均匀分布, 试求他候车时间少于 5 分钟的概率.

解　以 7:00 为起点 0, 以分为单位, 依题意

$$X\sim U(0,30),\qquad f(x)=\begin{cases}\dfrac{1}{30}, & 0<x<30,\\ 0, & \text{其他}.\end{cases}$$

为使候车时间 X 少于 5 分钟, 乘客必须在 7:10 到 7:15 之间, 或在 7:25 到 7:30 之间到达车站, 故所求概率为

$$P(10 < X < 15) + P(25 < X < 30) = \int_{10}^{15} \frac{1}{30} \mathrm{d}x + \int_{25}^{30} \frac{1}{30} \mathrm{d}x = \frac{1}{3},$$

即乘客候车时间少于 5 分钟的概率是 1/3.　　　　　　　　　　　　　　　　　□

2. 指数分布

定义 2.3.3　若随机变量 X 的概率密度为

$$f(x) = \begin{cases} \lambda \mathrm{e}^{-\lambda x}, & x > 0, \\ 0, & x \leqslant 0, \end{cases} \quad \lambda > 0,$$

则称随机变量 X 服从参数为 λ 的**指数分布**, 记作 $X \sim e(\lambda)$.

容易求出该随机变量 X 的分布函数为

$$F(x) = \begin{cases} 1 - \mathrm{e}^{-\lambda x}, & x > 0, \\ 0, & x \leqslant 0. \end{cases}$$

该随机变量 X 的概率密度 $f(x)$ 和分布函数 $F(x)$ 的图像分别见图 2-11 和图 2-12.

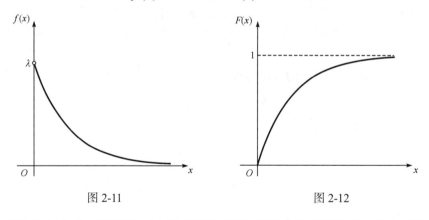

图 2-11　　　　　　　　　　　　　　　　　图 2-12

指数分布常常在实际应用中用来作为各种 "寿命" 分布的近似. 例如, 无线电元器件的寿命、蓄电池的寿命、生物的寿命、电话的通话时间、随机服务系统中的服务时间都近似服从指数分布.

指数分布还是具有 "无记忆性" 的连续型分布. 设随机变量 X 服从指数分布, 则对于任意的 $a > 0$, $t > 0$,

$$P(X > a + t \mid X > a) = \frac{P(X > a + t)}{P(X > a)} = \frac{\mathrm{e}^{-\lambda(a+t)}}{\mathrm{e}^{-\lambda a}} = \mathrm{e}^{-\lambda t},$$

即

$$P(X > a+t \mid X > a) = P(X > t).$$

如果把随机变量 X 解释为生物的寿命, 则上式表明的"无记忆性"为: 已知该生物存活 a 年以上, 则再存活 t 年的概率只与 t 有关, 而与 a 无关.

例 2.3.4 某电子元件的寿命 X 服从参数为 $\lambda = 1/1000$ 的指数分布, 求 3 个这样的元件使用 1000 小时, 至少有一个损坏的概率.

解 由题设知, X 的分布函数为

$$F(x) = \begin{cases} 1 - \mathrm{e}^{-\frac{x}{1000}}, & x > 0, \\ 0, & x \leqslant 0. \end{cases}$$

由此得到元件损坏(即使用小于 1000 小时)的概率为

$$P(X < 1000) = P(X \leqslant 1000) = F(1000) = 1 - \mathrm{e}^{-1}.$$

各元件的寿命是相互独立的, 用 Y 表示三个元件中使用 1000 小时损坏的元件数, 则 $Y \sim b(3, 1 - \mathrm{e}^{-1})$. 故所求概率

$$P(Y \geqslant 1) = 1 - P(Y = 0) = 1 - \mathrm{C}_3^0 (1 - \mathrm{e}^{-1})^0 (\mathrm{e}^{-1})^3 = 1 - \mathrm{e}^{-3}. \qquad \square$$

3. 正态分布

正态分布, 也称为"常态分布", 是一种在概率论与数理统计中使用广泛的概率分布, 最早由法国数学家棣莫弗在 1733 年求二项分布的渐近公式中得到. 1809 年德国数学家高斯在研究测量误差时从另一个角度导出了它. 高斯的这项工作对后世的影响极大, 故正态分布又名"高斯分布", 下面看其定义.

定义 2.3.4 如果一个随机变量 X 的概率密度为

$$f(x) = \frac{1}{\sigma\sqrt{2\pi}} \mathrm{e}^{-\frac{(x-\mu)^2}{2\sigma^2}}, \quad -\infty < x < +\infty,$$

其中 $\sigma > 0$, 则称随机变量 X 服从参数为 μ 和 σ^2 的**正态分布**, 记作 $X \sim N(\mu, \sigma^2)$. $f(x)$ 的平面图像常称为"**钟形曲线**"(图 2-13).

X 的分布函数为

$$F(x) = \frac{1}{\sigma\sqrt{2\pi}} \int_{-\infty}^{x} \mathrm{e}^{-\frac{(t-\mu)^2}{2\sigma^2}} \mathrm{d}t.$$

由密度函数性质与微积分知识可得密度函数 $f(x)$ 的以下性质:

（Ⅰ）**非负性** $f(x) \geqslant 0$;

（Ⅱ）**归一性** $\dfrac{1}{\sigma\sqrt{2\pi}} \displaystyle\int_{-\infty}^{+\infty} \mathrm{e}^{-\frac{(x-\mu)^2}{2\sigma^2}} \mathrm{d}x = 1$;

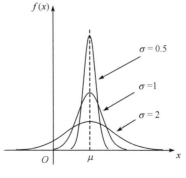

图 2-13

证* $\dfrac{1}{\sigma\sqrt{2\pi}}\displaystyle\int_{-\infty}^{+\infty}\mathrm{e}^{-\frac{(x-\mu)^2}{2\sigma^2}}\mathrm{d}x\xlongequal[\;\;\;\;]{\frac{x-\mu}{\sigma}=t}\dfrac{1}{\sqrt{2\pi}}\displaystyle\int_{-\infty}^{+\infty}\mathrm{e}^{-\frac{t^2}{2}}\mathrm{d}t=\dfrac{1}{\sqrt{2\pi}}\times\sqrt{2\pi}=1$. 这里我们利用了二重积分

$$I^2=\left(\int_{-\infty}^{+\infty}\mathrm{e}^{-\frac{x^2}{2}}\mathrm{d}x\right)\left(\int_{-\infty}^{+\infty}\mathrm{e}^{-\frac{y^2}{2}}\mathrm{d}y\right)=\int_{-\infty}^{+\infty}\int_{-\infty}^{+\infty}\mathrm{e}^{-\frac{x^2+y^2}{2}}\mathrm{d}x\mathrm{d}y=\int_0^{2\pi}\left(\int_0^{+\infty}\mathrm{e}^{-\frac{r^2}{2}}r\mathrm{d}r\right)\mathrm{d}\theta=2\pi,$$

得 $I=\displaystyle\int_{-\infty}^{+\infty}\mathrm{e}^{-\frac{t^2}{2}}\mathrm{d}t=\sqrt{2\pi}$. □

(Ⅲ) $f(x)$ 在 $(-\infty,\mu)$ 内单调上升, 在 $(\mu,+\infty)$ 内单调下降, 在 $x=\mu$ 处达到极大值

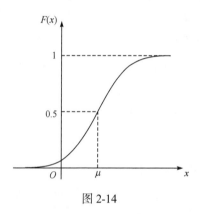

图 2-14

$\dfrac{1}{\sigma\sqrt{2\pi}}$, 当 μ 固定时, σ 值越小, $f(x)$ 图形越尖, σ 值越大, $f(x)$ 图形越平(图 2-13); 正态分布的参数 μ(称为**位置参数**)决定了其位置, σ(称为**尺度参数**)决定了分布的幅度;

(Ⅳ) $f(x)$ 关于直线 $x=\mu$ 轴对称, 由(Ⅱ)得 $F(\mu)=0.5$(图 2-14);

(Ⅴ) $f(x)$ 在对称轴两边无限向 x 轴接近, 即 $\lim\limits_{x\to-\infty}f(x)=\lim\limits_{x\to+\infty}f(x)=0$;

(Ⅵ) $f(x)$ 在对称轴两边, $x=\mu\pm\sigma$ 处各有一个拐点. 当 $\mu-\sigma<x<\mu+\sigma$ 时, $f(x)$ 上凸; 当 $x<\mu-\sigma$ 或 $x>\mu+\sigma$ 时, $f(x)$ 上凹.

当 $\mu=0$, $\sigma^2=1$ 时, 随机变量 X 的概率密度记为

$$\varphi(x)=\frac{1}{\sqrt{2\pi}}\mathrm{e}^{-\frac{x^2}{2}},\quad -\infty<x<+\infty,$$

此时称随机变量 X 服从**标准正态分布**, 记作 $X\sim N(0,1)$. 对应的分布函数记作

$$\Phi(x)=\frac{1}{\sqrt{2\pi}}\int_{-\infty}^{x}\mathrm{e}^{-\frac{t^2}{2}}\mathrm{d}t.$$

由 $\varphi(x)$ 关于 $x=0$ 的对称性(图 2-15)以及归一性

$$\int_{-\infty}^{+\infty}\frac{1}{\sqrt{2\pi}}\mathrm{e}^{-\frac{t^2}{2}}\mathrm{d}t=1,$$

得 $\Phi(0)=0.5$ 及

$$\Phi(-x)=1-\Phi(x).\tag{2.3.2}$$

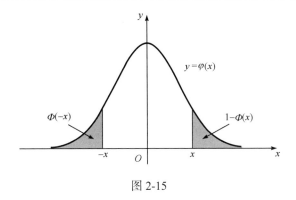

图 2-15

一般地, 若 $X \sim N(\mu, \sigma^2)$, 我们只要通过一个线性变换就能将它化成标准正态分布, 故该变换被称为**标准化变换**.

定理 2.3.1　设随机变量 $X \sim N(\mu, \sigma^2)$, 则 $Y = \dfrac{X - \mu}{\sigma} \sim N(0,1)$.

证　我们来证明 Y 的分布函数 $F_Y(y)$ 就是 $\Phi(y)$.

$$F_Y(y) = P(Y \leqslant y) = P\left(\frac{X - \mu}{\sigma} \leqslant y\right) = P(X \leqslant \mu + \sigma y)$$

$$= \frac{1}{\sqrt{2\pi}} \int_{-\infty}^{\mu + \sigma y} e^{-\frac{1}{2}\left(\frac{t - \mu}{\sigma}\right)^2} \, d\left(\frac{t - \mu}{\sigma}\right)$$

$$\xlongequal{\frac{t - \mu}{\sigma} = u} \frac{1}{\sqrt{2\pi}} \int_{-\infty}^{y} e^{-\frac{u^2}{2}} \, du = \Phi(y).$$

这也就是说, $Y \sim N(0,1)$.　　　　　　　□

我们可利用 $\Phi(x)$ 来计算服从一般正态分布 $N(\mu, \sigma^2)$ 的随机变量取值的概率. 为了方便计算, 本书后面给出了 $\Phi(x)$ 在 $x \geqslant 0$ 的数值表(附表 2). 下面各种情况概率的计算归结为标准正态分布函数值:

(1) 表中给出了 $x \geqslant 0$ 时 $\Phi(x)$ 的数值, 利用公式(2.3.2)可以计算 $\Phi(-x)$ 的数值;

(2) 若 $X \sim N(0,1)$, 则

$$P(a < X \leqslant b) = \Phi(b) - \Phi(a);$$

(3) 若 $X \sim N(\mu, \sigma^2)$, 则 $Y = \dfrac{X - \mu}{\sigma} \sim N(0,1)$. 于是

$$P(a < X \leqslant b) = P\left(\frac{a - \mu}{\sigma} < Y \leqslant \frac{b - \mu}{\sigma}\right) = \Phi\left(\frac{b - \mu}{\sigma}\right) - \Phi\left(\frac{a - \mu}{\sigma}\right). \qquad (2.3.3)$$

例 2.3.5　若 $X \sim N(1, 0.1^2)$, 求 $P(0.8 < X \leqslant 1.1)$.

解　由(2.3.3)与(2.3.2)得

$$P(0.8 < X \leqslant 1.1) = \Phi\left(\frac{1.1-1}{0.1}\right) - \Phi\left(\frac{0.8-1}{0.1}\right)$$
$$= \Phi(1) - \Phi(-2) = \Phi(1) + \Phi(2) - 1$$
$$= 0.8413 + 0.9772 - 1 = 0.8185.　\square$$

例 2.3.6　假设某工厂生产的螺丝钉直径 X 服从正态分布 $N(0.25, 0.02^2)$（单位: cm）. 如果螺丝钉的直径不超过 0.2cm, 或大于 0.28cm 就认为不合格, 计算螺丝钉的不合格率.

解　这里 $X \sim N(0.25, 0.02^2)$, 由题意知, 不合格率为
$$P(X \leqslant 0.2) + P(X > 0.28) = F(0.2) + 1 - F(0.28)$$
$$= 1 + \Phi\left(\frac{0.2-0.25}{0.02}\right) - \Phi\left(\frac{0.28-0.25}{0.02}\right)$$
$$= 1 + \Phi(-2.5) - \Phi(1.5) = 2 - \Phi(2.5) - \Phi(1.5)$$
$$= 2 - 0.9938 - 0.9332 = 0.0730.$$
所以这批螺丝钉不合格率为 7.3%.　$\square$

一般地, 如果 $X \sim N(\mu, \sigma^2)$, 由附表 2 不难求得
$$P(|X - \mu| < \sigma) = 2\Phi(1) - 1 = 0.6826,$$
$$P(|X - \mu| < 2\sigma) = 2\Phi(2) - 1 = 0.9544,$$
$$P(|X - \mu| < 3\sigma) = 2\Phi(3) - 1 = 0.9974.$$
如图 2-16 所示.

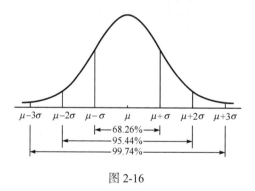

图 2-16

由图 2-16 知, X (的取值)落在区间 $(\mu - 3\sigma, \mu + 3\sigma)$ 以外的概率小于千分之三. 由实际推断原理, 在实际问题中常认为相应的小概率事件是不会发生的, 基本上可以把区间 $(\mu - 3\sigma, \mu + 3\sigma)$ 看作是随机变量 X 实际可能的取值区间, 这称为正态分布的"3σ"原则.

由于 $P(|X - \mu| < \sigma) = 0.6826$ 是常数, 这也能解释:若 σ 越小, 区间 $(\mu - \sigma, \mu + \sigma)$ 长度就越小, 这迫使 $f(x)$ 的图形越尖; 相反若 σ 越大, 则 $f(x)$ 的图形越平

(图 2-13).

在数理统计中, 为了便于应用, 对于服从标准正态分布的随机变量, 我们引入分位数的概念.

定义 2.3.5　设 $X \sim N(0,1)$. 对于给定的实数 α $(0 < \alpha < 1)$,

(1) 如果实数 z_α, 使 $P(X \geqslant z_\alpha) = \alpha$, 则称 z_α 为标准正态分布的**上 α 分位数(分位点)**(图 2-17, 此时 $\Phi(z_\alpha) = 1 - \alpha$ 且 $z_{1-\alpha} = -z_\alpha$).

(2) 如果实数 $z_{\alpha/2}$, 使 $P(|X| \geqslant z_{\alpha/2}) = \alpha$, 则称 $z_{\alpha/2}$ 为标准正态分布的**双侧 α 分位数(分位点)**$\left(\text{图2-18, 此时 } \Phi(z_{\alpha/2}) = 1 - \dfrac{\alpha}{2}\right)$.

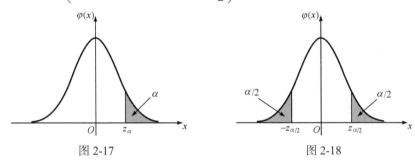

图 2-17　　　　　　　　　　　　　　　图 2-18

对于标准正态分布的上 α 分位数 z_α, 我们可以查表(附表 2)获得, 例如, $z_{0.05} \approx 1.65$.

正态分布在概率论中有着重要的地位. 一方面, 它是自然界中最常见的分布, 比如测量误差; 人的生理特征的度量, 如身高、体重等; 工厂产品的尺寸和许多质量指标; 农作物的收获量; 海洋波浪高度等, 都是服从或近似地服从正态分布. 另一方面, 正态分布具有许多良好的性质, 很多其他分布都以正态分布作为极限分布; 还有一些分布, 比如数理统计中用到的一些**统计量**(见统计学部分)很多是与正态分布相关的.

习题 2-3

1. 设某种药品的有效期以 X 天计, 其概率密度为

$$f(x) = \begin{cases} \dfrac{20000}{(x+100)^3}, & x > 0, \\ 0, & x \leqslant 0. \end{cases}$$

求: (1) X 的分布函数; (2) 至少有 200 天有效期的概率.

2. 设随机变量 X 具有概率密度

$$f(x) = \begin{cases} Ke^{-3x}, & x > 0, \\ 0, & x \leqslant 0. \end{cases}$$

(1) 确定常数 K; (2) 求 $P(X > 0.1)$; (3) 求 $F(x)$.

3. 设随机变量 X 的分布函数为

$$F(x) = \begin{cases} 0, & x < 0, \\ x^2, & 0 \leqslant x < 1, \\ 1, & x \geqslant 1. \end{cases}$$

求: (1) $P(0.3 < X < 0.7)$; (2) X 的概率密度函数 $f(x)$.

4. 设随机变量 X 的分布函数为

$$F(x) = \begin{cases} 0, & x \leqslant -a, \\ A + B \arcsin \dfrac{x}{a}, & -a < x < a, \\ 1, & x \geqslant a. \end{cases}$$

求: (1) 确定常数 A 和 B; (2) X 的概率密度函数.

5. 设随机变量 K 服从 $(0,5)$ 上的均匀分布, 求方程 $4x^2 + 4Kx + K + 2 = 0$ 有实根的概率.

6. 设顾客排队等待服务的时间 X (单位: 分钟) 服从 $\lambda = 1/5$ 的指数分布. 某顾客等待服务, 若超过 10 分钟, 他就离开. 他一个月要去等待服务 5 次, 以 Y 表示一个月内他未等到服务而离开的次数, 求 Y 的分布律和 $P(Y \geqslant 1)$.

7. 某型号器件的寿命 X (单位: 小时) 具有概率密度

$$f(x) = \begin{cases} \dfrac{1000}{x^2}, & x > 1000, \\ 0, & \text{其他}. \end{cases}$$

现有一大批此种器件 (设各器件损坏与否相互独立), 任取 3 只, 问其中至少有一只寿命大于 3000 小时的概率是多少?

8. 设随机变量 X 的概率密度为

$$f(x) = \begin{cases} 2x, & 0 < x < 1, \\ 0, & \text{其他}. \end{cases}$$

令 Y 表示对 X 的 3 次独立重复观测中事件 $\left\{ X \leqslant \dfrac{1}{2} \right\}$ 发生的次数, 求 $P(Y = 2)$.

9. 设 $X \sim N(0,1)$, 查标准正态分布表, 求:

(1) $P(X \leqslant 0.3)$; (2) $P(0.2 < X \leqslant 0.5)$; (3) $P(X \geqslant 1.5)$;

(4) $P(X \leqslant -1.2)$; (5) $P(|X| \leqslant 0.34)$.

10. 设 $X \sim N(1.5,4)$, 查标准正态分布表, 求: (1) $P(X \leqslant 3.5)$; (2) $P(X \leqslant -4)$; (3) $P(|X| \leqslant 3)$.

11. 设一批零件的长度 X (单位: cm) 服从参数为 $\mu = 20, \sigma = 0.02$ 的正态分布, 规定长度 X 在 20 ± 0.03 内为合格品, 现任取 1 个零件, 查标准正态分布表, 问它为合格品的概率?

12. 公共汽车的高度是按男子与车门顶碰头的概率在 0.01 以下来设计的, 设男子身高 X (单位: cm) 服从正态分布 $X \sim N(170,6^2)$, 查标准正态分布表, 试确定车门的高度.

2.4　随机变量函数的分布

在实际问题中, 常常会遇到这样的随机变量, 它们是其他随机变量的函数.

例如, 某商品的销售量 X 是一个随机变量, 而该商品的销售收入 Y 就是销售量 X 的一个函数, 也是随机变量. 再如, 进口一大批原木, 每根原木横截面的半径 X 是一个随机变量, 而这批原木横截面积 $Y = \pi X^2$ 也是一个随机变量. 一般地, 设 X 是一个随机变量且 $y = g(x)$ 是一元函数, 则 $Y = g(X)$ 也是随机变量. 如果已知随机变量 X 的分布, 怎样求 $Y = g(X)$ 的分布呢? 我们分两种情况讨论.

2.4.1 离散型随机变量函数的分布

设离散型随机变量 X 的分布律为
$$P(X = x_k) = p_k, \quad k = 1, 2, \cdots,$$
则 $Y = g(X)$ 也是离散型随机变量.

如何由 X 的分布律出发求出 Y 的分布律? 其一般方法是: 先根据自变量 X 的可能取值 $x_k, k = 1, 2, \cdots$, 确定因变量 Y 的所有可能取值 $y_k = g(x_k), k = 1, 2, \cdots$, 并确定相应的集合 $C_k = \{x_j \mid g(x_j) = y_k\}$ (C_k 满足其余 $x_i \notin C_k$). 显然 $x_k \in C_k$. 于是
$$\{Y = y_k\} = \{g(X) = y_k\} = \{X \in C_k\}.$$
进而有
$$P(Y = y_k) = P(X \in C_k) = \sum_{x_j \in C_k} P(X = x_j).$$
从而求得 Y 的分布律.

具体来说, (1)若所有 y_k 的值互不相等, 则 $C_k = \{x_k\}$ 为单个元素的集合. 于是 Y 的分布律为
$$P(Y = y_k) = P(X = x_k) = p_k, \quad k = 1, 2, \cdots.$$

(2) 若 $y_k, k = 1, 2, \cdots$, 并不是互不相等的, 例如 $y_2 = y_3$, 其余的 y_i 均不等于 y_2, 那么根据概率的有限可加性, 得
$$P(Y = y_2) = P(\{X = x_2\} \bigcup \{X = x_3\}) = P(X = x_2) + P(X = x_3) = p_2 + p_3.$$
总之, $Y = g(X)$ 的分布律可表示如下:
$$P(Y = y_k) = \sum_{g(x_j) = y_k} P(X = x_j) = \sum_{g(x_j) = y_k} p_j, \quad k = 1, 2, \cdots.$$

例 2.4.1 设随机变量 X 的分布律为

X	-1	0	1	2	3
P	$\frac{1}{6}$	$\frac{1}{4}$	$\frac{1}{8}$	$\frac{1}{3}$	$\frac{1}{8}$

求 $Y = (X - 1)^2$ 的分布律.

解　先求 Y 的所有可能的取值. 设 $y_i = (x_i - 1)^2$, $i = 1, 2, \cdots, 5$. 当 $x_i = -1, 0, 1, 2, 3$ 时, 对应的 $y_i = 4, 1, 0, 1, 4$. 将 y_i 的值从小到大依次排列, 得 Y 的可能的取值为: $0, 1, 4$.

注意到, $P(Y = 0) = P((X - 1)^2 = 0) = P(X = 1) = \dfrac{1}{8}$;

$$P(Y = 1) = P((X - 1)^2 = 1) = P(X = 0) + P(X = 2) = \frac{1}{4} + \frac{1}{3} = \frac{7}{12};$$

$$P(Y = 4) = P((X - 1)^2 = 4) = P(X = -1) + P(X = 3) = \frac{1}{6} + \frac{1}{8} = \frac{7}{24}.$$

于是 Y 的分布律用表格记为

Y	0	1	4
P	$\dfrac{1}{8}$	$\dfrac{7}{12}$	$\dfrac{7}{24}$

□

2.4.2　连续型随机变量函数的分布

一般地, 连续型随机变量的函数不一定是连续型随机变量. 我们仅仅讨论连续型随机变量的函数还是连续型随机变量的情形, 此时希望求出随机变量函数的分布情况.

已知 X 的分布函数 $F_X(x)$ 或密度函数 $f_X(x)$, 利用下面的**分布函数法**来求连续型随机变量 $Y = g(X)$ 的密度函数 $f_Y(y)$.

(1) 求 $Y = g(X)$ 的分布函数.

$$F_Y(y) = P(Y \leqslant y) = P(g(X) \leqslant y) = P(X \in C_y),$$

其中 $C_y = \{x \mid g(x) \leqslant y\}$. 而 $P(X \in C_y)$ 常常可由 X 的分布函数 $F_X(x)$ 来表达或用其概率密度函数 $f_X(x)$ 的积分来表达:

$$P(X \in C_y) = \int_{C_y} f_X(x)\mathrm{d}x.$$

(2) 求 Y 的密度函数 $f_Y(y)$. 求分布函数 $F_Y(y)$ 关于 y 的导数, 即

$$f_Y(y) = F_Y'(y).$$

例 2.4.2　设 $X \sim f_X(x) = \begin{cases} \dfrac{x}{8}, & 0 < x < 4, \\ 0, & \text{其他.} \end{cases}$　求 $Y = 2X + 8$ 的概率密度.

解　设 Y 的分布函数为 $F_Y(y)$, 则

$$F_Y(y) = P(Y \leqslant y) = P(2X + 8 \leqslant y) = P\left(X \leqslant \frac{y - 8}{2}\right) = F_X\left(\frac{y - 8}{2}\right).$$

于是 Y 的密度函数 $f_Y(y) = \dfrac{\mathrm{d}F_Y(y)}{\mathrm{d}y} = f_X\left(\dfrac{y-8}{2}\right) \cdot \dfrac{1}{2}$.

由于 $0 < x < 4$ 时，$f_X(x) \neq 0$，从而 $8 < y < 16$ 时，$f_X\left(\dfrac{y-8}{2}\right) \neq 0$．又因为

$f_X\left(\dfrac{y-8}{2}\right) = \dfrac{y-8}{16}$，故

$$f_Y(y) = \begin{cases} \dfrac{y-8}{32}, & 8 < y < 16, \\ 0, & \text{其他.} \end{cases} \qquad \square$$

除了用上述方法，我们也常用下面的公式直接给出随机变量某些特殊函数的概率密度.

定理 2.4.1 设连续型随机变量 X 的概率密度为 $f_X(x)$，又设 $y = g(x)$ 为 $(-\infty, +\infty)$ 上严格单调的可导函数，其反函数为 $x = h(y)$，$h(y)$ 的定义域为区间 (α, β)，其中 α 或为实数或为 $-\infty$，β 或为实数或为 $+\infty$，则随机变量 $Y = g(X)$ 的概率密度为

$$f_Y(y) = \begin{cases} f[h(y)]\,|h'(y)|, & \alpha < y < \beta, \\ 0, & \text{其他.} \end{cases}$$

证 不妨假设 $y = g(x)$ 是严格单调递增的函数．由微积分知识可知，$y = g(x)$ 存在严格单调递增的可导的反函数 $x = h(y)$．设 $F_Y(y)$ 为 Y 的分布函数，则当 $\alpha < y < \beta$ 时，

$$F_Y(y) = P(Y \leqslant y) = P(g(X) \leqslant y) = P(X \leqslant h(y)) = \int_{-\infty}^{h(y)} f_X(x)\,\mathrm{d}x.$$

于是当 $\alpha < y < \beta$ 时，Y 的概率密度为

$$f_Y(y) = F_Y'(y) = f_X[h(y)]h'(y).$$

注意到当 α 或 β 为实数时，$h(y)$ 的定义域是 (α, β)，因此 Y 取不到 $(-\infty, \alpha]$ 与 $[\beta, +\infty)$ 内的值．所以当 $y \notin (\alpha, \beta)$ 时，$f_Y(y) = 0$. $\qquad \square$

例 2.4.3 设 $X \sim N(\mu, \sigma^2)$．试证明 X 的线性函数 $Y = aX + b$ $(a \neq 0)$ 也服从正态分布.

证 X 的概率密度为

$$f_X(x) = \frac{1}{\sigma\sqrt{2\pi}}\mathrm{e}^{-\frac{(x-\mu)^2}{2\sigma^2}}, \quad -\infty < x < +\infty.$$

此时 $y = g(x) = ax + b\,(a \neq 0)$ 严格单调且处处可导，由此解得 $x = h(y) = \dfrac{y-b}{a}$．故由定理 2.4.1 得 $Y = aX + b$ 的概率密度为

$$f_Y(y) = \frac{1}{|a|} f_X\left(\frac{y-b}{a}\right)$$

$$= \frac{1}{|a|} \frac{1}{\sigma\sqrt{2\pi}} e^{-\frac{\left(\frac{y-b}{a}-\mu\right)^2}{2\sigma^2}} = \frac{1}{|a|\sigma\sqrt{2\pi}} e^{-\frac{[y-(b+a\mu)]^2}{2(a\sigma)^2}}, \quad -\infty < y < +\infty,$$

即有 $Y = aX + b \sim N(a\mu + b, (a\sigma)^2)$. □

注 特别地, 若在本例中取 $a = \dfrac{1}{\sigma}$, $b = -\dfrac{\mu}{\sigma}$, 则得 $Y = \dfrac{X-\mu}{\sigma} \sim N(0,1)$. 这就是定理 2.3.1 中的结果.

当随机变量的函数 $y = f(x)$ 不是单调函数时, 定理 2.4.1 就无效了, 但可以用"分布函数法"来求解.

例 2.4.4 设随机变量 $X \sim N(0,1)$, 求 $Y = X^2$ 的概率密度 $f_Y(y)$.

解 记 Y 的分布函数为 $F_Y(y)$, 则 $F_Y(y) = P(Y \leqslant y) = P(X^2 \leqslant y)$.

显然, 当 $y < 0$ 时,

$$F_Y(y) = P(X^2 \leqslant y) = P(\varnothing) = 0;$$

当 $y = 0$ 时,

$$F_Y(0) = P(X^2 \leqslant 0) = P(X = 0) = 0;$$

当 $y > 0$ 时,

$$F_Y(y) = P(X^2 \leqslant y) = P(-\sqrt{y} < X < \sqrt{y}) = 2\Phi(\sqrt{y}) - 1.$$

从而 $Y = X^2$ 的分布函数为

$$F_Y(y) = \begin{cases} 2\Phi(\sqrt{y}) - 1, & y > 0, \\ 0, & y \leqslant 0. \end{cases}$$

于是其密度函数为

$$f_Y(y) = F_Y'(y) = \begin{cases} \dfrac{1}{\sqrt{y}} \varphi(\sqrt{y}), & y > 0 \\ 0, & y \leqslant 0 \end{cases} = \begin{cases} \dfrac{1}{\sqrt{2\pi y}} e^{-y/2}, & y > 0, \\ 0, & y \leqslant 0. \end{cases} \qquad \Box$$

注 以上述函数为密度函数的随机变量称为服从自由度为 1 的 χ^2 分布, 它是一类更广泛的自由度为 n 的 χ^2 分布在 $n = 1$ 时的特例. 关于 χ^2 分布的细节将在第 6 章中给出.

习题 2-4

1. 设 X 的分布律为

X	-1	0	1	2
P	0.1	0.2	0.3	0.4

求: (1) $Y = 2X - 1$ 的分布律; (2) $Y = X^2$ 的分布律.

　2. 设随机变量 X 的概率密度为

$$f(x) = \begin{cases} \mathrm{e}^{-x}, & x > 0, \\ 0, & \text{其他.} \end{cases}$$

求 $Y = X^2$ 的概率密度.

　3. 设随机变量 X 服从均匀分布 $U(0,1)$, 求: (1) $Y = -2\ln X$ 的概率密度; (2) $Y = \mathrm{e}^X$ 的概率密度.

　4. 设随机变量 X 的概率密度为

$$f_X(x) = \frac{1}{\pi(1 + x^2)}, \quad -\infty < x < \infty .$$

求随机变量 $Y = 1 - \sqrt[3]{X}$ 的概率密度 $f_Y(y)$.

　5. 设随机变量 X 的密度函数为

$$f(x) = \begin{cases} \dfrac{1}{8}(3x + 1), & 0 < x < 2, \\ 0, & \text{其他.} \end{cases}$$

求: (1) X 的分布函数 $F(x)$; (2) $Y = 2X$ 的密度函数.

　6. 设随机变量 X 的概率密度为

$$f(x) = \begin{cases} \dfrac{3\sqrt{x}}{2}, & 0 < x < 1, \\ 0, & \text{其他.} \end{cases}$$

求随机变量 $Y = 1 - 2X$ 的概率密度.

　7. 设连续型随机变量 X 的分布函数为

$$F(x) = \begin{cases} 0, & x \leqslant -1, \\ \dfrac{1}{2} + \dfrac{1}{\pi}\arcsin x, & -1 < x < 1, \\ 1, & x \geqslant 1. \end{cases}$$

求 $Y = 3X - 1$ 的概率密度.

　8. 设随机变量 X 服从参数为 3 的指数分布. 求 $Y = 2X^2$ 的概率密度函数.

第3章 多维随机变量及其分布

在实际应用中, 有些随机现象需要同时用两个或两个以上的随机变量来描述. 例如, 为了研究某地区新生婴儿(婴儿全体记为 $\Omega = \{\omega_1, \omega_2, \cdots, \omega_n\}$)的发育情况, 需要同时测量新生婴儿的身高 H 、体重 W, 从而得到一个形式向量 (H, W), 其中 H 和 W 是两个随机变量, 它们分别是 Ω 上的函数 $H(\omega_k) = $ "ω_k 的身高" 和 $W(\omega_k) = $ "ω_k 的体重", $k = 1, 2, \cdots, n$. 在这种情况下, 我们不但要研究两个随机变量的联合取值的统计规律——**联合分布**, 而且还要研究它们各自取值的统计规律——**边缘分布**. 由于从二维推广到多维一般无实质性的困难, 故重点讨论二维随机变量及其分布.

3.1 二维随机变量及其分布

首先给出二维随机变量及其分布函数的定义, 进而引入边缘分布的概念. 具体描述二维离散型与二维连续型两类随机变量的分布与边缘分布, 以及这两种分布之间的关系.

3.1.1 二维随机变量及其分布函数

定义 3.1.1 设随机试验的样本空间为 $\Omega = \{\omega\}$, ω 为样本点, 而 $X = X(\omega)$, $Y = Y(\omega)$ 是定义在 Ω 上的两个随机变量, 称 (X, Y) 为定义在 Ω 上的**二维随机变量**或二维**随机向量**(图 3-1).

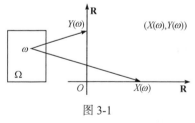

图 3-1

二维随机变量 $(X, Y): \Omega \to \mathbf{R}^2, \omega \mapsto (X(\omega), Y(\omega))$ 可以看作随机试验的样本空间 Ω 到实平面 $\mathbf{R}^2$ 的一个映射 (映射 $X: \Omega \to \mathbf{R}, \omega \mapsto X(\omega)$ 与映射 $Y: \Omega \to \mathbf{R}, \omega \mapsto Y(\omega)$ 是两个一维随机变量). 换言之, 对 Ω 中的任一基本事件 ω, 都有唯一确定的实数对 $(X_1(\omega), X_2(\omega))$ 与之对应.

一般地, 可以给出 n 维随机变量 $(X_1, X_2, \cdots, X_n)$ 的定义, 其中 $X_1, X_2, \cdots, X_n$ 为定义在同一样本空间 Ω 上的随机变量. 下面是一些多维随机变量的例子.

(1) 打靶时, 以靶心为原点建立平面直角坐标系, 弹着点的位置 (X, Y) 是由二维随机变量来确定的, 其中 X 为横坐标, Y 为纵坐标.

(2) 以地球球心为原点建立空间直角坐标系, 飞机的重心在空中的位置 (X,Y,Z) 是由三维随机变量来确定的, 其中 X 为横坐标, Y 为纵坐标, Z 为竖坐标.

(3) 有放回地从本学期班级 40 名学生的概率统计课程考试成绩中任取一个成绩分数, 共取 n 次, 用 X_i 表示第 i 次取到的成绩分数, 则 $(X_1, X_2, \cdots, X_n)$ 是一个 n 维随机变量.

为了研究二维随机变量 (X,Y) 的两个分量 X 和 Y 的联合取值的统计规律, 有必要将 X 和 Y 作为一个整体来研究其取值的概率分布情况. 下面引进二维随机变量分布函数的概念.

定义 3.1.2 设 (X,Y) 是一个二维随机变量. 定义二元函数

$$F(x,y) = P(\{X \leqslant x\} \cap \{Y \leqslant y\}) := P(X \leqslant x, Y \leqslant y), \quad x, y \in \mathbf{R}, \quad (3.1.1)$$

称 $F(x,y)$ 为二维随机变量 (X,Y) 的**分布函数**或随机变量 X 和 Y 的**联合分布函数**.

如果把二维随机变量 (X,Y) (的取值)看作平面上的随机点, 那么分布函数 $F(x,y)$ 在 (x,y) 处的函数值就是随机点 (X,Y) (的取值)落在以点 (x,y) 为顶点且位于该点左下方的无穷矩形域内的概率(图 3-2).

借助 $F(x,y)$ 的上述几何解释和图 3-3 可推出, 对于平面上任意点 (x_1, y_1) 和 (x_2, y_2) 满足 $x_1 < x_2$, $y_1 < y_2$ 有 (X,Y) (的取值)落入如图 3-3 所示的矩形区域内的概率为

$$P(x_1 < X \leqslant x_2, y_1 \leqslant Y \leqslant y_2) = F(x_2, y_2) - F(x_2, y_1) - F(x_1, y_2) + F(x_1, y_1). \quad (3.1.2)$$

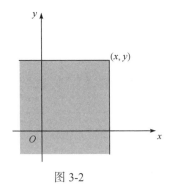

图 3-2

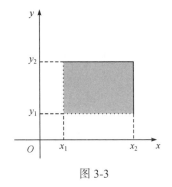

图 3-3

二维随机变量 (X,Y) 的分布函数有如下性质:

(1) **有界性** $0 \leqslant F(x,y) \leqslant 1$, $-\infty < x, y < +\infty$.

且对任意固定的 y,

$$\lim_{x \to -\infty} F(x,y) = F(-\infty, y) = 0;$$

对任意固定的 x,

$$\lim_{y \to \infty} F(x,y) = F(x,-\infty) = 0,$$

$$\lim_{x \to -\infty} \lim_{y \to \infty} F(x,y) = F(-\infty,-\infty) = 0,$$

$$\lim_{x \to +\infty} \lim_{y \to +\infty} F(x,y) = F(+\infty,+\infty) = 1.$$

(2) **单调不减性** $F(x,y)$ 关于 x 和 y 均为单调不减函数, 即

对任意固定的 y, 当 $x_1 < x_2$ 时, $F(x_1,y) \leqslant F(x_2,y)$,

对任意固定的 x, 当 $y_1 < y_2$ 时, $F(x,y_1) \leqslant F(x,y_2)$.

(3) **右连续性** $F(x,y)$ 关于 x 和 y 均为右连续, 即

$$F(x+0,y) = F(x,y), \quad F(x,y+0) = F(x,y).$$

(4) 对于平面上任意点 (x_1,y_1) 和 (x_2,y_2) 满足 $x_1 < x_2$, $y_1 < y_2$, 有

$$F(x_2,y_2) - F(x_2,y_1) - F(x_1,y_2) + F(x_1,y_1) \geqslant 0.$$

可以证明, 具有上述四条性质的二元函数一定可以看作某个二维随机变量的分布函数. 反之, 任一二维随机变量的分布函数必具备上述四条性质.

为了研究二维随机变量 (X,Y) 的两个分量 X 和 Y 的各自取值的统计规律, 有必要引进二维随机变量 (X,Y) 边缘分布的概念.

注意到, 二维随机变量 (X,Y) 的两个分量 X 和 Y 自然都是(定义在同一样本空间 Ω 上的)一维随机变量. 记 X 和 Y 的分布函数分别为 $F_X(x)$ 和 $F_Y(y)$, 分别称为随机变量 (X,Y) 关于随机变量 X 和关于随机变量 Y 的**边缘分布函数**. 由于

$$\{X \leqslant x\} = \{X \leqslant x\} \bigcap \Omega = \{X \leqslant x\} \bigcap \{Y < +\infty\},$$

从而有

$$F_X(x) = P(X \leqslant x) = P(X \leqslant x, Y < +\infty)$$
$$= \lim_{y \to +\infty} P(X \leqslant x, Y \leqslant y) = \lim_{y \to +\infty} F(x,y) = F(x,+\infty).$$

同理,

$$\{Y \leqslant y\} = \Omega \bigcap \{Y \leqslant y\} = \{X < +\infty\} \bigcap \{Y \leqslant y\},$$

于是有

$$F_Y(y) = P(Y \leqslant y) = P(X < +\infty, Y \leqslant y)$$
$$= \lim_{x \to +\infty} P(X \leqslant x, Y \leqslant y) = \lim_{x \to +\infty} F(x,y) = F(+\infty,y).$$

例 3.1.1 设二维随机变量 (X,Y) 的分布函数为

$$F(x,y) = A\left(B + \arctan\frac{x}{2}\right)\left(C + \arctan\frac{y}{3}\right), \quad -\infty < x, y < +\infty.$$

(1) 试确定常数 A, B, C；

(2) 求事件 $\{2 < X < +\infty, 0 < Y \leqslant 3\}$ 的概率；

(3) 求二维随机变量 (X, Y) 的边缘分布函数.

解　(1) 由二维随机变量的分布函数的性质, 可得

$$F(+\infty, +\infty) = A\left(B + \frac{\pi}{2}\right)\left(C + \frac{\pi}{2}\right) = 1,$$

$$F(-\infty, +\infty) = A\left(B - \frac{\pi}{2}\right)\left(C + \frac{\pi}{2}\right) = 0,$$

$$F(+\infty, -\infty) = A\left(B + \frac{\pi}{2}\right)\left(C - \frac{\pi}{2}\right) = 0.$$

解得

$$B = C = \frac{\pi}{2}, \quad A = \frac{1}{\pi^2}.$$

故 (X, Y) 的分布函数为

$$F(x, y) = \frac{1}{\pi^2}\left(\frac{\pi}{2} + \arctan\frac{x}{2}\right)\left(\frac{\pi}{2} + \arctan\frac{y}{3}\right).$$

(2) 由(3.1.2)式得

$$P(2 < X < +\infty, 0 < Y < 3) = F(+\infty, 3) - F(2, 3) - F(+\infty, 0) + F(2, 0) = \frac{1}{16}.$$

(3) 关于 X 的边缘分布函数为

$$F_X(x) = F(x, +\infty) = \frac{1}{2} + \frac{1}{\pi}\arctan\frac{x}{2}, \quad -\infty < x < +\infty;$$

关于 Y 的边缘分布函数为

$$F_Y(y) = F(+\infty, y) = \frac{1}{2} + \frac{1}{\pi}\arctan\frac{y}{3}, \quad -\infty < y < +\infty. \qquad \square$$

3.1.2　二维离散型随机变量

定义 3.1.3　若二维随机变量 (X, Y) 只取有限对或可列无限对值, 则称 (X, Y) 为二维离散型随机变量.

显然, (X, Y) 为二维离散型随机变量当且仅当 X, Y 均为离散型随机变量.

定义 3.1.4　设二维随机变量 (X, Y) 所有可能取值为 (x_i, y_j), $i, j = 1, 2, \cdots$, 则称

$$P(X = x_i, Y = y_j) = p_{ij}, \quad i, j = 1, 2, \cdots$$

为二维离散型随机变量 (X, Y) 的**分布律**或 X 与 Y 的**联合分布律**, 简记为 $\{p_{ij}\}$.

X 与 Y 的联合分布律也可用表 3-1 来表示.

表 3-1　X 和 Y 的联合分布律

X ＼ Y	y_1	y_2	$\cdots$	y_j	$\cdots$
x_1	p_{11}	p_{12}	$\cdots$	p_{1j}	$\cdots$
x_2	p_{21}	p_{22}	$\cdots$	p_{2j}	$\cdots$
$\vdots$	$\vdots$	$\vdots$		$\vdots$	
x_i	p_{i1}	p_{i2}	$\cdots$	p_{ij}	$\cdots$
$\vdots$	$\vdots$	$\vdots$		$\vdots$	

显然, 联合分布律 p_{ij} 具有以下性质:

(1) **非负性**　$p_{ij} \geqslant 0$, $i,j = 1,2,\cdots$;

(2) **归一性**　$\displaystyle\sum_{i=1}^{\infty}\sum_{j=1}^{\infty} p_{ij} = 1$.

注　通常 p_{ij} 的求法: 利用古典概型直接求, 或者利用乘法公式, 如

$$p_{ij} = P(X = x_i, Y = y_j) = P(X = x_i)P(Y = y_j \mid X = x_i).$$

二维离散型随机变量 (X,Y) 的两个分量 X 和 Y 自然都是一维离散型随机变量. 我们把随机变量 X 与 Y 的分布律分别称为二维离散型随机变量 (X,Y) 关于 X 和 Y 的**边缘分布律**, 分别简记为 $P(X = x_i)$ 和 $P(Y = y_j)$ 或者 $\{p_{i\cdot}\}$ 和 $\{p_{\cdot j}\}$.

注意到事件 $\{X = x_i\} = \{X = x_i\} \bigcap \Omega = \{X = x_i\} \bigcap \{Y < +\infty\}$, 从而 X 的边缘分布律为

$$P(X = x_i) = P(X = x_i, Y < +\infty)$$

$$= \sum_{j=1}^{+\infty} P(X = x_i, Y = y_j)$$

$$= \sum_{j=1}^{+\infty} p_{ij} = p_{i\cdot}, \quad i = 1,2,\cdots.$$

类似地, Y 的边缘分布律为

$$P(Y = y_j) = \sum_{i=1}^{\infty} p_{ij} = p_{\cdot j}, \quad j = 1,2,\cdots.$$

事实上, 将 X 与 Y 的联合分布律表 3-1 的每行表值按行加, 就得到

$$p_{i\cdot} = p_{i1} + p_{i2} + \cdots + p_{ij} + \cdots, \quad i = 1,2,\cdots.$$

每列表值按列加, 就得到

$$p_{\cdot j} = p_{1j} + p_{2j} + \cdots + p_{ij} + \cdots, \quad j = 1, 2, \cdots.$$

通常把边缘分布律 $\{p_{i\cdot}\}$ 和 $\{p_{\cdot j}\}$ 记在的联合分布律表格的边缘上(在表 3-1 上追加最右边一列和最后一行), 就得到表 3-2.

表 3-2　X 和 Y 的联合分布律与边缘分布律

X \ Y	y_1	y_2	$\cdots$	y_j	$\cdots$	$P(X = x_i)$
x_1	p_{11}	p_{12}	$\cdots$	p_{1j}	$\cdots$	$p_{1\cdot}$
x_2	p_{21}	p_{22}	$\cdots$	p_{2j}	$\cdots$	$p_{2\cdot}$
$\vdots$	$\vdots$	$\vdots$		$\vdots$		$\vdots$
x_i	p_{i1}	p_{i2}	$\cdots$	p_{ij}	$\cdots$	$p_{i\cdot}$
$\vdots$	$\vdots$	$\vdots$		$\vdots$		$\vdots$
$P(Y = y_j)$	$p_{\cdot 1}$	$p_{\cdot 2}$	$\cdots$	$p_{\cdot j}$	$\cdots$	

如果随机变量 X 或 Y 只取有限个值, 如 X 取 m 个值, Y 取 n 个值, 它们的联合分布律和边缘分布律可类似定义. 此时, 归一性为一个有限和 $\sum\limits_{i=1}^{m}\sum\limits_{j=1}^{n} p_{ij} = 1$.

二维离散型随机变量 (X, Y) 的分布律能够方便地确定 (X, Y) 在任何平面区域 D 内取值的概率:

$$P((X, Y) \in D) = \sum_{(x_i, y_j) \in D} P(X = x_i, Y = y_j) = \sum_{(x_i, y_j) \in D} p_{ij}, \quad i, j = 1, 2, \cdots.$$

特别地, 二维离散型随机变量 (X, Y) 的分布函数可按下式求:

$$F(x, y) = \sum_{x_i \leqslant x} \sum_{y_j \leqslant y} p_{ij}, \quad x, y \in (-\infty, +\infty). \tag{3.1.3}$$

这里和式是对一切满足不等式 $x_i \leqslant x$, $y_j \leqslant y$ 的 i, j 来求和的.

*反之, 由二维离散型随机变量 (X, Y) 的分布函数也可以求出其分布律:

$$
\begin{aligned}
p_{ij} &= P(X = x_i, Y = y_j) \\
&= F(x_i, y_j) - F(x_i, y_j - 0) - F(x_i - 0, y_j) + F(x_i - 0, y_j - 0), \quad i, j = 1, 2, \cdots.
\end{aligned}
$$

例 3.1.2　将两封信随意地投入 3 个空邮筒, 设 X, Y 分别表示第 1、第 2 个邮筒中信的数量, 求:

(1) X 与 Y 的联合分布律;

(2) X 与 Y 的边缘分布律;

(3) 求第 3 个邮筒里至少投入一封信的概率;

(4)* 试求 X 与 Y 的联合分布函数 $F(x, y)$.

解 (1) X，Y 各自可能的取值均为 0, 1, 2, 由题设知，(X,Y) 取 $(1, 2)$, $(2, 1)$, $(2, 2)$ 均不可能. 取其他值的概率可由古典概率计算.

$$P(X=0,Y=0)=\frac{1}{3^2}=\frac{1}{9}, \quad P(X=0,Y=1)=P(X=1,Y=0)=\frac{2}{3^2}=\frac{2}{9},$$

$$P(X=1,Y=1)=\frac{2}{9}, \quad P(X=2,Y=0)=P(X=0,Y=2)=\frac{1}{9}.$$

则 X 与 Y 的联合分布律可用表 3-3 表示.

表 3-3　X 和 Y 的联合分布律

X \ Y	0	1	2
0	$\frac{1}{9}$	$\frac{2}{9}$	$\frac{1}{9}$
1	$\frac{2}{9}$	$\frac{2}{9}$	0
2	$\frac{1}{9}$	0	0

(2) 把表 3-3 每行表值按行相加追加在表格最右一列，每列表值按列相加追加在表格最下一行，则 X 与 Y 的边缘分布律可用表 3-4 表示.

表 3-4　X 和 Y 的联合分布律与边缘分布律

X \ Y	0	1	2	$P(X=x_i)$
0	$\frac{1}{9}$	$\frac{2}{9}$	$\frac{1}{9}$	$\frac{4}{9}$
1	$\frac{2}{9}$	$\frac{2}{9}$	0	$\frac{4}{9}$
2	$\frac{1}{9}$	0	0	$\frac{1}{9}$
$P(Y=y_j)$	$\frac{4}{9}$	$\frac{4}{9}$	$\frac{1}{9}$	

(3) 设事件 A 表示"第三个邮筒里至少有一封信"，则事件 A 也表示"第 1、第 2 个邮筒里最多只有一封信". 于是

$$P(A)=P(X+Y\leqslant 1)$$
$$=P(X=0,Y=0)+P(X=0,Y=1)+P(X=1,Y=0)$$
$$=\frac{1}{9}+\frac{2}{9}+\frac{2}{9}=\frac{5}{9},$$

即第 3 个邮筒里至少有一封信的概率为 $\dfrac{5}{9}$.

3.1.3 二维连续型随机变量

定义 3.1.5 设 (X,Y) 为二维随机变量, $F(x,y)$ 为其分布函数, 若存在一个非负可积的二元函数 $f(x,y)$, 使对任意实数对 (x,y), 有

$$F(x,y) = \int_{-\infty}^{x} \int_{-\infty}^{y} f(u,v) \mathrm{d}u \mathrm{d}v,$$

则称 (X,Y) 为**二维连续型随机变量**, 并称 $f(x,y)$ 为 (X,Y) 的**概率密度**或**密度函数**, 或 X 与 Y 的**联合概率密度**或**联合密度函数**.

(X,Y) 的概率密度函数 $f(x,y)$ 有如下性质:

(1) **非负性** $f(x,y) \geqslant 0$;

(2) **归一性** $\displaystyle\int_{-\infty}^{+\infty} \int_{-\infty}^{+\infty} f(x,y) \mathrm{d}x \mathrm{d}y = 1$;

(3) 设 D 是 xOy 平面上的区域, (X,Y)(的取值)落入 D 内的概率为

$$P((X,Y) \in D) = \iint\limits_{D} f(x,y) \mathrm{d}x \mathrm{d}y;$$

(4) 若 $f(x,y)$ 在点 (x,y) 连续, 则有 $\dfrac{\partial^2 F(x,y)}{\partial x \partial y} = f(x,y)$.

进一步, 根据偏导数的定义, 可推得: 当 $\Delta x, \Delta y$ 很小时, 有

$$P(x < X \leqslant x + \Delta x, y < Y \leqslant y + \Delta y) \approx f(x,y) \Delta x \Delta y,$$

即随机点 (X,Y)(的取值)落在区域 $(x, x+\Delta x] \times (y, y+\Delta y]$ 内的概率近似等于 $f(x,y)\Delta x \Delta y$.

注 二元函数 $z = f(x,y)$ 在几何上表示一个三维空间的曲面, 通常称这个曲面为**分布曲面**. 由性质(2)知, 介于分布曲面 $z = f(x,y)$ 和 xOy 平面之间的空间区域的全部体积等于 1; 由性质(3)知, 随机点 (X,Y) 落在区域 D 内的概率等于以 D 为底、分布曲面 $z = f(x,y)$ 为顶的**曲顶柱体**的体积.

这里的性质(1), (2)是概率密度的基本性质. 我们不加证明地指出: 任何一个二元实函数 $f(x,y)$, 若它满足性质(1), (2), 则它可以成为某二维随机变量的概率密度.

对于二维连续型随机变量 (X,Y), 若已知 X 与 Y 的联合概率密度 $f(x,y)$, 则 X 的边缘分布函数为

$$F_X(x) = P(X \leqslant x) = P(X \leqslant x, Y < +\infty)$$

$$= \int_{-\infty}^{x} \int_{-\infty}^{+\infty} f(u,v)\mathrm{d}u\mathrm{d}v = \int_{-\infty}^{x}\left[\int_{-\infty}^{+\infty} f(u,v)\mathrm{d}v\right]\mathrm{d}u, \quad -\infty < x < +\infty.$$

上式表明: X 是连续型随机变量, 且 X 的概率密度为

$$f_X(x) = \int_{-\infty}^{+\infty} f(x,y)\mathrm{d}y, \quad -\infty < x < +\infty.$$

同理, Y 是连续型随机变量, 且 Y 的概率密度为

$$f_Y(y) = \int_{-\infty}^{+\infty} f(x,y)\mathrm{d}x, \quad -\infty < y < +\infty.$$

这里的 $f_X(x)$, $f_Y(y)$ 分别称为 (X,Y) 关于 X 和关于 Y 的**边缘概率密度**或**边缘密度函数**.

例 3.1.3　设二维随机变量 (X,Y) 的密度函数为

$$f(x,y) = \begin{cases} cxy, & 0 \leqslant x \leqslant 1, 0 \leqslant y \leqslant 1, \\ 0, & \text{其他}. \end{cases}$$

求: (1) 常数 c ; (2) $P(X+Y<1)$; (3) $P(X>Y)$.

解　由二维随机变量密度函数的性质, 有

(1) $1 = \int_{-\infty}^{+\infty} \int_{-\infty}^{+\infty} f(x,y)\mathrm{d}x\mathrm{d}y = \int_{0}^{1}\mathrm{d}x\int_{0}^{1} cxy\mathrm{d}y = \dfrac{c}{4}$, 故 $c=4$.

(2) 如图 3-4 所示:

$$P(X+Y<1) = \int_{0}^{1}\mathrm{d}x\int_{0}^{1-x} 4xy\mathrm{d}y = \frac{1}{6}.$$

(3) 如图 3-5 所示:

$$P(X>Y) = \int_{0}^{1}\mathrm{d}x\int_{0}^{x} 4xy\mathrm{d}y = \frac{1}{2}. \qquad \square$$

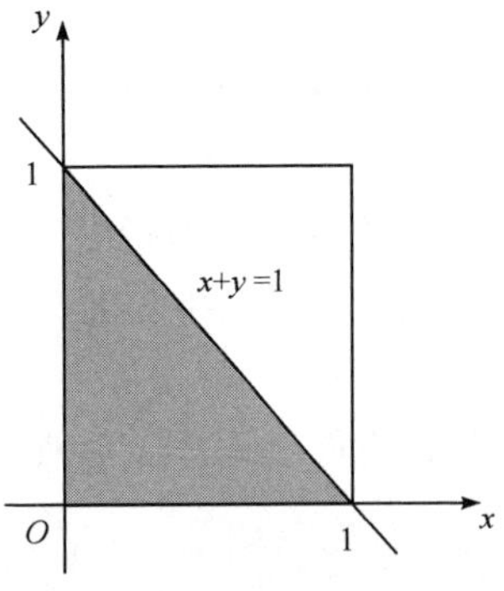

图 3-4 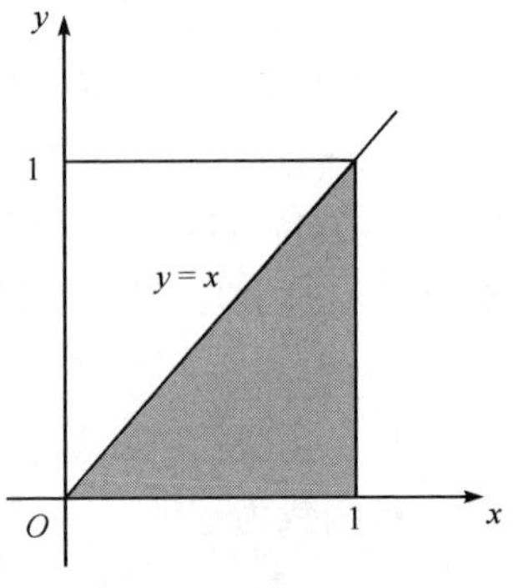　　　　　　　　　　　　　　　　图 3-5

定义 3.1.6　设 D 是平面上的有界区域, 其面积为 A. 若二维随机变量 (X,Y) 具有概率密度函数

$$f(x,y) = \begin{cases} \dfrac{1}{A}, & (x,y) \in D, \\ 0, & \text{其他,} \end{cases}$$

则称二维随机变量 (X,Y) 在平面区域 D 上服从**均匀分布**.

例 3.1.4　设 D 为由抛物线 $y = x^2$ 和 $y = x$ 所围成的区域(图 3-6). 二维随机变量 (X,Y) 在 D 上服从均匀分布, 试求 (X,Y) 的概率密度与边缘概率密度.

解　D 的面积为

$$A = \int_0^1 (x - x^2)\,\mathrm{d}x = \frac{1}{6}.$$

于是 (X,Y) 的概率密度为

$$f(x,y) = \begin{cases} 6, & (x,y) \in D, \\ 0, & \text{其他.} \end{cases}$$

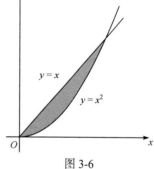

图 3-6

当 $0 \leqslant x \leqslant 1$ 时, 有

$$f_X(x) = \int_{-\infty}^{+\infty} f(x,y)\,\mathrm{d}y = \int_{x^2}^{x} 6\mathrm{d}y = 6(x - x^2),$$

所以, (X,Y) 关于 X 的边缘概率密度是

$$f_X(x) = \begin{cases} 6(x - x^2), & 0 \leqslant x \leqslant 1, \\ 0, & \text{其他.} \end{cases}$$

当 $0 \leqslant y \leqslant 1$ 时, 有

$$f_Y(y) = \int_{-\infty}^{+\infty} f(x,y)\,\mathrm{d}x = \int_{y}^{\sqrt{y}} 6\mathrm{d}x = 6(\sqrt{y} - y).$$

所以, (X,Y) 关于 Y 的边缘概率密度是

$$f_Y(y) = \begin{cases} 6(\sqrt{y} - y), & 0 \leqslant y \leqslant 1, \\ 0, & \text{其他.} \end{cases}$$

定义 3.1.7　若二维随机变量 (X,Y) 具有概率密度

$$f(x,y) = \frac{1}{2\pi\sigma_1\sigma_2\sqrt{1-\rho^2}} \mathrm{e}^{-\frac{1}{2(1-\rho^2)}\left[\left(\frac{x-\mu_1}{\sigma_1}\right)^2 - 2\rho\left(\frac{x-\mu_1}{\sigma_1}\right)\left(\frac{y-\mu_2}{\sigma_2}\right) + \left(\frac{y-\mu_2}{\sigma_2}\right)^2\right]}, \quad -\infty < x, y < +\infty,$$

其中 $\mu_1, \mu_2, \sigma_1, \sigma_2, \rho$ 均为常数, 且 $\sigma_1 > 0, \sigma_2 > 0, |\rho| < 1$, 则称 (X,Y) 服从参数为

$\mu_1, \mu_2, \sigma_1^2, \sigma_2^2, \rho$ 的**二维正态分布**, 记为 $(X, Y) \sim N(\mu_1, \mu_2, \sigma_1^2, \sigma_2^2, \rho)$ (二维正态分布曲面 $f(x, y)$ 见图 3-7).

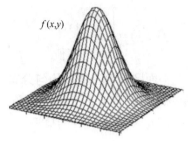

$$f(x, y)$$

图 3-7

例 3.1.5 设 $(X, Y) \sim N(\mu_1, \mu_2, \sigma_1^2, \sigma_2^2, \rho)$, 证明: $X \sim N(\mu_1, \sigma_1^2)$, $Y \sim N(\mu_2, \sigma_2^2)$.

证[*] 由于

$$\frac{(y - \mu_2)^2}{\sigma_2^2} - 2\rho \frac{(x - \mu_1)(y - \mu_2)}{\sigma_1 \sigma_2} = \left(\frac{y - \mu_2}{\sigma_2} - \rho \frac{x - \mu_1}{\sigma_1} \right)^2 - \rho^2 \frac{(x - \mu_1)^2}{\sigma_1^2},$$

从而

$$f_X(x) = \int_{-\infty}^{+\infty} f(x, y)\, \mathrm{d}y = \frac{1}{2\pi \sigma_1 \sigma_2 \sqrt{1 - \rho^2}} \int_{-\infty}^{+\infty} \mathrm{e}^{-\frac{1}{2(1-\rho^2)}\left[\left(\frac{x-\mu_1}{\sigma_1}\right)^2 - 2\rho\left(\frac{x-\mu_1}{\sigma_1}\right)\left(\frac{y-\mu_2}{\sigma_2}\right) + \left(\frac{y-\mu_2}{\sigma_2}\right)^2\right]} \mathrm{d}y$$

$$= \frac{1}{2\pi \sigma_1 \sigma_2 \sqrt{1 - \rho^2}} \mathrm{e}^{-\frac{(x-\mu_1)^2}{2\sigma_1^2}} \int_{-\infty}^{+\infty} \mathrm{e}^{-\frac{1}{2(1-\rho^2)}\left(\frac{y-\mu_2}{\sigma_2} - \rho\frac{x-\mu_1}{\sigma_1}\right)^2} \mathrm{d}y.$$

令

$$t = \frac{1}{\sqrt{1 - \rho^2}} \left(\frac{y - \mu_2}{\sigma_2} - \rho \frac{x - \mu_1}{\sigma_1} \right),$$

则有

$$f_X(x) = \frac{1}{2\pi \sigma_1} \mathrm{e}^{-\frac{(x-\mu_1)^2}{2\sigma_1^2}} \int_{-\infty}^{+\infty} \mathrm{e}^{-\frac{t^2}{2}} \mathrm{d}t = \frac{1}{\sigma_1 \sqrt{2\pi}} \mathrm{e}^{-\frac{(x-\mu_1)^2}{2\sigma_1^2}}, \quad -\infty < x < +\infty.$$

同理, 有

$$f_Y(y) = \frac{1}{\sigma_2 \sqrt{2\pi}} \mathrm{e}^{-\frac{(y-\mu_2)^2}{2\sigma_2^2}}, \quad -\infty < y < +\infty. \qquad \square$$

注 二维正态随机变量的两个边缘分布都是一维正态分布, 且都不依赖于参数 ρ, 亦即对给定的 $\mu_1, \mu_2, \sigma_1, \sigma_2$, 不同的 ρ 对应不同的二维正态分布, 但它们的边缘分布都是相同的, 因此仅由关于 X 和关于 Y 的边缘分布, 一般不能确定二维随机变量 (X,Y) 的分布.

习题 3-1

1. 如下四个二元函数,哪个不能作为二维随机变量 (X,Y) 的分布函数?

(A) $F_1(x,y) = \begin{cases} (1-\mathrm{e}^{-x})(1-\mathrm{e}^{-y}), & 0 < x, y < +\infty, \\ 0, & \text{其他.} \end{cases}$

(B) $F_2(x,y) = \dfrac{1}{\pi^2}\left(\dfrac{\pi}{2} + \arctan\dfrac{x}{3}\right)\left(\dfrac{\pi}{2} + \arctan\dfrac{y}{5}\right), \quad -\infty < x, y < +\infty.$

(C) $F_3(x,y) = \begin{cases} 1, & x + 2y \geqslant 1, \\ 0, & \text{其他.} \end{cases}$

(D) $F_4(x,y) = \begin{cases} 1 - 2^{-x} - 2^{-y} + 2^{-x-y}, & 0 < x, y < +\infty, \\ 0, & \text{其他.} \end{cases}$

2. 设随机变量 X 在 1,2,3,4 四个整数中等可能地取一个值, 另一个随机变量 Y 在 $1 \sim X$ 中等可能地取一整数值, 试求 (X,Y) 的分布律.

3. 把一枚均匀硬币抛掷三次, 设 X 为三次抛掷中正面出现的次数, 而 Y 为正面出现次数与反面出现次数之差的绝对值, 求 (X,Y) 的分布律及 (X,Y) 关于 X 与 Y 的边缘分布律.

4. 设有 5 个产品, 其中 3 件正品, 2 件次品, 采用有放回的方式依次从中任意抽取两件, 并分别以 X 和 Y 表示第一次和第二次取到的次品数, 求 (X,Y) 的分布律.

5. 甲、乙两人独立地各进行两次射击, 假设甲的命中率为 0.2, 乙的命中率为 0.5, 以 X 和 Y 分别表示甲和乙的命中次数, 试求 (X,Y) 的分布律.

6. 袋中有 2 只白球, 3 只黑球, 现进行无放回摸球, 且定义随机变量 X 和 Y:

$$X = \begin{cases} 1, & \text{第一次摸出白球,} \\ 0, & \text{第一次摸出黑球.} \end{cases} \qquad Y = \begin{cases} 1, & \text{第二次摸出白球,} \\ 0, & \text{第二次摸出黑球.} \end{cases}$$

求: (1) 随机变量 (X,Y) 的分布律; (2) (X,Y) 关于 X 与 Y 的边缘分布律.

7. 某射手每次打靶能命中的概率为 2/3, 若连续独立射击 5 次, 记前三次中靶数为 X, 后两次中靶数为 Y, 求: (1) (X,Y) 的分布律; (2) (X,Y) 关于 X 和 Y 的边缘分布律.

8. 设二维随机变量的分布律为

X ＼ Y	-2	0	1
-1	0.3	0.1	0.1
1	0.05	0.2	0
2	0.2	0	0.05

求 $P(X \leqslant 1, Y \geqslant 0)$ 及 $F(0,0)$.

9. (X,Y) 的分布律为

X \ Y	−1	0	2
0	0.1	0.2	0
1	0.2	0.05	0.1
2	0.15	0	0.1

求: $P(X \neq 0, Y = 0)$，$P(X \leqslant 0, Y \leqslant 0)$，$P(XY = 0)$，$P(X = Y)$，$P(|X| = |Y|)$.

10. 已知随机变量 X, Y 的分布律分别为

X	−1	0	1
P	$\dfrac{1}{4}$	$\dfrac{1}{2}$	$\dfrac{1}{4}$

Y	0	1
P	$\dfrac{1}{2}$	$\dfrac{1}{2}$

且 $P(XY = 0) = 1$，求 X, Y 的联合分布律.

11. 设二维随机变量 (X,Y) 的概率密度为

$$f(x,y) = \begin{cases} 2e^{-(2x+y)}, & x > 0, y > 0, \\ 0, & \text{其他}. \end{cases}$$

求: (1) 分布函数 $F(x,y)$; (2) $P(Y \leqslant X)$.

12. 设二维随机变量 (X,Y) 的概率密度为

$$f(x,y) = \begin{cases} Ae^{-(x+y)}, & x > 0, y > 0, \\ 0, & \text{其他}. \end{cases}$$

求: (1) A 的值; (2) $P(X < 2, Y < 1)$.

13. 设二维随机变量 (X,Y) 的概率密度为

$$f(x,y) = \begin{cases} \dfrac{1}{8}(6 - x - y), & 0 < x < 2, 2 < y < 4, \\ 0, & \text{其他}. \end{cases}$$

求 $P(X + Y \leqslant 4)$.

14. 设 (X,Y) 的概率密度是

$$f(x,y) = \begin{cases} c(2 - x)y, & 0 \leqslant x \leqslant 1, 0 \leqslant y \leqslant x, \\ 0, & \text{其他}. \end{cases}$$

求: (1) c 的值; (2) 两个边缘概率密度.

15. 设随机变量 X 和 Y 具有联合概率密度

$$f(x,y) = \begin{cases} 6, & x^2 \leqslant y \leqslant x, \\ 0, & \text{其他}. \end{cases}$$

求边缘概率密度 $f_X(x)$, $f_Y(y)$.

16. 设 (X,Y) 服从单位圆域 $x^2 + y^2 \leqslant 1$ 上的均匀分布, 求 (X,Y) 的关于 X 和 Y 的边缘概率密度.

3.2　随机变量的独立性

第 1 章曾介绍了随机事件的独立性, 本节借助随机事件的独立性概念, 引入随机变量的独立性.

定义 3.2.1　设 (X,Y) 是二维随机变量, 如果对于任意实数 x,y 有

$$P(X \leqslant x, Y \leqslant y) = P(X \leqslant x)P(Y \leqslant y),$$

则称随机变量 X 与 Y 是**相互独立的**.

如果记 $A = \{X \leqslant x\}$, $B = \{Y \leqslant y\}$, 那么上式为 $P(AB) = P(A)P(B)$. 可见, X, Y 相互独立的定义与两个事件相互独立的定义是一致的. 再由 X 与 Y 的联合分布函数、边缘分布函数的定义, 得

$$F(x,y) = F_X(x)F_Y(y).$$

上式可用来判断 X,Y 的相互独立性.

从上面对随机变量 X,Y 的相互独立性讨论知: 两个相互独立的随机变量 X 与 Y 的边缘分布函数可唯一决定它们的联合分布.

3.2.1　二维离散型随机变量的独立性

定理 3.2.1　设 (X,Y) 是二维离散型随机变量, $\{p_{ij}\}$, $\{p_{i\cdot}\}$, $\{p_{\cdot j}\}$ 依次是 (X,Y), X, Y 的分布律, 则 X,Y 相互独立的充要条件是: 对于 (X,Y) 所有可能的取值 (x_i, y_j), $i,j = 1, 2, \cdots$, 都有

$$P(X = x_i, Y = y_j) = P(X = x_i)P(Y = y_j),$$

即对所有的 i,j, 都有

$$p_{ij} = p_{i\cdot}\ p_{\cdot j}.$$

例 3.2.1　设 (X,Y) 的分布律为

X \ Y	0	1	2
1	$\dfrac{1}{9}$	$\dfrac{1}{9}$	$\dfrac{2}{9}$
2	$\dfrac{1}{9}$	$\dfrac{2}{9}$	$\dfrac{2}{9}$

试判断 X, Y 是否相互独立.

解　由 (X, Y) 的分布律表, 可按行加得 $\{p_{i\cdot}\}$, 按列加得 $\{p_{\cdot j}\}$.

X \ Y	0	1	2	$p_{i\cdot}$
1	$\dfrac{1}{9}$	$\dfrac{1}{9}$	$\dfrac{2}{9}$	$\dfrac{4}{9}$
2	$\dfrac{1}{9}$	$\dfrac{2}{9}$	$\dfrac{2}{9}$	$\dfrac{5}{9}$
$p_{\cdot j}$	$\dfrac{2}{9}$	$\dfrac{1}{3}$	$\dfrac{4}{9}$	

注意 $p_{11} = P(X = 1, Y = 0) = \dfrac{1}{9}$, 而 $p_{1\cdot} p_{\cdot 1} = \dfrac{4}{9} \times \dfrac{2}{9} = \dfrac{8}{81} \neq \dfrac{1}{9}$, 所以 X, Y 不相互独立. □

3.2.2　二维连续型随机变量的独立性

定理 3.2.2　设 (X, Y) 是二维连续型随机变量, $f(x, y), f_X(x), f_Y(y)$ 分别是 (X, Y) 的概率密度与边缘概率密度, 则 X, Y 相互独立的充要条件是: 在 $f(x, y), f_X(x)$, $f_Y(y)$ 的一切公共连续点 (x, y), 都有

$$f(x, y) = f_X(x) f_Y(y).$$

例 3.2.2　若 X, Y 的密度函数为

$$f(x, y) = \begin{cases} 8xy, & 0 \leqslant x \leqslant y \leqslant 1, \\ 0, & \text{其他}. \end{cases}$$

问 X, Y 是否相互独立?

解　先求出 X 的两个边缘密度函数

$$f_X(x) = \int_{-\infty}^{+\infty} f(x, y)\, \mathrm{d}y = \begin{cases} \displaystyle\int_x^1 8xy\,\mathrm{d}y, & 0 \leqslant x \leqslant 1, \\ 0, & \text{其他} \end{cases} = \begin{cases} 4x(1 - x^2), & 0 \leqslant x \leqslant 1, \\ 0, & \text{其他}. \end{cases}$$

$$f_Y(y) = \int_{-\infty}^{+\infty} f(x,y)\,\mathrm{d}x = \begin{cases} \int_0^y 8xy\,\mathrm{d}x, & 0 \leqslant y \leqslant 1, \\ 0, & \text{其他} \end{cases} = \begin{cases} 4y^3, & 0 \leqslant y \leqslant 1, \\ 0, & \text{其他}. \end{cases}$$

因为在 $f(x,y), f_X(x), f_Y(y)$ 的公共连续点 (x,y) 上,$f(x,y) \neq f_X(x)f_Y(y)$,所以 X, Y 不相互独立. □

例 3.2.3 设二维随机变量 $(X,Y) \sim N(\mu_1, \mu_2, \sigma_1^2, \sigma_2^2, \rho)$. 证明 X 与 Y 相互独立的充要条件是 $\rho = 0$.

证* 二维正态随机变量 (X,Y) 的概率密度为

$$f(x,y) = \frac{1}{2\pi\sigma_1\sigma_2\sqrt{1-\rho^2}} e^{-\frac{1}{2(1-\rho^2)}\left[\left(\frac{x-\mu_1}{\sigma_1}\right)^2 - 2\rho\left(\frac{x-\mu_1}{\sigma_1}\right)\left(\frac{y-\mu_2}{\sigma_2}\right) + \left(\frac{y-\mu_2}{\sigma_2}\right)^2\right]}, \quad -\infty < x, y < +\infty.$$

由例 3.1.5 知,$X \sim N(\mu_1, \sigma_1^2)$,$Y \sim N(\mu_2, \sigma_2^2)$. 于是 (X,Y) 的边缘概率密度分别为

$$f_X(x) = \frac{1}{\sigma_1\sqrt{2\pi}} e^{-\frac{(x-\mu_1)^2}{2\sigma_1^2}}, \quad -\infty < x < +\infty,$$

$$f_Y(y) = \frac{1}{\sigma_2\sqrt{2\pi}} e^{-\frac{(y-\mu_2)^2}{2\sigma_2^2}}, \quad -\infty < y < +\infty.$$

易知:当 $\rho = 0$ 时,对任意 $x, y \in \mathbf{R}$,有 $f(x,y) = f_X(x)f_Y(y)$,即 X 与 Y 相互独立.

反之,若 X 与 Y 相互独立,则对任意 $x, y \in \mathbf{R}$,有 $f(x,y) = f_X(x)f_Y(y)$. 特别地,令 $x = \mu_1, y = \mu_2$,则有

$$\frac{1}{2\pi\sigma_1\sigma_2\sqrt{1-\rho^2}} = \frac{1}{\sigma_1\sqrt{2\pi}} \cdot \frac{1}{\sigma_2\sqrt{2\pi}}.$$

于是有 $\rho = 0$. □

二维随机变量的独立性定义可推广到 n 维随机变量 $(X_1, X_2, \cdots, X_n)$ 的情形. 这在数理统计中非常有用.

3.2.3 n 维随机变量的独立性

定义 3.2.2 称函数

$$F(x_1, x_2, \cdots, x_n) = P(X_1 \leqslant x_1, X_2 \leqslant x_2, \cdots, X_n \leqslant x_n), \quad -\infty < x_1, x_2, \cdots, x_n < +\infty$$

为 n 维随机变量 $(X_1, X_2, \cdots, X_n)$ 的**分布函数**,也称为随机变量 $X_1, X_2, \cdots, X_n$ 的**联合分布函数**. 记 $F_{X_i}(x_i) = P(X_i \leqslant x_i)$,$-\infty < x_i < +\infty$,称为 $(X_1, X_2, \cdots, X_n)$ 关于随机变量 X_i 的**边缘分布函数**,$i = 1, \cdots, n$.

定义 3.2.3　如果

$$F(x_1, x_2, \cdots, x_n) = \prod_{i=1}^{n} F_{X_i}(x_i), \quad -\infty < x_1, x_2, \cdots, x_n < +\infty,$$

则称 n 个随机变量 $X_1, X_2, \cdots, X_n$ **相互独立**.

类似于二维离散型随机变量, 我们不难定义 n ($n \geqslant 3$)维离散型随机变量 $(X_1, X_2, \cdots, X_n)$ 的概念.

定义 3.2.4[*]　若 n 维随机变量 $(X_1, X_2, \cdots, X_n)$ 所有可能取值为 $\mathbf{R}^n$ 上的有限个或可列无限个点, 则称 $(X_1, X_2, \cdots, X_n)$ 为 n 维离散型随机变量.

显然, $(X_1, X_2, \cdots, X_n)$ 为 n 维离散型随机变量当且仅当 $X_1, X_2, \cdots, X_n$ 均为离散型随机变量.

对于所有可能的取值 $(x_1, x_2, \cdots, x_n)$, 我们也可定义 $P(X_1 = x_1, X_2 = x_2, \cdots, X_n = x_n)$ 为 $(X_1, X_2, \cdots, X_n)$ 的**分布律**, $P(X_1 = x_1), P(X_2 = x_2), \cdots, P(X_n = x_n)$ 为 $(X_1, X_2, \cdots, X_n)$ 关于 $X_1, X_2, \cdots, X_n$ 的**边缘分布律**.

当 $(X_1, X_2, \cdots, X_n)$ 为 n 维离散型随机变量时, 可以证明 $X_1, X_2, \cdots, X_n$ 相互独立的充要条件是: 对于 $(X_1, X_2, \cdots, X_n)$ 的所有可能的取值 $(x_1, x_2, \cdots, x_n)$, 都有

$$P(X_1 = x_1, X_2 = x_2, \cdots, X_n = x_n) = P(X_1 = x_1)P(X_2 = x_2) \cdots P(X_n = x_n).$$

类似于二维连续型随机变量, 我们不难定义 n ($n \geqslant 3$)维连续型随机变量 $(X_1, X_2, \cdots, X_n)$ 的概念.

定义 3.2.5[*]　设 $(X_1, X_2, \cdots, X_n)$ 为 n 维随机变量, $F(x_1, x_2, \cdots, x_n)$ 为其分布函数, 若存在一个 n 元非负可积的函数 $f(x_1, x_2, \cdots, x_n)$, 使对任意向量 $(x_1, x_2, \cdots, x_n) \in \mathbf{R}^n$, 有

$$F(x_1, x_2, \cdots, x_n) = \int_{-\infty}^{x_1} \int_{-\infty}^{x_2} \cdots \int_{-\infty}^{x_n} f(u_1, u_2, \cdots, u_n) \mathrm{d}u_1 \mathrm{d}u_2 \cdots \mathrm{d}u_n,$$

则称 $(X_1, X_2, \cdots, X_n)$ 为 n **维连续型随机变量**, 并称 $f(x_1, x_2, \cdots, x_n)$ 为 $(X_1, X_2, \cdots, X_n)$ 的**概率密度**或**密度函数**, 或 $X_1, X_2, \cdots, X_n$ 的**联合概率密度**或**联合密度函数**.

我们也可定义 $(X_1, X_2, \cdots, X_n)$ 的关于 $X_1, X_2, \cdots, X_n$ 的**边缘概率密度函数**, 分别记为 $f_{X_1}(x_1), \cdots, f_{X_n}(x_n)$.

当 $(X_1, X_2, \cdots, X_n)$ 为 n 维随机变量时, 可以证明 $X_1, X_2, \cdots, X_n$ 相互独立的充要条件是

$$f(x_1, x_2, \cdots, x_n) = f_{X_1}(x_1) f_{X_2}(x_2) \cdots f_{X_n}(x_n)$$

在 $f(x_1, x_2, \cdots, x_n), f_{X_1}(x_1), \cdots, f_{X_n}(x_n)$ 的一切公共连续点上成立.

习题 3-2

1. 设 X 与 Y 的联合分布律为

X \ Y	−1	0	2
0	0.1	0.2	0
1	0.3	0.05	0.1
2	0.15	0	0.1

(1) 求 X 与 Y 的边缘分布律; (2) 判断 X 与 Y 是否相互独立?

2. 如果二维随机变量 (X,Y) 的分布律由下表给出, 那么当 α, β 取什么值时, X 与 Y 才能相互独立?

X \ Y	1	2	3
1	$\dfrac{1}{6}$	$\dfrac{1}{9}$	$\dfrac{1}{18}$
2	$\dfrac{1}{3}$	α	β

3. 设二维随机变量 (X,Y) 是区域 D 内的均匀分布, $D: x^2 + y^2 \leqslant 1$. 试求 (X,Y) 的概率密度函数, 并确定 X,Y 是否相互独立?

4. 设二维随机变量 (X,Y) 的概率密度为

$$f(x,y) = \begin{cases} x^2 + Axy, & 0 \leqslant x \leqslant 1, 0 \leqslant y \leqslant 2, \\ 0, & \text{其他}. \end{cases}$$

求: (1) A 的值; (2) 判断 X,Y 是否相互独立?

5. 设二维随机变量 (X,Y) 的概率密度函数为

$$f(x,y) = \begin{cases} cx^2 y^3, & 0 < x < 1, 0 < y < 1, \\ 0, & \text{其他}. \end{cases}$$

(1) 确定常数 c; (2) 求 (X,Y) 关于 X 和 Y 的边缘密度函数; (3) 证明 X 与 Y 相互独立.

6.一个电子仪器由两个部件构成, 以 X 和 Y 分别表示两个部件的寿命(单位: 千小时). 已知 X 和 Y 的联合分布函数为

$$F(x,y) = \begin{cases} 1 - \mathrm{e}^{-0.5x} - \mathrm{e}^{-0.5y} + \mathrm{e}^{-0.5(x+y)}, & x \geqslant 0, y \geqslant 0, \\ 0, & \text{其他}. \end{cases}$$

(1) 求 X 和 Y 联合概率密度 $f(x,y)$; (2) 求 (X,Y) 关于 X 和 Y 的边缘概率密度; (3) 判别 X 和 Y 是否相互独立?

3.3 二维随机变量函数的分布

在实际应用中, 有些随机变量往往是两个或两个以上随机变量的函数. 例如, 考虑全国年龄在 20—60 岁人群的血压的收缩压. 用 X 和 Y 分别表示一个人的年龄和体重, Z 表示这个人的血压的收缩压, 并且根据经验假设 Z 与 X, Y 的函数关系式为 $Z = 2.1366X + 0.4Y - 62.9634$. 现希望通过二维随机变量 (X, Y) 的分布来确定一维随机变量 Z 的分布. 此类问题就是我们将要讨论的二维随机变量函数的分布问题.

应该指出的是, 将两个随机变量函数的分布问题推广到 n 个随机变量函数的分布问题只是表述和计算的繁杂程度的提高, 并没有本质性的差异.

3.3.1 二维离散型随机变量函数的分布

设 (X, Y) 是二维离散型随机变量, $g(X, Y)$ 是一个二元函数, 则 $g(X, Y)$ 作为 (X, Y) 的函数是一个随机变量. 已知 (X, Y) 的分布律为

$$P(X = x_i, Y = y_j) = p_{ij}, \quad i, j = 1, 2, \cdots.$$

设 $Z = g(X, Y)$ 的所有可能取值为 $z_k, k = 1, 2, \cdots$, 则 Z 的分布律为

$$
\begin{aligned}
P(Z = z_k) = P\big(g(X, Y) = z_k\big) &= \sum_{g(x_i, y_j) = z_k} P(X = x_i, Y = y_j) \\
&= \sum_{g(x_i, y_j) = z_k} p_{ij}, \quad k = 1, 2, \cdots.
\end{aligned}
\tag{3.3.1}
$$

例 3.3.1 设随机变量 (X, Y) 的分布律为

X \ Y	−1	0	1	2
−1	0.2	0.15	0.1	0.3
2	0.1	0	0.1	0.05

求二维随机变量 (X, Y) 的函数的分布律:

(1) $Z_1 = X + Y$; (2) $Z_2 = XY$.

解 由 (X, Y) 的分布律可得

p_{ij}	0.2	0.15	0.1	0.3	0.1	0	0.1	0.05
(X, Y)	$(-1, -1)$	$(-1, 0)$	$(-1, 1)$	$(-1, 2)$	$(2, -1)$	$(2, 0)$	$(2, 1)$	$(2, 2)$
$Z_1 = X + Y$	−2	−1	0	1	1	2	3	4
$Z_2 = XY$	1	0	−1	−2	−2	0	2	4

与一维离散型随机变量函数的分布的求法相同, 把 Z 值相同项对应的概率值合并可得

(1) $Z_1 = X + Y$ 的分布律为

Z_1	-2	-1	0	1	2	3	4
P	0.2	0.15	0.1	0.4	0	0.1	0.05

(2) $Z_2 = XY$ 的分布律为

Z_2	-2	-1	0	1	2	4
P	0.4	0.1	0.15	0.2	0.1	0.05

□

例 3.3.2 (二项分布的可加性)　设 X 和 Y 分别是独立重复同一伯努利试验所得的两个随机变量, 且 $X \sim b(n_1, p)$, $Y \sim b(n_2, p)$. 证明 $Z = X + Y$ 服从参数为 $n_1 + n_2, p$ 的二项分布.

证　这里利用第 2 章中二项分布的直观解释来证明. 由于 $X \sim b(n_1, p)$, 所以 X 是在 n_1 次独立重复试验中事件 A 出现的次数, 每次试验中 A 出现的概率都为 p.

同样地, Y 是在 n_2 次独立重复试验中事件 A 出现的次数, 每次试验中 A 出现的概率为 p, 故 $Z = X + Y$ 是在 $n_1 + n_2$ 次独立重复试验中事件 A 出现的次数, 每次试验中 A 出现的概率为 p, 于是 Z 是以 $n_1 + n_2, p$ 为参数的二项分布随机变量, 即 $Z \sim b(n_1 + n_2, p)$.　□

例 3.3.3 (泊松分布的可加性)　若 X 和 Y 相互独立, 它们分别服从参数为 λ_1, λ_2 的泊松分布. 证明 $Z = X + Y$ 服从参数为 $\lambda_1 + \lambda_2$ 的泊松分布.

解　由于

$$P(X = i) = \mathrm{e}^{-\lambda_1} \frac{\lambda_1^i}{i!}, \quad i = 0, 1, \cdots \quad 和 \quad P(Y = j) = \mathrm{e}^{-\lambda_2} \frac{\lambda_2^j}{j!}, \quad j = 0, 1, \cdots,$$

所以由(3.3.1)知

$$
\begin{aligned}
P(Z = k) &= \sum_{i=0}^{k} P(X = i, Y = k - i) \\
&= \sum_{i=0}^{k} \mathrm{e}^{-\lambda_1} \frac{\lambda_1^i}{i!} \cdot \mathrm{e}^{-\lambda_2} \frac{\lambda_2^{k-i}}{(k-i)!} = \frac{\mathrm{e}^{-(\lambda_1 + \lambda_2)}}{k!} \sum_{i=0}^{k} \frac{k!}{i!(k-i)!} \lambda_1^i \lambda_2^{k-i} \\
&= \frac{\mathrm{e}^{-(\lambda_1 + \lambda_2)}}{k!} (\lambda_1 + \lambda_2)^k, \quad k = 0, 1, \cdots,
\end{aligned}
$$

即 Z 服从参数为 $\lambda_1 + \lambda_2$ 的泊松分布.　□

注　同一类分布的独立随机变量之和的分布仍然服从此类分布的性质称为此类分布具有可加性.

3.3.2　二维连续型随机变量函数的分布

设 (X,Y) 是二维连续型随机变量, 其概率密度函数为 $f(x,y)$. 令 $g(x,y)$ 为一个二元连续函数, 则 $g(X,Y)$ 是 (X,Y) 的函数. 设 $Z = g(X,Y)$ 仍是连续型随机变量, 则求概率密度函数 $f_Z(z)$ 的**分布函数法**如下:

(1) 求分布函数 $F_Z(z)$,

$$F_Z(z) = P(Z \leqslant z) = P(g(X,Y) \leqslant z) = P((X,Y) \in D_z) = \iint\limits_{D_z} f(x,y)\mathrm{d}x\mathrm{d}y , \quad (3.3.2)$$

其中 $D_z = \{(x,y) \mid g(x,y) \leqslant z\}$.

(2) 再求概率密度函数 $f_Z(z)$. 对 $F_Z(z)$ 求关于 z 的导数, 有

$$f_Z(z) = F_Z'(z).$$

对于一般二元函数 $g(x,y)$, 要确定区域 $D_z = \{(x,y) \mid g(x,y) \leqslant z\}$ 比较困难, 下面仅讨论两类比较简单的二维随机变量函数的分布: 和的分布与极值分布.

1. 和的分布: $Z = X + Y$ 的分布

例 3.3.4　已知二维连续型随机变量 (X,Y) 的概率密度为 $f(x,y)$, 求 $Z = X + Y$ 的密度函数.

解　先求 Z 的分布函数: 由分布函数的定义及(3.3.2)知, 对任意 z 有

$$F_Z(z) = P(Z \leqslant z) = P(X + Y \leqslant z) = P((X,Y) \in D),$$

其中 $D = \{(x,y) \mid x + y \leqslant z\}$ (如图 3-8 的阴影部分).

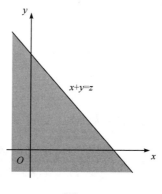

图 3-8

所以

$$F_Z(z) = \iint\limits_{D} f(x,y)\mathrm{d}x\mathrm{d}y = \iint\limits_{x+y \leqslant z} f(x,y)\mathrm{d}x\mathrm{d}y = \int_{-\infty}^{+\infty}\left[\int_{-\infty}^{z-y} f(x,y)\,\mathrm{d}x\right]\mathrm{d}y.$$

在积分 $\int_{-\infty}^{z-y} f(x,y)\mathrm{d}x$ 中, z 和 y 是固定的, 令 $t = x+y$, 则得

$$F_Z(z) = \int_{-\infty}^{+\infty}\left[\int_{-\infty}^{z} f(t-y,y)\mathrm{d}t\right]\mathrm{d}y = \int_{-\infty}^{z}\left[\int_{-\infty}^{+\infty} f(t-y,y)\mathrm{d}y\right]\mathrm{d}t.$$

求关于 z 的导数, 得

$$f_Z(z) = \int_{-\infty}^{+\infty} f(z-y,y)\mathrm{d}y. \tag{3.3.3}$$

由 X, Y 的对称性, 也有

$$f_Z(z) = \int_{-\infty}^{+\infty} f(x,z-x)\mathrm{d}x. \tag{3.3.4}$$

式(3.3.3)与(3.3.4)为 $Z = X+Y$ 的密度函数的一般公式.

特别地, 当 X, Y 相互独立时, 由于对一切 $f(x,y)$, $f_X(x)$, $f_Y(y)$ 的公共连续点 (x,y) 都有 $f(x,y) = f_X(x)f_Y(y)$, 此时 $Z = X+Y$ 的密度函数的公式为

$$f_Z(z) = \int_{-\infty}^{+\infty} f_X(z-y)f_Y(y)\mathrm{d}y, \tag{3.3.5}$$

或

$$f_Z(z) = \int_{-\infty}^{+\infty} f_X(x)f_Y(z-x)\mathrm{d}x. \tag{3.3.6}$$

公式(3.3.5)与(3.3.6)称为**卷积公式**, 记为 $f_X * f_Y$. □

例 3.3.5 (正态分布的可加性) 设 $X \sim N(\mu_1, \sigma_1^2)$, $Y \sim N(\mu_2, \sigma_2^2)$, 且 X 与 Y 相互独立, 证明

$$X + Y \sim N(\mu_1 + \mu_2, \sigma_1^2 + \sigma_2^2).$$

证[*] 令 $Z = X+Y$, 由于 X 与 Y 相互独立, 根据卷积公式(3.3.6), 有

$$f_Z(z) = \int_{-\infty}^{+\infty} f_X(x)f_Y(z-x)\,\mathrm{d}x$$

$$= \int_{-\infty}^{+\infty} \frac{1}{\sigma_1\sqrt{2\pi}}\mathrm{e}^{-\frac{(x-\mu_1)^2}{2\sigma_1^2}}\frac{1}{\sigma_2\sqrt{2\pi}}\mathrm{e}^{-\frac{(z-x-\mu_2)^2}{2\sigma_2^2}}\,\mathrm{d}x$$

$$= \frac{1}{2\pi\sigma_1\sigma_2}\int_{-\infty}^{+\infty} \mathrm{e}^{-\frac{1}{2}\left[\frac{1}{\sigma_1^2}(x-\mu_1)^2 + \frac{1}{\sigma_2^2}(z-x-\mu_2)^2\right]}\,\mathrm{d}x$$

$$= \frac{1}{2\pi\sigma_1\sigma_2}\int_{-\infty}^{+\infty} \mathrm{e}^{-(ax^2 - 2bx + c)}\,\mathrm{d}x,$$

其中

$$a = \frac{1}{2}\left(\frac{1}{\sigma_1^2} + \frac{1}{\sigma_2^2}\right), \quad b = \frac{1}{2}\left(\frac{\mu_1}{\sigma_1^2} + \frac{z - \mu_2}{\sigma_2^2}\right), \quad c = \frac{1}{2}\left(\frac{\mu_1^2}{\sigma_1^2} + \frac{(z - \mu_2)^2}{\sigma_2^2}\right),$$

解得

$$\int_{-\infty}^{+\infty} e^{-(ax^2 - 2bx + c)}\,dx = \sqrt{\frac{\pi}{a}}\, e^{\frac{ac - b^2}{a}}.$$

将 a, b, c 的值代入上式, 可得

$$f_Z(z) = \frac{1}{\sqrt{2\pi(\sigma_1^2 + \sigma_2^2)}}\, e^{-\frac{[z - (\mu_1 + \mu_2)]^2}{2(\sigma_1^2 + \sigma_2^2)}}.$$

所以,

$$Z = X + Y \sim N(\mu_1 + \mu_2,\ \sigma_1^2 + \sigma_2^2). \qquad\qquad \square$$

这个结论还可以推广到 n 个随机变量和的更一般情况.

定理 3.3.1 若 $X_i \sim N(\mu_i, \sigma_i^2), i = 1, 2, \cdots, n$, 且它们相互独立, 则对任意不全为零的常数 $a_1, a_2, \cdots, a_n$, 有

$$\sum_{i=1}^{n} a_i X_i \sim N\left(\sum_{i=1}^{n} a_i \mu_i, \sum_{i=1}^{n} a_i^2 \sigma_i^2\right).$$

例 3.3.6 设 $X \sim U(0,1), Y \sim U(0,1)$, 且 X 和 Y 相互独立, 试求 $Z = X + Y$ 的密度函数.

解 由题意, X 和 Y 的概率密度分别为

$$f_X(x) = \begin{cases} 1, & 0 < x < 1, \\ 0, & \text{其他,} \end{cases} \qquad f_Y(y) = \begin{cases} 1, & 0 < y < 1, \\ 0, & \text{其他.} \end{cases}$$

由 X 和 Y 的独立性, (X, Y) 的概率密度为

$$f(x, y) = f_X(x) f_Y(y) = \begin{cases} 1, & 0 < x < 1, 0 < y < 1, \\ 0, & \text{其他.} \end{cases}$$

$Z = X + Y$ 的分布函数为

$$F_Z(z) = P(Z \leqslant z) = P(X + Y \leqslant z) = \iint\limits_{x + y \leqslant z} f(x, y)\,dxdy.$$

(1) 当 $z < 0$ 时(图 3-9), 因为 $f(x, y) = 0$, 所以 $F_Z(z) = 0$, 从而 $f_Z(z) = 0$;

(2) 当 $0 \leqslant z < 1$ 时(图 3-10),

$$F_Z(z) = \int_0^z dx \int_0^{z-x} dy = \int_0^z (z - x)\,dx = \frac{z^2}{2},$$

从而 $f_Z(z) = z$;

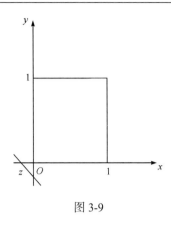

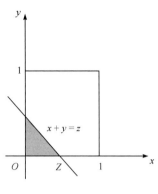

图 3-9　　　　　　　　　　　　　　　　图 3-10

(3) 当 $1 \leqslant z < 2$ 时(图 3-11),

$$F_Z(z) = \int_0^{z-1} dx \int_0^1 dy + \int_{z-1}^1 dx \int_0^{z-x} dy = 2z - \frac{z^2}{2} - 1,$$

从而 $f_Z(z) = 2 - z$;

(4) 当 $z \geqslant 2$ 时(图 3-12),

$$F_Z(z) = \int_0^1 dx \int_0^1 dy = 1,$$

从而 $f_Z(z) = 0$.

综上所述,有

$$f_Z(z) = \begin{cases} z, & 0 \leqslant z < 1, \\ 2 - z, & 1 \leqslant z < 2, \\ 0, & 其他. \end{cases}$$

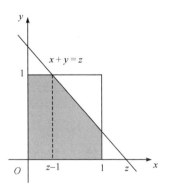

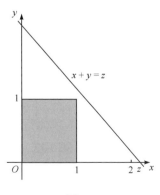

图 3-11　　　　　　　　　　　　　　　图 3-12

2. 极值分布: $M = \max\{X,Y\}$ 及 $N = \min\{X,Y\}$ 的分布

设随机变量 X,Y 相互独立, 其分布函数分别为 $F_X(x)$ 和 $F_Y(y)$, 由于 $M = \max\{X,Y\}$ 不大于 z 等价于 X 和 Y 都不大于 z, 故有

$$F_M(z) = P(M \leqslant z) = P(X \leqslant z, Y \leqslant z) = P(X \leqslant z)P(Y \leqslant z) = F_X(z)F_Y(z). \quad (3.3.7)$$

类似地, 可得 $N = \min\{X,Y\}$ 的分布函数

$$F_N(z) = P(N \leqslant z) = 1 - P(N > z) = 1 - P(X > z, Y > z)$$
$$= 1 - P(X > z)P(Y > z) = 1 - [1 - F_X(z)][1 - F_Y(z)]. \quad (3.3.8)$$

结果(3.3.7)和(3.3.8)可以推广到 n 个随机变量的情形. 设随机变量 $X_1, X_2, \cdots,$ X_n 相互独立, 其分布函数分别为

$$F_{X_k}(x_k), \quad k = 1, 2, \cdots, n,$$

则函数 $M = \max\{X_1, X_2, \cdots, X_n\}$, $N = \min\{X_1, X_2, \cdots, X_n\}$ 的分布函数分别为

$$F_M(z) = F_{X_1}(z)F_{X_2}(z)\cdots F_{X_n}(z), \quad (3.3.9)$$

$$F_N(z) = 1 - [1 - F_{X_1}(z)][1 - F_{X_2}(z)]\cdots[1 - F_{X_n}(z)]. \quad (3.3.10)$$

特别地, 当 $X_1, X_2, \cdots, X_n$ 相互独立, 且有相同的分布函数 $F(\cdot)$ 时, (3.3.9)与 (3.3.10)两式可进一步分别写为

$$F_M(z) = [F(z)]^n, \quad (3.3.11)$$

$$F_N(z) = 1 - [1 - F(z)]^n \quad (3.3.12)$$

例 3.3.7　设系统 L 由两个相互独立的子系统 L_1, L_2 连接而成, 连接方式分别为串联、并联、备用(当系统 L_1 损坏时, 系统 L_2 开始工作), 如图 3-13、图 3-14 和图 3-15 所示. 设 L_1, L_2 的寿命分别为 X, Y, 已知它们的概率密度分别为

$$f_X(x) = \begin{cases} \alpha e^{-\alpha x}, & x > 0, \\ 0, & x \leqslant 0, \end{cases} \quad f_Y(y) = \begin{cases} \beta e^{-\beta y}, & y > 0, \\ 0, & y \leqslant 0, \end{cases}$$

其中 $\alpha > 0, \beta > 0$ 且 $\alpha \neq \beta$. 试分别就以上三种连接方式写出 L 的寿命的概率密度.

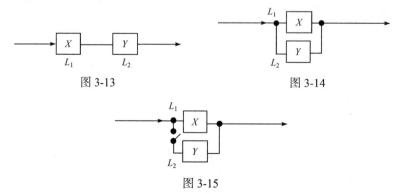

图 3-13　　　　　　　　　　　　　　图 3-14

图 3-15

解　(1) 串联的情况.

由于当 L_1, L_2 中有一个损坏时, 系统 L 就停止工作, 所以这时 L 的寿命为 $N = \min\{X, Y\}$. 由题设知 X, Y 均服从指数分布, 从而 X, Y 的分布函数分别为

$$F_X(x) = \begin{cases} 1 - \mathrm{e}^{-\alpha x}, & x > 0, \\ 0, & x \leqslant 0, \end{cases} \qquad F_Y(y) = \begin{cases} 1 - \mathrm{e}^{-\beta x}, & y > 0, \\ 0, & y \leqslant 0. \end{cases}$$

于是 N 的分布函数为

$$F_N(z) = 1 - [1 - F_X(z)][1 - F_Y(z)] = \begin{cases} 1 - \mathrm{e}^{-(\alpha+\beta)z}, & z > 0, \\ 0, & z \leqslant 0. \end{cases}$$

从而 N 的概率密度为

$$f_N(z) = \begin{cases} (\alpha + \beta)\mathrm{e}^{-(\alpha+\beta)z}, & z > 0, \\ 0, & z \leqslant 0. \end{cases}$$

(2) 并联的情况.

由于当且仅当 L_1, L_2 都损坏时, 系统 L 才停止工作, 所以这时 L 的寿命 $M = \max\{X, Y\}$. 于是 M 的分布函数为

$$F_M(z) = F_X(z)F_Y(z) = \begin{cases} (1 - \mathrm{e}^{-\alpha z})(1 - \mathrm{e}^{-\beta z}), & z > 0, \\ 0, & z \leqslant 0, \end{cases}$$

且 M 的概率密度为

$$f_M(z) = \begin{cases} \alpha \mathrm{e}^{-\alpha z} + \beta \mathrm{e}^{-\beta z} - (\alpha + \beta)\mathrm{e}^{-(\alpha+\beta)z}, & z > 0, \\ 0, & z \leqslant 0. \end{cases}$$

(3) 备用的情况.

由于这时系统 L_1 损坏时系统 L_2 才开始工作, 故整个系统 L 的寿命 Z 是 L_1, L_2 两者寿命之和, 即 $Z = X + Y$. 故当 $z > 0$ 时, Z 的概率密度为

$$f_Z(z) = \int_{-\infty}^{+\infty} f_X(z - y)f_Y(y)\mathrm{d}y = \int_0^z \alpha \mathrm{e}^{-\alpha(z-y)} \beta \mathrm{e}^{-\beta y}\,\mathrm{d}y$$

$$= \alpha\beta \mathrm{e}^{-\alpha z} \int_0^z \mathrm{e}^{-(\beta-\alpha)y}\,\mathrm{d}y = \frac{\alpha\beta}{\beta - \alpha}(\mathrm{e}^{-\alpha z} - \mathrm{e}^{-\beta z}).$$

而当 $z \leqslant 0$ 时, $f_Z(z) = 0$, 于是 $Z = X + Y$ 的概率密度为

$$f_Z(z) = \begin{cases} \dfrac{\alpha\beta}{\beta - \alpha}(\mathrm{e}^{-\alpha z} - \mathrm{e}^{-\beta z}), & z > 0, \\ 0, & z \leqslant 0. \end{cases}$$

习题 3-3

1. 设随机变量 X 和 Y 相互独立且同分布, 且 X 的分布律为

$$P(X=1)=\frac{1}{3}, \quad P(X=2)=\frac{2}{3}.$$

求 $Z=X+Y$ 的分布律.

2. 设随机变量 (X,Y) 的分布律为

X＼Y	0	1	2	3
0	0	0.01	0.01	0.01
1	0.01	0.02	0.03	0.02
2	0.03	0.04	0.05	0.04
3	0.05	0.05	0.05	0.06
4	0.07	0.06	0.05	0.06
5	0.09	0.08	0.06	0.05

(1) 求条件概率 $P(X=2\,|\,Y=2), P(Y=3\,|\,X=0)$;

(2) 求 $M=\max\{X,Y\}$ 的分布律;

(3) 求 $N=\min\{X,Y\}$ 的分布律.

3. 设随机变量 X 与 Y 相互独立, 其概率密度分别为

$$f_X(x)=\begin{cases}1, & 0\leqslant x\leqslant 1,\\ 0, & 其他,\end{cases} \quad 和 \quad f_Y(y)=\begin{cases}\mathrm{e}^{-y}, & y>0,\\ 0, & 其他.\end{cases}$$

求: (1) X 与 Y 的联合概率密度; (2) 随机变量 $Z=X+Y$ 的概率密度.

4. 设随机变量 (X,Y) 的概率密度为

$$f(x,y)=\begin{cases}\dfrac{1}{1-\mathrm{e}^{-1}}\mathrm{e}^{-(x+y)}, & 0<x<1, 0<y<+\infty,\\ 0, & 其他.\end{cases}$$

求函数 $M=\max\{X,Y\}$ 的分布函数.

5. 设随机变量 X, Y 相互独立且同分布, $P(X=0)=P(Y=0)=P(X=1)=P(Y=1)=\dfrac{1}{2}$, 求随机变量 $Z_1=\max\{X,Y\}, Z_2=X+Y$ 的分布律.

3.4 条件分布*

　　二维随机变量 (X,Y) 的概率分布不仅含有两个分量 X 和 Y 的概率分布信息, 而且还含有两个分量之间的信息. 而这两个分量之间主要表现为独立与相依两类关系. 由于在许多问题中有关的随机变量取值往往是彼此有影响的, 所以条件分

布成为研究变量之间相依关系的一个有力工具.

3.4.1 离散型随机变量的条件分布

设二维离散型随机变量 (X,Y) 的分布律为

$$P(X=x_i,Y=y_j)=p_{ij}, \quad i,j=1,2,\cdots.$$

仿照条件概率的定义, 给出离散型随机变量的条件分布律.

定义 3.4.1　对一切使 $P(Y=y_j)=p_{\cdot j}>0$ 的 y_j, 称

$$p_{i|j}=P(X=x_i \mid Y=y_j)=\frac{P(X=x_i,Y=y_j)}{P(Y=y_j)}=\frac{p_{ij}}{p_{\cdot j}}, \quad i=1,2,\cdots$$

为给定 $Y=y_j$ 条件下 X 的**条件分布律**.

此条件分布律可用下列表格表示:

$X\mid Y=y_j$	x_1	x_2	$\cdots$	x_i	$\cdots$
P	$\dfrac{p_{1j}}{p_{\cdot j}}$	$\dfrac{p_{2j}}{p_{\cdot j}}$	$\cdots$	$\dfrac{p_{ij}}{p_{\cdot j}}$	$\cdots$

同理, 对一切使 $P(X=x_i)=p_{i\cdot}>0$ 的 x_i, 称

$$p_{j|i}=P(Y=y_j \mid X=x_i)=\frac{P(X=x_i,Y=y_j)}{P(X=x_i)}=\frac{p_{ij}}{p_{i\cdot}}, \quad j=1,2,\cdots$$

为给定 $X=x_i$ 条件下 Y 的**条件分布律**.

此条件分布律可表示为

$Y\mid X=x_i$	y_1	y_2	$\cdots$	y_j	$\cdots$
P	$\dfrac{p_{i1}}{p_{i\cdot}}$	$\dfrac{p_{i2}}{p_{i\cdot}}$	$\cdots$	$\dfrac{p_{ij}}{p_{i\cdot}}$	$\cdots$

有了条件分布律, 就可以给出离散型随机变量的条件分布函数.

定义 3.4.2　给定 $Y=y_j$ 条件下 X 的**条件分布函数**为

$$F(x\mid Y=y_j)=P(X\leqslant x\mid Y=y_j)=\sum_{x_i\leqslant x}P(X=x_i\mid Y=y_j)=\sum_{x_i\leqslant x}p_{i|j}.$$

给定 $X=x_i$ 条件下 X 的**条件分布函数**为

$$F(y\mid X=x_i)=P(Y\leqslant y\mid X=x_i)=\sum_{y_j\leqslant y}P(Y=y_j\mid X=x_i)=\sum_{y_j\leqslant y}p_{j|i}.$$

例 3.4.1　设二维离散型随机变量 (X,Y) 的分布律为

X \ Y	1	2	3
1	0.1	0.3	0.2
2	0.2	0.05	0.15

求所有的条件分布律.

　　解　(X,Y) 的边缘分布律用表格表示为

X \ Y	1	2	3	$p_{i\cdot}$
1	0.1	0.3	0.2	0.6
2	0.2	0.05	0.15	0.4
$p_{\cdot j}$	0.3	0.35	0.35	

用第一行各元素分别除以 0.6, 得给定 $X=1$ 条件下, Y 的条件分布律为

$Y\,|\,X=1$	1	2	3
P	$\dfrac{1}{6}$	$\dfrac{1}{2}$	$\dfrac{1}{3}$

用第二行各元素分别除以 0.4, 得给定 $X=2$ 条件下, Y 的条件分布律为

$Y\,|\,X=2$	1	2	3
P	$\dfrac{1}{2}$	$\dfrac{1}{8}$	$\dfrac{3}{8}$

用第一列各元素分别除以 0.3, 得给定 $Y=1$ 条件下, X 的条件分布律为

$X\,|\,Y=1$	1	2
P	$\dfrac{1}{3}$	$\dfrac{2}{3}$

用第二列各元素分别除以 0.35, 得给定 $Y=2$ 条件下, X 的条件分布律为

$X\,|\,Y=2$	1	2
P	$\dfrac{6}{7}$	$\dfrac{1}{7}$

用第三列各元素分别除以 0.35, 得给定 $Y=3$ 条件下, X 的条件分布律为

$X\,|\,Y=3$	1	2
P	$\dfrac{4}{7}$	$\dfrac{3}{7}$

$\qquad\qquad\qquad\qquad\qquad\qquad\qquad\qquad\qquad\qquad\qquad\qquad$ □

例 3.4.2　设随机变量 X 和 Y 相互独立, 且 $X\sim p(\lambda_1)$, $Y\sim p(\lambda_2)$. 在已知 $X+Y=n$ 条件下, 求 X 的条件分布律.

解　因为独立泊松变量具有可加性, 即 $X+Y\sim p(\lambda_1+\lambda_2)$, 所以

$$P(X=k\,|\,X+Y=n)=\frac{P(X=k,X+Y=n)}{P(X+Y=n)}=\frac{P(X=k)P(Y=n-k)}{P(X+Y=n)}$$

$$=\frac{\dfrac{\lambda_1^k}{k!}\mathrm{e}^{-\lambda_1}\cdot\dfrac{\lambda_2^{n-k}}{(n-k)!}\mathrm{e}^{-\lambda_2}}{\dfrac{(\lambda_1+\lambda_2)^n}{n!}\mathrm{e}^{-(\lambda_1+\lambda_2)}}=\frac{n!}{k!(n-k)!}\frac{\lambda_1^k\,\lambda_2^{n-k}}{(\lambda_1+\lambda_2)^n}$$

$$=\mathrm{C}_n^k\left(\frac{\lambda_1}{\lambda_1+\lambda_2}\right)^k\left(\frac{\lambda_2}{\lambda_1+\lambda_2}\right)^{n-k},\quad k=0,1,2,\cdots,n.$$

这表明, 在 $X+Y=n$ 条件下, $X\sim b(n,p)$, 其中 $p=\lambda_1/(\lambda_1+\lambda_2)$.　　□

例 3.4.3　设在一段时间内进入某一商店的顾客人数 X 服从参数为 λ 的泊松分布, 每个顾客购买某种物品的概率为 p, 并且各个顾客是否购买该物品相互独立, 求进入商店的顾客购买这种物品的人数 Y 的分布律.

解　由题意知 $P(X=n)=\mathrm{e}^{-\lambda}\dfrac{\lambda^n}{n!},n=0,1,2,\cdots.$

在进入商店的人数 $X=n$ 的条件下, 购买某种物品的人数 Y 的条件分布为二项分布 $b(n,p)$, 即

$$P(Y=k\,|\,X=n)=\mathrm{C}_n^k p^k(1-p)^{n-k},\quad k=0,1,2,\cdots,n.$$

由全概率公式有

$$P(Y=k) = \sum_{n=k}^{\infty} P(X=n)P(Y=k \mid X=n)$$

$$= \sum_{n=k}^{\infty} e^{-\lambda} \frac{\lambda^n}{n!} \cdot \frac{n!}{k!(n-k)!} p^k (1-p)^{n-k}$$

$$= e^{-\lambda} \frac{(\lambda p)^k}{k!} \sum_{n=k}^{\infty} \frac{[(1-p)\lambda]^{n-k}}{(n-k)!}$$

$$= e^{-\lambda} e^{(1-p)\lambda} \frac{(\lambda p)^k}{k!}$$

$$= e^{-\lambda p} \frac{(\lambda p)^k}{k!}, \quad k = 0,1,2,\cdots,$$

即 Y 服从参数为 λp 的泊松分布. □

3.4.2　连续型随机变量的条件分布

设二维连续型随机变量 (X,Y) 的密度函数为 $f(x,y)$，边缘密度函数为 $f_X(x)$，$f_Y(y)$．我们定义连续型随机变量的条件分布如下.

定义 3.4.3　对一切使 $f_Y(y) > 0$ 的 y，给定 $Y=y$ 的条件下 X 的条件分布函数和条件密度函数分别为

$$F(x \mid y) = \int_{-\infty}^{x} \frac{f(u,y)}{f_Y(y)} \mathrm{d}u,$$

$$f(x \mid y) = \frac{f(x,y)}{f_Y(y)}.$$

同理，对一切使 $f_X(x) > 0$ 的 x，给定 $X=x$ 的条件下 Y 的条件分布函数和条件密度函数分别为

$$F(y \mid x) = \int_{-\infty}^{y} \frac{f(x,v)}{f_X(x)} \mathrm{d}v,$$

$$f(y \mid x) = \frac{f(x,y)}{f_X(x)}.$$

例 3.4.4　设 (X,Y) 服从平面区域 $D = \{(x,y) \mid x^2 + y^2 \leqslant 1\}$ 上的均匀分布. 试求给定 $Y=y$ 条件下 X 的条件密度函数 $f(x \mid y)$．

解　因为

$$f(x,y) = \begin{cases} \dfrac{1}{\pi}, & x^2 + y^2 \leqslant 1, \\ 0, & 其他, \end{cases}$$

所以 Y 的边缘密度函数为

$$f_Y(y) = \begin{cases} \dfrac{2}{\pi}\sqrt{1-y^2}, & -1 \leqslant y \leqslant 1, \\ 0, & \text{其他}. \end{cases}$$

所以当 $-1 < y < 1$ 时, 有

$$f(x \mid y) = \frac{f(x,y)}{f_Y(y)}.$$

$$= \begin{cases} \dfrac{1}{2\sqrt{1-y^2}}, & -\sqrt{1-y^2} \leqslant x \leqslant \sqrt{1-y^2}, \\ 0, & \text{其他}, \end{cases}$$

即当 $-1 < y < 1$ 时, 给定 $Y = y$ 的条件下, X 服从 $(-\sqrt{1-y^2}, \sqrt{1-y^2})$ 上的均匀分布.

同理, 当 $-1 < x < 1$ 时, 给定 $X = x$ 的条件下, Y 服从 $(-\sqrt{1-x^2}, \sqrt{1-x^2})$ 上的均匀分布. □

例 3.4.5　设二维随机变量 $(X,Y) \sim N(\mu_1, \mu_2, \sigma_1^2, \sigma_2^2, \rho)$, 由边缘分布知 $X \sim N(\mu_1, \sigma_1^2)$, $Y \sim N(\mu_2, \sigma_2^2)$. 我们可以证明: 在给定 $Y = y$ 条件下 X 的条件分布为正态分布 $N(\mu_3, \sigma_3^2)$, 其中 $\mu_3 = \mu_1 + \rho \dfrac{\sigma_2}{\sigma_1}(y - \mu_2)$, $\sigma_3^2 = \sigma_1^2(1 - \rho^2)$. 在给定 $X = x$ 条件下 Y 的条件分布为正态分布 $N(\mu_4, \sigma_4^2)$, 其中 $\mu_4 = \mu_2 + \rho \dfrac{\sigma_1}{\sigma_2}(X - \mu_1)$, $\sigma_4^2 = \sigma_2^2(1 - \rho^2)$. □

由此, 也可以看出: 二维正态分布的边缘分布和条件分布都是一维正态分布, 这是正态分布的一个重要性质.

习题 3-4

1. 设 X 服从 $(0,1)$ 上的均匀分布, 求在已知 $X > 0.5$ 的条件下 X 的条件分布函数.

2. 以 X 记某医院一天内诞生婴儿的个数, 以 Y 记其中男婴的个数. 设 X 与 Y 的联合分布律为

$$P(X = n, Y = m) = \frac{\mathrm{e}^{-14}(7.14)(6.86)^{n-m}}{m!(n-m)!}, \quad n = 0,1,\cdots, m = 0,1,\cdots,n.$$

求条件分布律 $P(X = n \mid Y = m)$.

3. 设二维随机变量 (X,Y) 具有密度函数

$$f(x,y) = \begin{cases} 3x, & 0 < x < 1, 0 < y < x, \\ 0, & \text{其他}. \end{cases}$$

求条件密度函数 $f(x \mid y)$.

4. 设二维随机变量 (X,Y) 具有密度函数

$$f(x,y) = \begin{cases} 1, & 0 < x < 1, |y| < x, \\ 0, & \text{其他}. \end{cases}$$

求条件密度函数 $f(y\,|\,x)$.

5. 设二维随机变量 (X,Y) 具有密度函数

$$f(x,y) = \begin{cases} 6e^{-2x-3y}, & x > 0, y > 0, \\ 0, & \text{其他}. \end{cases}$$

求条件密度函数 $f(x\,|\,y)$ 及 $f(y\,|\,x)$.

6. 设随机变量 X, Y 相互独立, X 的分布律为 $P(X = i) = \dfrac{1}{3}, i = -1, 0, 1$, Y 的密度函数为

$$f_Y(y) = \begin{cases} 1, & 0 \leqslant y < 1, \\ 0, & \text{其他}. \end{cases}$$

记 $Z = X + Y$. 求: (1) $P\left(Z \leqslant \dfrac{1}{2} \middle| X = 0 \right)$; (2) Z 的密度函数 $f_Z(z)$.

第4章 随机变量的数字特征

随机变量的分布可以完整描述随机现象的统计规律, 但在许多实际问题中, 要确定一个随机变量的分布是十分困难的; 同时, 有些问题也无须知道随机变量的分布, 只要知道该随机变量的某些特征即可. 例如, 比较两个班的考试成绩, 可用平均成绩和成绩分布的分散度. 随机变量的数字特征是指能刻画随机变量某一方面特征的数值, 它在理论和实际应用中都很重要. 本章将介绍几个重要的数字特征: 数学期望、方差、协方差、相关系数、矩等.

4.1 数 学 期 望

4.1.1 数学期望的概念

引例 某射击运动员进行打靶练习, 每次射击命中的环数是一个随机变量, 用 X 表示. 现在他进行了 n 次射击, 发现其命中环数为 $1, 2, \cdots, 10$ 的频数分别为 $n_1, n_2, \cdots, n_{10}$ ($n_1 + n_2 + \cdots + n_{10} = n$). 要评价他的射击水平, 通常考虑其平均命中率

$$\frac{1}{n}\sum_{k=1}^{10} x_k n_k = \sum_{k=1}^{10} k\frac{n_k}{n}$$

注意式中的 $\dfrac{n_k}{n}$ 是事件 $\{X = k\}$ 发生的频率. 我们知道频率 $\dfrac{n_k}{n}$ 具有一定的波动性, 随射击次数 n 的变动而不同, 即使该运动员再进行了 n 次同样的射击, 频率值也不一定相同. 但事件的频率具有稳定性, 当 n 很大时, 频率 $\dfrac{n_k}{n}$ 稳定于事件 $\{X = k\}$ 发生的概率 p_k, 从而 $\sum\limits_{k=1}^{10} k\dfrac{n_k}{n}$ 稳定于 $\sum\limits_{k=1}^{10} k p_k$. 如果该运动员再进行 m 次射击, 人们预期其平均命中率为 $\sum\limits_{k=1}^{10} k p_k$, 我们称 $\sum\limits_{k=1}^{10} k p_k$ 为随机变量 X 的数学期望. 一般地, 有下面定义.

定义 4.1.1 设离散型随机变量 X 的分布律为 $P(X = x_k) = p_k$, $k = 1, 2, \cdots$. 如果级数 $\sum\limits_{k=1}^{\infty} x_k p_k$ 绝对收敛, 则称级数和 $\sum\limits_{k=1}^{\infty} x_k p_k$ 为随机变量 X 的**数学期望**, 记作 $E(X)$, 即

$$E(X) = \sum_{k=1}^{\infty} x_k p_k ,\tag{4.1.1}$$

设连续型随机变量 X 的概率密度为 $f(x)$．如果积分 $\int_{-\infty}^{+\infty} x f(x)\mathrm{d}x$ 绝对收敛，则称积分 $\int_{-\infty}^{+\infty} x f(x)\mathrm{d}x$ 为随机变量 X 的**数学期望**，记作 $E(X)$，即

$$E(X) = \int_{-\infty}^{+\infty} x f(x)\mathrm{d}x .\tag{4.1.2}$$

注　(1) 数学期望简称**期望**，又称为**均值**．

(2) 在随机变量 X 的数学期望的定义中，当 X 为离散型时，若级数 $\sum_{k=1}^{\infty} x_k p_k$ 不绝对收敛；当 X 为连续型时，若 $\int_{-\infty}^{+\infty} x f(x)\mathrm{d}x$ 不绝对收敛，则称 X 的**数学期望不存在**．

例 4.1.1　设 $X \sim b(1, p)$，求 $E(X)$．

解　因 X 的分布律为

X	0	1
P	$1-p$	p

故 X 的数学期望为

$$E(X) = 0 \times (1-p) + 1 \times p = p .$$　□

例 4.1.2　设 $X \sim p(\lambda)$，求 $E(X)$．

解　因 X 的分布律为

$$P(X=n) = \frac{\lambda^n \mathrm{e}^{-\lambda}}{n!}, \quad n = 0,1,2,\cdots, \quad \lambda > 0 ,$$

故 X 的数学期望为

$$E(X) = \sum_{n=0}^{\infty} n \frac{\lambda^n \mathrm{e}^{-\lambda}}{n!} = \lambda \mathrm{e}^{-\lambda} \sum_{n=1}^{\infty} \frac{\lambda^{n-1}}{(n-1)!} = \lambda \mathrm{e}^{-\lambda} \cdot \mathrm{e}^{\lambda} = \lambda .$$　□

例 4.1.3　设 $X \sim U(a, b)$，求 $E(X)$．

解　因 X 的概率密度为

$$f(x) = \begin{cases} \dfrac{1}{b-a}, & a < x < b, \\ 0, & \text{其他}, \end{cases}$$

故 X 的数学期望为

$$E(X) = \int_a^b \frac{x}{b-a} \mathrm{d}x = \frac{a+b}{2}.$$　　　□

例 4.1.4　设顾客在某银行的窗口等待服务的时间 X（单位: 分）服从指数分布, 其概率密度为

$$f(x) = \begin{cases} \lambda \mathrm{e}^{-\lambda x}, & x > 0, \\ 0, & x \leqslant 0, \end{cases}$$

试求顾客等待服务的平均时间.

解　因

$$E(X) = \int_{-\infty}^{+\infty} xf(x)\mathrm{d}x = \int_0^{+\infty} \lambda x \mathrm{e}^{-\lambda x}\mathrm{d}x$$

$$= -x\mathrm{e}^{-\lambda x}\Big|_0^{+\infty} + \int_0^{+\infty} \mathrm{e}^{-\lambda x}\mathrm{d}x = \frac{1}{\lambda}\int_0^{+\infty} \lambda \mathrm{e}^{-\lambda x}\mathrm{d}x = \frac{1}{\lambda},$$

所以, 顾客平均等待 $\dfrac{1}{\lambda}$ 分钟就可得到服务.　　　□

例 4.1.5　设随机变量 $X \sim N(\mu, \sigma^2)$, 证明: $E(X) = \mu$.

证*　X 的概率密度为

$$f(x) = \frac{1}{\sigma\sqrt{2\pi}} \mathrm{e}^{-\frac{(x-\mu)^2}{2\sigma^2}}, \quad -\infty < x < +\infty,$$

所以

$$E(X) = \int_{-\infty}^{+\infty} xf(x)\,\mathrm{d}x = \int_{-\infty}^{+\infty} \frac{x}{\sqrt{2\pi}\sigma} \mathrm{e}^{-\frac{(x-\mu)^2}{2\sigma^2}}\,\mathrm{d}x$$

$$= \frac{1}{\sqrt{2\pi}}\int_{-\infty}^{+\infty} (\mu + \sigma t)\mathrm{e}^{-\frac{t^2}{2}}\mathrm{d}t \quad \left(t = \frac{x-\mu}{\sigma}\right)$$

$$= \frac{\mu}{\sqrt{2\pi}}\int_{-\infty}^{+\infty} \mathrm{e}^{-\frac{t^2}{2}}\mathrm{d}t + \frac{\sigma}{\sqrt{2\pi}}\int_{-\infty}^{+\infty} t\mathrm{e}^{-\frac{t^2}{2}}\mathrm{d}t = \mu.$$　　　□

例 4.1.6　柯西分布的概率密度为 $f(x) = \dfrac{1}{\pi(x^2+1)}, -\infty < x < +\infty$, 求 $E(X)$.

解　因广义积分

$$\int_{-\infty}^{+\infty} \frac{|x|}{\pi(x^2+1)}\mathrm{d}x = 2\int_0^{+\infty} \frac{x}{\pi(x^2+1)}\mathrm{d}x = \int_0^{+\infty} \frac{1}{\pi(x^2+1)}\mathrm{d}x^2 = \frac{1}{\pi}\ln(x^2+1)\Big|_0^{+\infty} = +\infty,$$

所以 $E(X)$ 不存在.　　　□

4.1.2　随机变量函数的数学期望

在实际问题中, 我们常常要求随机变量函数的数学期望, 例如飞机机翼受到

压力 $W = kV^2$ (V 是风速, $k > 0$ 实常数)的作用, 需要求 W 的数学期望. 这里 W 是随机变量 V 的函数.

一般地, 设 X 是随机变量, 那么如何求随机变量函数 $Y = g(X)$ 的数学期望呢? 按照数学期望的定义, 我们自然想到先求出 Y 的分布, 再由定义求得 $E(Y)$. 但是, 求随机变量函数的分布有时候是很困难的. 下面的定理给出了不需求出 Y 的分布来计算其数学期望的方法.

定理 4.1.1　设 X 是随机变量, $g(x)$ 为(分段)连续函数或(分段)单调函数, $Y = g(X)$.

(1) 如果 X 是离散型随机变量, 其分布律为 $P(X = x_k) = p_k$, $k = 1, 2, \cdots$, 若 $\sum\limits_{k=1}^{\infty} g(x_k) p_k$ 绝对收敛, 则有

$$E(Y) = E(g(X)) = \sum_{k=1}^{\infty} g(x_k) p_k. \tag{4.1.3}$$

(2) 如果 X 是连续型随机变量, 其概率密度为 $f(x)$. 若 $\int_{-\infty}^{+\infty} g(x) f(x) \mathrm{d}x$ 绝对收敛, 则有

$$E(Y) = E(g(X)) = \int_{-\infty}^{+\infty} g(x) f(x) \mathrm{d}x. \tag{4.1.4}$$

定理的证明超过了本书的范围, 故略去. 此定理还可以推广到多维随机变量的情形.

定理 4.1.2　设 (X, Y) 是二维随机变量, $g(x, y)$ 为连续函数, $Z = g(X, Y)$.

(1) 如果二维随机变量 (X, Y) 的分布律 $P(X = x_i, Y = y_j) = p_{ij}$, $i, j = 1, 2, \cdots$, 若 $\sum\limits_{j=1}^{\infty} \sum\limits_{i=1}^{\infty} g(x_i, y_j) p_{ij}$ 绝对收敛, 则有

$$E(Z) = E(g(X, Y)) = \sum_{j=1}^{\infty} \sum_{i=1}^{\infty} g(x_i, y_j) p_{ij}. \tag{4.1.5}$$

(2) 如果二维随机变量 (X, Y) 的密度函数为 $f(x, y)$, 若

$$\int_{-\infty}^{+\infty} \int_{-\infty}^{+\infty} g(x, y) f(x, y)\, \mathrm{d}x \mathrm{d}y$$

绝对收敛, 则有

$$E(Z) = E(g(X, Y)) = \int_{-\infty}^{+\infty} \int_{-\infty}^{+\infty} g(x, y) f(x, y) \mathrm{d}x \mathrm{d}y. \tag{4.1.6}$$

例 4.1.7　设 X 在区间 $(0, a)$ 服从均匀分布 $(a > 0)$, $Y = kX^3$ $(k > 0)$, 求 Y 的数学期望 $E(Y)$.

解　X 的概率密度为

$$f(x) = \begin{cases} \dfrac{1}{a}, & 0 < x < a, \\ 0, & \text{其他}. \end{cases}$$

因 $Y = kX^3$，由式(4.1.4)得

$$\begin{aligned} E(Y) &= \int_{-\infty}^{+\infty} g(x)f(x)\mathrm{d}x = \int_{-\infty}^{+\infty} kx^3 \cdot f(x)\mathrm{d}x \\ &= \int_{-\infty}^{0} kx^3 \cdot f(x)\mathrm{d}x + \int_{0}^{a} kx^3 \cdot f(x)\mathrm{d}x + \int_{a}^{+\infty} kx^3 \cdot f(x)\mathrm{d}x \\ &= \int_{0}^{a} kx^3 \cdot \frac{1}{a}\mathrm{d}x = \frac{ka^3}{4}. \end{aligned}$$

例 4.1.8　设 (X,Y) 的分布律为

X ＼ Y	-1	0
1	0.2	0.5
2	0	0.3

求 $E(X), E(Y), E(Y/X), E((X-Y)^2)$.

解　由 (X,Y) 的分布律可得

p_{ij}	0.2	0.5	0	0.3
(X,Y)	$(1,-1)$	$(1,0)$	$(2,-1)$	$(2,0)$
X	1	1	2	2
Y	-1	0	-1	0
Y/X	-1	0	$-1/2$	0
$(X-Y)^2$	4	1	9	4

由式(4.1.5)得，X 的数学期望为

$$E(X) = 1 \times 0.2 + 1 \times 0.5 + 2 \times 0 + 2 \times 0.3 = 1.3,$$

Y 的数学期望为

$$E(Y) = (-1) \times 0.2 + 0 \times 0.5 + (-1) \times 0 + 0 \times 0.3 = -0.2,$$

Y/X 的数学期望为

$$E(Y/X) = (-1) \times 0.2 + 0 \times 0.5 + \left(-\frac{1}{2}\right) \times 0 + 0 \times 0.3 = -0.2,$$

$(X-Y)^2$的数学期望为

$$E[(X-Y)^2] = 4 \times 0.2 + 1 \times 0.5 + 9 \times 0 + 4 \times 0.3 = 2.5 .$$

□

例 4.1.9　设随机变量(X, Y)的概率密度为

$$f(x, y) = \begin{cases} 12y^2, & 0 \leqslant y \leqslant x \leqslant 1, \\ 0, & 其他. \end{cases}$$

求$Z = X^2 + Y^2$的数学期望$E(Z)$.

解　由式(4.1.6)得

$$\begin{aligned} E(Z) &= \int_{-\infty}^{+\infty} \int_{-\infty}^{+\infty} (x^2 + y^2) f(x, y) \mathrm{d}x\mathrm{d}y \\ &= 12 \int_0^1 \mathrm{d}x \int_0^x (x^2 + y^2) y^2 \mathrm{d}y \\ &= 12 \int_0^1 \frac{8}{15} x^5 \mathrm{d}x = \frac{16}{15}. \end{aligned}$$

□

4.1.3　数学期望的性质

随机变量的数学期望具有以下性质. 设下面所涉及的随机变量的数学期望都存在, 那么

(1) 设C是常数, 则有$E(C) = C$.

(2) 设X是一个随机变量, a是常数, 则有$E(aX) = aE(X)$.

(3) 设X, Y是两个随机变量, 则有$E(X + Y) = E(X) + E(Y)$.

(4) 设X, Y是两个独立的随机变量, 则有$E(XY) = E(X)E(Y)$.

性质(3)可以推广到任意有限个随机变量之和的情形:

$$E\left(\sum_{i=1}^{n} X_i\right) = \sum_{i=1}^{n} E(X_i). \tag{4.1.7}$$

若$X_1, X_2, \cdots, X_n$相互独立, 则

$$E\left(\prod_{i=1}^{n} X_i\right) = \prod_{i=1}^{n} E(X_i). \tag{4.1.8}$$

例 4.1.10　设$X \sim b(n, p)$, 求$E(X)$.

解　在n重伯努利试验中, 引入随机变量

$$X_i = \begin{cases} 1, & 第 i 次试验中事件 A 发生, \\ 0, & 第 i 次试验中事件 A 不发生, \end{cases} \quad i = 1, 2, \cdots, n,$$

则$X_i \sim b(1, p)$, 且$X = \sum_{i=1}^{n} X_i$. 从而由式(4.1.7)得

$$E(X) = E(X_1 + X_2 + \cdots + X_n) = E(X_1) + E(X_2) + \cdots + E(X_n)$$
$$= p + p + \cdots + p = np. \qquad \square$$

本题是将 X 分解成若干个随机变量之和, 然后利用数学期望的性质来求数学期望, 这种处理方法比较常用.

习题 4-1

1. 设随机变量 X 的分布函数为 $F(x) = \begin{cases} 0, & x < 0, \\ x^3, & 0 \leqslant x < 1, \\ 1, & x \geqslant 1. \end{cases}$ 求 $E(X)$.

2. 设连续型随机变量 X 的概率密度为 $f(x) = \begin{cases} \dfrac{32}{(x+4)^3}, & x > 0, \\ 0, & \text{其他}. \end{cases}$ 随机变量 $Y = X + 4$, 求 $E(Y)$.

3. 设 X 的概率密度为 $f(x) = \begin{cases} \dfrac{3}{8} x^2, & 0 < x < 2, \\ 0, & \text{其他}. \end{cases}$ 试求:

(1) X 的分布函数; (2) 数学期望 $E(X^2)$.

4. 设随机变量 X 的可能取值为 $-1, 0, 1$, 且取这三个值的概率之比为 $1:2:3$, 试求:

(1) X 的分布律; (2) X 的数学期望.

5. 设袋中有 10 个球, 其中 3 白 7 黑, 随机任取 3 个, 随机变量 X 表示取到的黑球数, 试求:

(1) 随机变量 X 的分布律; (2) 数学期望 $E(X)$.

6. 某射手有 3 发子弹, 已知其射中某目标的概率为 $\dfrac{1}{8}$, 规定只要射中目标或子弹打完就立刻转移. 记 X 为转移前射出的子弹数, 试求:

(1) X 的分布律; (2) X 的数学期望 $E(X)$.

7. 一袋中有 5 只乒乓球, 编号为 $1, 2, 3, 4, 5$. 在其中同时任取 3 只, 记 X 为取出的 3 只球的最大编号. 试求:

(1) X 的分布律; (2) X 的数学期望.

8. 设盒中放有五个球, 其中两个白球, 三个黑球. 现从盒中一次抽取三个球, 记随机变量 X, Y 分别表示取到的三个球中的白球数与黑球数, 试分别计算 X 和 Y 的分布律和数学期望.

9. 设随机变量 (X, Y) 服从二维正态分布, 其密度函数为

$$f(x, y) = \frac{1}{2\pi} \mathrm{e}^{-\frac{x^2 + y^2}{2}}, \quad -\infty < x < +\infty, \quad -\infty < y < +\infty.$$

求 $Z = \sqrt{X^2 + Y^2}$ 的数学期望 $E(Z)$.

10. 设 (X, Y) 的联合分布律为

X \ Y	1	2	3
−1	0.2	0.1	0.0
0	0.1	0.0	0.3
1	0.1	0.1	0.1

(1) 求 $E(X)$，$E(Y)$；(2) 设 $Z_1 = \dfrac{X}{Y}$，求 $E(Z_1)$；(3) 设 $Z_2 = (X-Y)^2$，求 $E(Z_2)$．

11. 某公司经营某种原料，根据历史资料：这种原料的市场需求量 X（单位：吨）服从 $(300,500)$ 上的均匀分布，每售出 1 吨该原料，公司可获利1.5 千元；若积压1吨，则公司损失 0.5 千元，问公司该组织多少货源，可使期望的利润最大？

12. 机场大巴载有 20 位旅客自机场开出，途经 10 个站点．设每位旅客在各个站点下车是等可能的，且各旅客是否下车相互独立．以 X 表示停车的次数，求 $E(X)$．

13. 某投资者有 10 万元，现有两种投资方案：一是购买股票，二是存入银行获取利息．买股票的收益主要取决于经济形势，假设可分三种状态：形势好（获利 40000 元）、形势中等（获利 10000 元）、形势不好（损失 20000 元）．如果存入银行，假设年利率8%，即可得利息 8000 元．又设经济形势好、中等、不好的概率分别为 30%，50% 和 20%．试问该投资者应该选择哪一种投资方案？

4.2　方　　差

数学期望刻画了随机变量取值的"平均数"，是一个很重要的数字特征．但在某些场合，只知道数学期望还是不够的．例如两个正态分布的随机变量 $X \sim N(\mu,1^2)$ 和 $Y \sim N(\mu,2^2)$，由例 4.1.5 知，$E(X) = E(Y) = \mu$，但随机变量 X 的取值比 Y 更集中在数学期望 μ 的附近 (图 4-1)，换句话说，X 的取值相对于数学期望较集中，而 Y 的取值相对于数学期望较分散．数学期望是无法反映随机变量

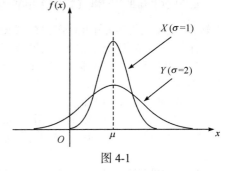

图 4-1

的这种特性的，为此，需要引入随机变量的另一个重要数字特征，即方差．

4.2.1　随机变量方差的概念及性质

定义 4.2.1　设 X 是一个随机变量，若 $E([X-E(X)]^2)$ 存在，则称 $E([X-E(X)]^2)$ 为 X 的**方差**，记作 $D(X)$，即

$$D(X) = E([X-E(X)]^2), \tag{4.2.1}$$

称 $\sqrt{D(X)}$ 为随机变量 X 的**标准差**或**均方差**, 记作 $\sigma(X)$.

　　注　(1) 随机变量 X 的方差也记作 $\mathrm{Var}(X)$;

　　(2) 方差 $D(X)$ 刻画了 X 的取值与其数学期望的偏离程度. 若 $D(X)$ 较小意味着 X 的取值比较集中在 $E(X)$ 的附近; 若 $D(X)$ 较大, 则表示 X 取值分散程度较大. 因此, $D(X)$ 是刻画 X 分散程度的一个量.

　　方差 $D(X)$ 是随机变量 X 的函数的数学期望. 当 X 是离散型随机变量时, 其分布律为

$$P(X = x_k) = p_k, \quad k = 1, 2, \cdots,$$

则由(4.2.1)得

$$D(X) = \sum_{k=1}^{\infty} [x_k - E(X)]^2 p_k. \tag{4.2.2}$$

当 X 是连续型随机变量时, 其概率密度为 $f(x)$, 则

$$D(X) = \int_{-\infty}^{+\infty} [x - E(X)]^2 f(x)\mathrm{d}x. \tag{4.2.3}$$

通常用以下公式计算方差:

$$D(X) = E(X^2) - [E(X)]^2. \tag{4.2.4}$$

　　例 4.2.1　设随机变量 X 的概率密度 $f(x) = \begin{cases} 1+x, & -1 \leqslant x < 0, \\ 1-x, & 0 \leqslant x < 1, \\ 0, & \text{其他}. \end{cases}$　求 $D(X)$.

　　解　因为

$$E(X) = \int_{-\infty}^{\infty} xf(x)\,\mathrm{d}x = \int_{-1}^{0} x(1+x)\,\mathrm{d}x + \int_{0}^{1} x(1-x)\,\mathrm{d}x$$

$$= \left(\frac{1}{2}x^2 + \frac{1}{3}x^3 \right)\Big|_{-1}^{0} + \left(\frac{1}{2}x^2 - \frac{1}{3}x^3 \right)\Big|_{0}^{1} = -\frac{1}{6} + \frac{1}{6} = 0,$$

$$E(X^2) = \int_{-\infty}^{\infty} x^2 f(x)\,\mathrm{d}x = \int_{-1}^{0} x^2(1+x)\,\mathrm{d}x + \int_{0}^{1} x^2(1-x)\,\mathrm{d}x$$

$$= \left(\frac{1}{3}x^3 + \frac{1}{4}x^4 \right)\Big|_{-1}^{0} + \left(\frac{1}{3}x^3 - \frac{1}{4}x^4 \right)\Big|_{0}^{1} = \frac{1}{12} + \frac{1}{12} = \frac{1}{6},$$

故由式(4.2.4)得

$$D(X) = E(X^2) - [E(X)]^2 = \frac{1}{6} - 0^2 = \frac{1}{6}. \qquad \square$$

　　下面不加证明地给出方差的几个性质(设以下所涉及随机变量的方差存在).

　　(1) 设 C 是常数, 则有 $D(C) = 0$.

(2) 设 X 是一个随机变量, a 是常数, 则有 $D(aX) = a^2 D(X)$.

(3) 设 X, Y 是两个随机变量, 则有

$$D(X \pm Y) = D(X) + D(Y) \pm 2E\{[X - E(X)][Y - E(Y)]\}. \tag{4.2.5}$$

若 X, Y 相互独立, 则

$$D(X \pm Y) = D(X) + D(Y). \tag{4.2.6}$$

(4) 若 $X_1, X_2, \cdots, X_n$ 相互独立, $a_1, a_2, \cdots, a_n$ 是常数, 则

$$D\left(\sum_{i=1}^{n} a_i X_i\right) = \sum_{i=1}^{n} a_i^2 D(X_i).$$

(5) $D(X) = 0$ 的充要条件是 $P(\{X = E(X)\}) = 1$.

例 4.2.2 设随机变量 X 的分布律为

X	-2	0	1	3
P	$\dfrac{1}{3}$	$\dfrac{1}{2}$	$\dfrac{1}{12}$	$\dfrac{1}{12}$

求 $D(2X^2 + 5)$.

解 由方差的性质得

$$D(2X^2 + 5) = D(2X^2) + D(5) = 4D(X^2) = 4[E(X^4) - (E(X^2))^2],$$

而

$$E(X^4) = (-2)^4 \times \frac{1}{3} + 0^4 \times \frac{1}{2} + 1^4 \times \frac{1}{12} + 3^4 \times \frac{1}{12} = \frac{73}{6},$$

且

$$[E(X^2)]^2 = \left[(-2)^2 \times \frac{1}{3} + 0^2 \times \frac{1}{2} + 1^2 \times \frac{1}{12} + 3^2 \times \frac{1}{12}\right]^2 = \frac{169}{36},$$

所以

$$D(2X^2 + 5) = 4[E(X^4) - (E(X^2))^2] = \frac{269}{9}. \qquad \square$$

4.2.2 常见分布的方差

例 4.2.3 ($0-1$ 分布) 设随机变量 $X \sim b(1, p)$, 证明: $D(X) = p(1-p)$.

证 因 X 的分布律为

X	0	1
P	$1-p$	p

且 $E(X) = p$. 而

$$E(X^2) = 0^2 \cdot (1-p) + 1^2 \cdot p = p ,$$

因此

$$D(X) = E(X^2) - [E(X)]^2 = p - p^2 = p(1-p) .$$ □

例 4.2.4 (二项式分布) 设随机变量 $X \sim b(n,p)$. 证明: $D(X) = np(1-p)$.

证* 我们仍然采用例 4.1.10 中记号, 则 $X = X_1 + X_2 + \cdots + X_n$, $X_1, X_2, \cdots, X_n$ 相互独立, 且 $D(X_i) = p(1-p)$, $i = 1, 2, \cdots, n$. 于是

$$D(X) = D(X_1) + D(X_2) + \cdots + D(X_n) = nD(X_i) = np(1-p) .$$ □

例 4.2.5 (泊松分布) 设随机变量 $X \sim \pi(\lambda)$ ($\lambda > 0$), 证明: $D(X) = \lambda$.

证* X 的分布律为

$$P(X = n) = \frac{\lambda^n e^{-\lambda}}{n!}, \quad n = 0, 1, 2, \cdots,$$

且 $E(X) = \lambda$, 则

$$\begin{aligned}
E(X^2) &= E[X(X-1) + X] = E[X(X-1)] + E(X) \\
&= \sum_{n=0}^{\infty} n(n-1) \cdot \frac{\lambda^n e^{-\lambda}}{n!} + \lambda = \lambda^2 e^{-\lambda} \sum_{n=2}^{\infty} \frac{\lambda^{n-2}}{(n-2)!} + \lambda \\
&= \lambda^2 e^{\lambda} e^{-\lambda} + \lambda = \lambda^2 + \lambda,
\end{aligned}$$

从而

$$D(X) = E(X^2) - [E(X)]^2 = \lambda .$$ □

例 4.2.6 (均匀分布) 设随机变量 $X \sim U(a,b)$, 证明: $D(X) = \dfrac{(b-a)^2}{12}$.

证 X 的概率密度为

$$f(x) = \begin{cases} \dfrac{1}{b-a}, & a < x < b, \\ 0, & \text{其他,} \end{cases}$$

且 $E(X) = \dfrac{a+b}{2}$, 则

$$E(X^2) = \int_a^b x^2 \cdot \frac{1}{b-a} \mathrm{d}x = \frac{1}{3}(a^2 + ab + b^2) ,$$

故

$$D(X) = E(X^2) - [E(X)]^2 = \frac{1}{3}(a^2 + ab + b^2) - \left(\frac{a+b}{2}\right)^2 = \frac{(b-a)^2}{12} .$$ □

例 4.2.7 (指数分布)　设随机变量 X 服从参数为 λ ($\lambda > 0$)的指数分布, 其概率密度为

$$f(x) = \begin{cases} \lambda e^{-\lambda x}, & x > 0, \\ 0, & 其他, \end{cases}$$

证明: $D(X) = \dfrac{1}{\lambda^2}$.

证　因为

$$E(X) = \frac{1}{\lambda},$$

$$E(X^2) = \int_0^{+\infty} x^2 \cdot \lambda e^{-\lambda x} dx = -\int_0^{+\infty} x^2 d(e^{-\lambda x})$$

$$= -x^2 e^{-\lambda x} \Big|_0^{+\infty} + 2\int_0^{+\infty} x e^{-\lambda x} dx = \frac{2}{\lambda^2},$$

故

$$D(X) = E(X^2) - [E(X)]^2 = \frac{2}{\lambda^2} - \frac{1}{\lambda^2} = \frac{1}{\lambda^2}. \qquad \square$$

例 4.2.8 (正态分布)　设随机变量 $X \sim N(\mu, \sigma^2)$, 证明: $D(X) = \sigma^2$.

证*　因 X 的概率密度为

$$f(x) = \frac{1}{\sigma\sqrt{2\pi}} e^{-\frac{(x-\mu)^2}{2\sigma^2}}, \quad -\infty < x < +\infty,$$

且 $E(X) = \mu$, 所以

$$D(X) = E([X - E(X)]^2) = E([X - \mu]^2)$$

$$= \int_{-\infty}^{+\infty} (x - \mu)^2 \frac{1}{\sqrt{2\pi}\sigma} e^{-\frac{(x-\mu)^2}{2\sigma^2}} dx$$

$$= \frac{\sigma^2}{\sqrt{2\pi}} \int_{-\infty}^{+\infty} t^2 e^{-\frac{t^2}{2}} dt$$

$$= -t e^{-\frac{t^2}{2}} \Big|_{-\infty}^{+\infty} + \frac{\sigma^2}{\sqrt{2\pi}} \left(-t e^{-\frac{t^2}{2}} \Big|_{-\infty}^{+\infty} + \int_{-\infty}^{+\infty} e^{-\frac{t^2}{2}} dt \right) = \sigma^2 . \qquad \square$$

由此可知, 正态分布的概率密度中两个参数 μ 和 σ^2 分别就是该分布的数学期望和均方差, 因而正态分布完全由它的数学期望和方差所决定.

我们把常用的随机变量的数学期望与方差列表如表 4-1 所示.

表 4-1 常见分布的期望与方差

名 称	参 数	符 号	数学期望	方 差
两点分布或 0-1 分布	p	$b(1,p)$	p	$p(1-p)$
二项分布	n,p	$b(n,p)$	np	$np(1-p)$
泊松分布	λ	$p(\lambda)$	λ	λ
均匀分布	a,b	$U(a,b)$	$\dfrac{a+b}{2}$	$\dfrac{1}{12}(b-a)^2$
指数分布	λ	$e(\lambda)$	$\dfrac{1}{\lambda}$	$\dfrac{1}{\lambda^2}$
正态分布	μ,σ^2	$N(\mu,\sigma^2)$	μ	σ^2

习题 4-2

1. 设随机变量 X,Y 相互独立, $X\sim N(0,1)$, $Y\sim N(1,1)$, 求

(1) $E(X-2Y)$;　　　(2) $E(XY)$;　　　(3) $E(1-2Y)$;

(4) $D(X-2Y)$;　　　(5) $D(XY)$;　　　(6) $D(1-2Y)$.

2. 已知随机变量 X 服从二项分布 $b(n,p)$, 且 $E(X)=2.4, D(X)=1.44$, 求参数 n,p 的值.

3. 某商店经销商品的利润率 X 的概率密度为

$$f(x)=\begin{cases} 2(1-x), & 0<x<1, \\ 0, & \text{其他}. \end{cases}$$

求 $D(X)$.

　4. 设 X_1,X_2,X_3 相互独立且均服从参数 $\lambda=3$ 的泊松分布, 令 $Y=\dfrac{1}{3}(X_1+X_2+X_3)$, 求 $E(Y^2)$.

　5. 如果随机变量的期望 $E(X)=2$, $E(X^2)=9$, 求 $D(1-3X)$.

　6. 某车间生产的圆盘直径在区间 (a,b) 服从均匀分布, 试求圆盘面积的数学期望和方差.

　7. 设随机变量 X 的概率密度为 $f(x)=\begin{cases} ax+b, & 1\leqslant x\leqslant 2, \\ 0, & \text{其他}, \end{cases}$ $E(X)=\dfrac{19}{12}$, 试求:

(1) a,b; (2) 方差 $D(X)$.

　8. 设随机变量 X 的概率密度为

$$f(x)=\begin{cases} ax^2+bx+c, & 0<x<1, \\ 0, & \text{其他}, \end{cases}$$

已知 $E(X)=0.5, D(X)=0.15$, 求 a,b,c.

　9. 设随机变量 X 的概率密度为 $f(x)=\begin{cases} Ax\mathrm{e}^{-x}, & x>0, \\ 0, & x\leqslant 0. \end{cases}$ 试求:

(1) A; (2) 方差 $D(X)$.

10. 设 (X,Y) 的联合分布律为

X＼Y	−1	1	2
1	0.2	0.1	0.1
2	0.3	0.2	0.1

试求: (1) Y 的分布律; (2) $D(Y^2)$.

4.3　协方差、相关系数与矩

对于二维随机变量 (X,Y) , 由方差的性质(3)知, 若 X 与 Y 相互独立, 则 $E([X-E(X)][Y-E(Y)])=0$. 也就是说当 $E([X-E(X)][Y-E(Y)])\neq 0$ 时, X 与 Y 一定不独立, 而是存在一定的关系. 这说明 $E([X-E(X)][Y-E(Y)])$ 的值在一定程度上反映了 X 与 Y 之间的联系.

4.3.1　协方差

定义 4.3.1　如果 $E([X-E(X)][Y-E(Y)])$ 存在, 则称它为随机变量 X 与 Y 的**协方差**, 记为 $\mathrm{Cov}(X,Y)$, 即

$$\mathrm{Cov}(X,Y)=E([X-E(X)][Y-E(Y)]). \tag{4.3.1}$$

显然

$$D(X)=\mathrm{Cov}(X,X),$$

且式(4.2.5)可改写为

$$D(X\pm Y)=D(X)+D(Y)\pm 2\mathrm{Cov}(X,Y). \tag{4.3.2}$$

协方差有下列性质:

(1) $\mathrm{Cov}(X,C)=0$, C 为常数;

(2) $\mathrm{Cov}(X,Y)=\mathrm{Cov}(Y,X)$;

(3) $\mathrm{Cov}(aX,bY)=ab\mathrm{Cov}(X,Y)$, a, b 为常数;

(4) $\mathrm{Cov}(X_1+X_2,Y)=\mathrm{Cov}(X_1,Y)+\mathrm{Cov}(X_2,Y)$.

通常利用下面公式计算协方差:

$$\mathrm{Cov}(X,Y)=E(XY)-E(X)E(Y). \tag{4.3.3}$$

例 4.3.1　设随机变量 (X,Y) 的分布律为

X＼Y	0	1
1	0.4	0.2
2	a	b

若 $E(XY) = 0.8$，求 $\mathrm{Cov}(X, Y)$.

解 随机变量函数 XY 的分布律为

XY	0	1	2
P	$0.4 + a$	0.2	b

于是

$$E(XY) = 0 \times (0.4 + a) + 1 \times 0.2 + 2 \times b = 0.2 + 2b = 0.8. \tag{4.3.4}$$

由分布律的归一性知

$$0.4 + a + 0.2 + b = 1. \tag{4.3.5}$$

由(4.3.4)与(4.3.5)式得

$$\begin{cases} a = 0.1, \\ b = 0.3. \end{cases}$$

从而由 (X, Y) 的分布律得

p_{ij}	0.4	0.2	0.1	0.3
(X, Y)	(1,0)	(1,1)	(2,0)	(2,1)
X	1	1	2	2
Y	0	1	0	1

由式(4.1.3)得，X 与 Y 的数学期望为

$$E(X) = 1 \times 0.4 + 1 \times 0.2 + 2 \times 0.1 + 2 \times 0.3 = 1.4,$$

$$E(Y) = 1 \times 0.2 + 1 \times 0.3 = 0.5.$$

由式(4.3.3)得

$$\mathrm{Cov}(X, Y) = E(XY) - E(X)E(Y) = 0.8 - 1.4 \times 0.5 = 0.1. \qquad \square$$

4.3.2 相关系数

定义 4.3.2 若随机变量 (X, Y) 的协方差及 X, Y 的方差都存在，且 $D(X) > 0$，$D(Y) > 0$，称

$$\frac{\mathrm{Cov}(X, Y)}{\sqrt{D(X)}\sqrt{D(Y)}}$$

为随机变量 X 与 Y 的**相关系数**，记作 ρ_{XY}. 显然，ρ_{XY} 是一个无量纲.

我们不加证明地给出 ρ_{XY} 两条重要的性质:

(1) $|\rho_{XY}| \leqslant 1$;

(2) $|\rho_{XY}| = 1$ 的充要条件是存在常数 $a \neq 0$ 与 b, 使 $P(Y = aX + b) = 1$. 此时称 X, Y **以概率为 1 的线性相关**.

相关系数 ρ_{XY} 是刻画两个随机变量 X 与 Y 之间线性相关程度的量. 当 $|\rho_{XY}|$ 较大时, 通常说 X 与 Y 之间线性关系程度较好; 当 $|\rho_{XY}|$ 较小时, 通常说 X 与 Y 之间线性关系程度较差.

定义 4.3.3 若随机变量 (X, Y) 的相关系数 $\rho_{XY} = 0$ 时, 称 X 和 Y **不相关**.

命题 4.3.1 设 X, Y 是两个随机变量, 则以下结论等价:

(1) X, Y 不相关;

(2) $\rho_{XY} = 0$;

(3) $\mathrm{Cov}(X, Y) = 0$;

(4) $E(XY) = E(X)E(Y)$;

(5) $D(X \pm Y) = D(X) + D(Y)$.

证明略.

需要指出的是, 随机变量 X 和 Y 相互独立, 则随机变量 X 和 Y 不相关(读者自己证之), 反之不一定成立(见例 4.3.2). 但也有特例, 如果随机变量 X 和 Y 是二维正态随机变量, 则 X 和 Y 相互独立与 X 和 Y 不相关等价(见例 4.3.3).

例 4.3.2 设 (X, Y) 的分布律为

X \ Y	-3	-2	2	3	$P(Y=j)$
4	0	$\frac{1}{4}$	$\frac{1}{4}$	0	$\frac{1}{2}$
9	$\frac{1}{4}$	0	0	$\frac{1}{4}$	$\frac{1}{2}$
$P(X=i)$	$\frac{1}{4}$	$\frac{1}{4}$	$\frac{1}{4}$	$\frac{1}{4}$	1

易知, $E(X) = 13/2$, $E(Y) = 0$, $E(XY) = 0$, 于是 $\rho_{XY} = 0$, X 与 Y 不相关. 这表示 X, Y 不存在线性关系, 但 X 与 Y 具有关系 $X = Y^2$.

但是, $P(X = 4, Y = 3) = 0 \neq P(X = 4)P(Y = 3)$, 故 X 与 Y 不相互独立. □

例 4.3.3(二维正态分布) 设 $(X, Y) \sim N(\mu_1, \mu_2, \sigma_1, \sigma_2; \rho)$, 其中 μ_1, μ_2, σ_1, σ_2, ρ 为五个常数, 且 $\sigma_1 > 0$, $\sigma_2 > 0$, $|\rho| < 1$, $-\infty < x < +\infty$, $-\infty < y < +\infty$. 证明: $\rho_{XY} = \rho$.

证* 由例 3.1.5 知, (X, Y) 的边缘概率密度为

$$f_X(x) = \frac{1}{\sqrt{2\pi}\sigma_1} \mathrm{e}^{-\frac{(x-\mu_1)^2}{2\sigma_1^2}}, \quad -\infty < x < +\infty,$$

$$f_Y(y) = \frac{1}{\sqrt{2\pi}\sigma_2} \mathrm{e}^{-\frac{(y-\mu_2)^2}{2\sigma_2^2}}, \quad -\infty < y < +\infty.$$

故

$$E(X) = \mu_1, \quad E(Y) = \mu_2, \quad D(X) = \sigma_1^2, \quad D(Y) = \sigma_2^2.$$

而

$$\mathrm{Cov}(X,Y) = \int_{-\infty}^{+\infty} \int_{-\infty}^{+\infty} (x-\mu_1)(y-\mu_2) f(x,y) \mathrm{d}x \mathrm{d}y$$

$$= \frac{1}{2\pi\sigma_1\sigma_2\sqrt{1-\rho^2}} \int_{-\infty}^{+\infty} \int_{-\infty}^{+\infty} (x-\mu_1)(y-\mu_2)$$

$$\times \exp\left[-\frac{1}{2(1-\rho^2)}\left(\frac{y-\mu_2}{\sigma_2} - \rho\frac{x-\mu_1}{\sigma_1} \right)^2 - \frac{(x-\mu_1)^2}{2\sigma_1^2} \right] \mathrm{d}y \mathrm{d}x.$$

令 $t = \dfrac{1}{\sqrt{1-\rho^2}}\left(\dfrac{y-\mu_2}{\sigma_2} - \rho\dfrac{x-\mu_1}{\sigma_1} \right)$，$u = \dfrac{x-\mu_1}{\sigma_1}$，则

$$\mathrm{Cov}(X,Y) = \frac{1}{2\pi} \int_{-\infty}^{+\infty} \int_{-\infty}^{+\infty} (\sigma_1\sigma_2\sqrt{1-\rho^2}\, tu + \rho\sigma_1\sigma_2 u^2) \mathrm{e}^{-\frac{u^2}{2}-\frac{t^2}{2}} \mathrm{d}t\mathrm{d}u$$

$$= \frac{\rho\sigma_1\sigma_2}{2\pi}\left(\int_{-\infty}^{+\infty} u^2 \mathrm{e}^{-\frac{u^2}{2}} \mathrm{d}u \right)\left(\int_{-\infty}^{+\infty} \mathrm{e}^{-\frac{t^2}{2}} \mathrm{d}t \right)$$

$$+ \frac{\sigma_1\sigma_2\sqrt{1-\rho^2}}{2\pi}\left(\int_{-\infty}^{+\infty} u\mathrm{e}^{-\frac{u^2}{2}} \mathrm{d}u \right)\left(\int_{-\infty}^{+\infty} t\mathrm{e}^{-\frac{t^2}{2}} \mathrm{d}t \right)$$

$$= \frac{\rho\sigma_1\sigma_2}{2\pi}\sqrt{2\pi} \cdot \sqrt{2\pi}.$$

故

$$\mathrm{Cov}(X,Y) = \rho\sigma_1\sigma_2.$$

从而

$$\rho_{XY} = \frac{\mathrm{Cov}(X,Y)}{\sqrt{D(X)}\sqrt{D(Y)}} = \rho. \qquad\qquad \square$$

由例 4.3.3 知，二维正态分布随机变量 (X,Y) 的概率密度中的参数 ρ 就是 X 和 Y 的相关系数，因而二维正态分布随机变量的分布完全可由 X,Y 各自的数学期望、方差和它们的相关系数所确定，且 X 与 Y 不相关的充要条件是 $\rho = 0$.

由例 3.2.3 知，对于二维正态随机变量 (X,Y)，X 与 Y 相互独立的充要条件是

$\rho = 0$. 因此, 与一般随机变量不同, 对于二维正态随机变量 (X, Y), "X 和 Y 不相关" 与 "X 和 Y 相互独立" 是等价的.

例 4.3.4 已知随机变量 X 和 Y 分别服从正态分布 $X \sim N(1, 3^2)$, $Y \sim N(0, 4^2)$ 且 X 和 Y 的相关系数 $\rho_{XY} = -\dfrac{1}{2}$, 设 $Z = \dfrac{X}{3} + \dfrac{Y}{2}$,

(1) 求 Z 的数学期望 $E(Z)$ 和方差 $D(Z)$;

(2) 求 X 和 Z 的相关系数 ρ_{XZ}.

解 (1) 显然, $E(X) = 1, D(X) = 9, E(Y) = 0, D(Y) = 16$, 于是

$$E(Z) = E\left(\frac{X}{3} + \frac{Y}{2}\right) = \frac{1}{3}E(X) + \frac{1}{2}E(Y) = \frac{1}{3};$$

$$D(Z) = D\left(\frac{X}{3}\right) + D\left(\frac{Y}{2}\right) + 2\mathrm{Cov}\left(\frac{X}{3}, \frac{Y}{2}\right)$$

$$= \frac{1}{9}D(X) + \frac{1}{4}D(Y) + \frac{1}{3}\mathrm{Cov}(X, Y)$$

$$= \frac{1}{9}D(X) + \frac{1}{4}D(Y) + \frac{1}{3}\rho_{XY}\sqrt{D(X)}\sqrt{D(Y)}$$

$$= 1 + 4 - 2 = 3.$$

(2) $\mathrm{Cov}(X, Z) = \mathrm{Cov}\left(X, \frac{X}{3} + \frac{Y}{2}\right) = \frac{1}{3}\mathrm{Cov}(X, X) + \frac{1}{2}\mathrm{Cov}(X, Y)$

$$= \frac{1}{3}D(X) + \frac{1}{2}\rho_{XY}\sqrt{D(X)}\sqrt{D(Y)}$$

$$= 3 - 3 = 0. \qquad \square$$

4.3.3 矩

矩是随机变量更一般的数字特征, 它在参数估计等统计推断中具有广泛的应用.

定义 4.3.4 设 X, Y 是随机变量, k, l 是正整数, 并假设以下所涉及的数学期望都存在. 称 $\mu_k = E(X^k)$ 为 X 的 k 阶**原点矩**. 称 $v_k = E([X - E(X)]^k)$ 为 X 的 k 阶**中心矩**. 称 $E([X - E(X)]^k[Y - E(Y)]^l)$ 为 X 和 Y 的 $k + l$ 阶**混合中心矩**.

显然, X 的数学期望 $E(X)$ 是 X 的一阶原点矩, 方差 $D(X)$ 是 X 的二阶中心矩. 协方差 $\mathrm{Cov}(X, Y)$ 就是 X 与 Y 的二阶混合中心矩.

可证明, 随机变量 X 的高阶矩存在, 则低阶矩一定存在.

习题 4-3

1. 将一枚硬币重复掷 n 次, 以 X 和 Y 分别表示正面向上和向下的次数, 求 X 和 Y 的相关系数.

2. 设随机变量 X,Y 的方差分别为 $D(X)=4, D(Y)=1$, 相关系数 $\rho_{XY}=0.6$, 求方差 $D(3X-2Y)$.

3. 设二维随机变量 (X,Y) 服从区域 D 内的均匀分布, $D: x^2+y^2 \leqslant 1$. 试写出联合概率密度函数, 并确定 X,Y 是否独立? 是否相关?

4. 设二维随机变量 (X,Y) 的联合概率密度为

$$f(x,y)=\begin{cases} \dfrac{2}{\pi}\sin x, & 0 \leqslant x \leqslant \dfrac{\pi}{2}, 0 \leqslant y \leqslant \dfrac{\pi}{2}, \\ 0, & \text{其他.} \end{cases}$$

求: (1) $E(X)$, $E(Y)$, $D(X)$, $D(Y)$; (2) $\mathrm{Cov}(X,Y)$.

5. 设随机变量 X 和 Y 的联合分布为

X \ Y	-1	0	1
-1	$\dfrac{1}{8}$	$\dfrac{1}{8}$	$\dfrac{1}{8}$
0	$\dfrac{1}{8}$	0	$\dfrac{1}{8}$
1	$\dfrac{1}{8}$	$\dfrac{1}{8}$	$\dfrac{1}{8}$

判断 X 和 Y 是否相关, 是否相互独立的.

6. 已知三个随机变量 X,Y,Z 中, $E(X)=E(Y)=1$, $E(Z)=-1$, $D(X)=D(Y)=D(Z)=1$, $\rho_{XY}=0$, $\rho_{XZ}=\dfrac{1}{2}$, $\rho_{YZ}=-\dfrac{1}{2}$. 设 $W=X+Y+Z$, 求 $E(W), D(W)$.

第 5 章 大数定律与中心极限定理

大数定律及中心极限定理是用极限的方法来研究大量随机现象的统计规律性, 在概率论及数理统计中起着重要的作用. 大数定律揭示了随机变量序列的算术平均值具有稳定性, 而中心极限定理描述了随机变量序列的部分和以正态分布为极限分布.

5.1 大 数 定 律

第 1 章在讲述概率的统计性定义时曾指出: 频率是概率的反映, 独立重复试验中随机事件发生的频率具有稳定性, 即随着试验次数的增多, 随机事件发生的频率稳定于该随机事件发生的概率. 大数定律将从理论上对上述事实加以证明.

为描述稳定性, 引入下面依概率收敛的定义.

定义 5.1.1 设 $X_1, X_2, \cdots, X_n, \cdots$ 是随机变量序列, 记作 $\{X_n\}$. 如果存在常数 a, 使得对任意给定的 $\varepsilon > 0$, 有

$$\lim_{n \to \infty} P(|X_n - a| < \varepsilon) = 1,$$

则称随机变量序列 $\{X_n\}$ **依概率收敛**于 a, 记为 $X_n \overset{P}{\longrightarrow} a \, (n \to \infty)$.

$\{X_n\}$ 依概率收敛于 a 的意义: 对任意给定的 $\varepsilon > 0$, 只要 n 充分大, X_n 的取值将以逼近 1 的概率落在 $(a - \varepsilon, a + \varepsilon)$ 内.

请读者注意依概率收敛与高等数学中数列收敛的区别与联系.

引理 5.1.1 (切比雪夫不等式) 设随机变量 X 的数学期望 $E(X)$ 和方差 $D(X)$ 都存在, 则对任意 $\varepsilon > 0$, 有

$$P(|X - E(X)| \geqslant \varepsilon) \leqslant \frac{D(X)}{\varepsilon^2}. \tag{5.1.1}$$

证 下面只就 X 是离散型随机变量的情形给出证明, X 是连续型随机变量的情形请读者自行证明. 设 X 的分布律为 $P(X = x_k) = p_k, k = 1, 2, \cdots$, 则

$$P(|X - E(X)| \geqslant \varepsilon) = \sum_{|x_i - E(X)| \geqslant \varepsilon} p_i \leqslant \sum_{|x_i - E(X)| \geqslant \varepsilon} \frac{|x_i - E(X)|^2}{\varepsilon^2} p_i$$

$$\leqslant \sum_{i=1}^{\infty} \frac{|x_i - E(X)|^2}{\varepsilon^2} p_i = \frac{D(X)}{\varepsilon^2}. \qquad \square$$

注 (1) 切比雪夫不等式也可以写成如下等价形式:

$$P(|X - E(X)| < \varepsilon) \geq 1 - \frac{D(X)}{\varepsilon^2}. \tag{5.1.2}$$

此不等式也称为切比雪夫不等式.

(2) 用切比雪夫不等式可以粗略估计随机变量 X 的取值落在以 $E(X)$ 为中心的对称区间 $(E(X) - \varepsilon, E(X) + \varepsilon)$ 概率的下界, 但 ε 的选取要恰当, 如当 $\varepsilon^2 \leq D(X)$ 时, 不等式无实际意义.

定义 5.1.2 设 $X_1, X_2, \cdots, X_n, \cdots$ 是随机变量序列, 如果对任意 $k > 1, X_1, X_2, \cdots, X_k$ 都相互独立, 则称随机变量序列 $X_1, X_2, \cdots, X_n, \cdots$ 相互独立.

定理 5.1.1 (切比雪夫大数定律) 设随机变量序列 $X_1, X_2, \cdots, X_n, \cdots$ 相互独立, 且 $E(X_k) = \mu_k, D(X_k) = \sigma_k^2, k = 1, 2, \cdots$ 均存在, 且存在常数 C 使得

$$D(X_k) \leq C, \quad k = 1, 2, \cdots,$$

则对任意 $\varepsilon > 0$, 有

$$\lim_{n \to \infty} P\left(\left| \frac{1}{n} \sum_{k=1}^{n} X_k - \frac{1}{n} \sum_{k=1}^{n} \mu_k \right| < \varepsilon \right) = 1.$$

证 令 $\bar{X} = \frac{1}{n} \sum_{k=1}^{n} X_k$, 则

$$E(\bar{X}) = \frac{1}{n} \sum_{k=1}^{n} \mu_k, \quad D(\bar{X}) = \frac{1}{n^2} \sum_{k=1}^{n} D(X_k) \leq \frac{C}{n}.$$

由切比雪夫不等式 (5.1.2) 得

$$P\left(\left| \frac{1}{n} \sum_{k=1}^{n} X_k - \frac{1}{n} \sum_{k=1}^{n} \mu_k \right| < \varepsilon \right) = P(|\bar{X} - E(\bar{X})| < \varepsilon) \geq 1 - \frac{D(\bar{X})}{\varepsilon^2} \geq 1 - \frac{C}{n\varepsilon^2}.$$

而 $\lim\limits_{n \to \infty} \left(1 - \dfrac{C}{n\varepsilon^2} \right) = 1$, 由数列极限的夹逼定理知

$$\lim_{n \to \infty} P\left(\left| \frac{1}{n} \sum_{k=1}^{n} X_k - \frac{1}{n} \sum_{k=1}^{n} \mu_k \right| < \varepsilon \right) = 1. \qquad \square$$

现在考察 n 重伯努利试验, 用 n_A 表示 n 重伯努利试验中事件 A 发生的次数, p 表示事件 A 在每次试验中发生的概率. 设

$$X_k = \begin{cases} 1, & \text{第} k \text{次试验中} A \text{发生}, \\ 0, & \text{第} k \text{次试验中} A \text{不发生}, \end{cases} \quad k = 1, 2, \cdots, n,$$

则 $n_A = X_1 + X_2 + \cdots + X_n$, $X_1, X_2, \cdots, X_n$ 相互独立, 且 $X_k \sim b(1, p), k = 1, 2, \cdots, n$. 因而

$$E(X_k) = p, \quad D(X_k) = p(1-p), \quad k = 1, 2, \cdots, n.$$

由定理 5.1.1 得

$$\lim_{n \to \infty} P\left(\left|\frac{n_A}{n} - p\right| < \varepsilon\right) = \lim_{n \to \infty} P\left(\left|\frac{1}{n}\sum_{k=1}^{n} X_k - p\right| < \varepsilon\right) = 1.$$

这样就得到了下面的定理.

定理 5.1.2 (伯努利大数定律)　n_A 表示 n 重伯努利试验中事件 A 发生的次数，p 表示事件 A 在每次试验中发生的概率. 则对任意 $\varepsilon > 0$, 有

$$\lim_{n \to \infty} P\left(\left|\frac{n_A}{n} - p\right| < \varepsilon\right) = 1, \text{即} \frac{n_A}{n} \xrightarrow{P} p \ (n \to \infty).$$

伯努利大数定律表明随着伯努利试验次数的增加，随机事件 A 发生的频率以逼近于 1 的概率落在概率 p 附近，从理论上给出了论断"频率稳定于概率"的解释. 同时也说明，在实际应用中，当试验次数很大时，常可用事件发生的频率来代替事件发生的概率.

上面给出的两个大数定律是以切比雪夫不等式为基础的，所以要求随机变量具有方差. 但进一步研究表明，"方差存在"这个条件并不是必要的，如下面介绍的独立同分布情形的辛钦大数定律.

定理 5.1.3 (辛钦大数定律)　设随机变量序列 $X_1, X_2 \cdots, X_n, \cdots$ 相互独立，服从同一分布，且具有数学期望 $E(X_k) = \mu, k = 1, 2, \cdots$, 则对任意的 $\varepsilon > 0$, 有

$$\lim_{n \to \infty} P\left(\left|\frac{1}{n}\sum_{k=1}^{n} X_k - \mu\right| < \varepsilon\right) = 1.$$

证明略.

辛钦大数定律表明，当 n 很大时，随机变量在 n 次观察中的算术平均值会"逼近"它的期望值，这就为寻找随机变量的期望值提供了一条切实可行的途径. 例如要估计某地区小麦的平均亩产量，只要收割 n 块有代表性的地计算它们的平均亩产量，在 n 比较大的情形下它可以作为全地区平均亩产量，即亩产量的期望值 μ 的近似.

习题 5-1

1. 设随机变量 X 的方差为 2.5, 试使用切比雪夫不等式估计 $P(|X - E(X)| \geqslant 7.5)$ 的上界.

2. 设随机变量 X 的概率密度为

$$f(x) = \begin{cases} 12x(1-x)^2, & 0 < x < 1, \\ 0, & \text{其他.} \end{cases}$$

试用切比雪夫不等式估计 $P\left(\left|X - E(X)\right| < \frac{1}{3}\right)$ 至少是多少?

3. 设随机变量序列 $X_1, X_2, \cdots, X_n, \cdots$ 相互独立, 且 $X_n (n=1,2,\cdots)$ 的分布律为

$$P(X_n = -\sqrt{\ln n}) = P(X_n = \sqrt{\ln n}) = \frac{1}{2}.$$

证明: 对任意的 $\varepsilon > 0$, 有

$$\lim_{n\to\infty} P\left(\left|\frac{1}{n}\sum_{k=1}^{n} X_k\right| < \varepsilon\right) = 1.$$

4. 设 $X_1, X_2, \cdots, X_n, \cdots$ 是一个随机变量序列, 且满足

$$\frac{1}{n^2} D\left(\sum_{i=1}^{n} X_i\right) \to 0, \quad n \to \infty,$$

则对任意 $\varepsilon > 0$, 有

$$\lim_{n\to\infty} P\left(\left|\frac{1}{n}\sum_{k=1}^{n} X_k - \frac{1}{n}\sum_{k=1}^{n} \mu_k\right| < \varepsilon\right) = 1.$$

5. 设 $X_1, X_2, \cdots, X_n, \cdots$ 是一个独立同分布的随机变量序列, 且具有数学期望和方差 $E(X_i) = \mu$, $D(X_i) = \sigma^2$, $i=1,2,\cdots$. 证明: 对任意的 $\varepsilon > 0$, 有

$$\lim_{n\to\infty} P\left(\left|\frac{1}{n}\sum_{k=1}^{n} X_k^2 - (\mu^2 + \sigma^2)\right| < \varepsilon\right) = 1.$$

5.2　中心极限定理

自从高斯指出测量误差服从正态分布之后, 人们渐渐发现: 客观实际中有很多现象受到许多相互独立的随机因素的影响, 如果每个因素所产生的影响都很微小, 则总的影响可以看作服从正态分布. 例如: 炮弹弹着点的坐标、某类人群的身高和体重、电信号中的噪声电压、某班级期末考试成绩等都服从或近似服从正态分布. 中心极限定理正是研究独立随机变量和的极限分布是正态分布的问题, 从理论上解释了上述现象. 本节只介绍两个比较简单的中心极限定理.

定理 5.2.1 (棣莫弗-拉普拉斯中心极限定理)　设 $X_1, X_2, \cdots, X_n, \cdots$ 是一个独立同分布的随机变量序列, 且 $X_k \sim b(1, p), k=1,2,\cdots$. 记 $Y_n = \sum_{k=1}^{n} X_k$, 则对任意的实数 x, 有

$$\lim_{x\to\infty} P\left(\frac{Y_n - np}{\sqrt{np(1-p)}} \leqslant x\right) = \int_{-\infty}^{x} \frac{1}{\sqrt{2\pi}} e^{-\frac{t^2}{2}} dt = \Phi(x).$$

证明略.

易知 $Y_n \sim b(n, p)$, 由上述定理知当 n 很大时, Y_n 近似服从正态分布 $N(np, np(1-p))$, 即二项分布的极限分布是正态分布. 容易看出 $\dfrac{Y_n - np}{\sqrt{np(1-p)}}$ 是 Y_n

的标准化随机变量, 其数学期望为 0, 方差为 1, 但它的分布函数相当复杂, 导致具体计算困难. 例如, 对任意的实数 a, b, 要计算 $P(a < Y_n \leqslant b) = \sum_{a < k \leqslant b} C_n^k p^k (1-p)^{n-k}$, 当 n 很大时, 这个计算量是惊人的. 定理 5.2.1 克服了上述计算困难. 设随机变量 $X \sim b(n, p)$, 当 n 很大时, 可作如下近似计算:

$$P(a < X \leqslant b) = P\left(\frac{a - np}{\sqrt{np(1-p)}} < \frac{X - np}{\sqrt{np(1-p)}} \leqslant \frac{b - np}{\sqrt{np(1-p)}} \right)$$

$$\approx \Phi\left(\frac{b - np}{\sqrt{np(1-p)}} \right) - \Phi\left(\frac{a - np}{\sqrt{np(1-p)}} \right). \tag{5.2.1}$$

例 5.2.1　某项保险业务共有 10000 人投保, 每人交保险费 200 元. 若某投保人在保险期内发生事故, 保险公司赔付 10000 元. 已知投保人保险期内发生事故的概率为 0.017, 求保险公司在该项业务上赔本的概率.

解　用 X 表示投保人在投保期内发生事故的人数, 则 $X \sim b(10000, 0.017)$. 保险公司保险费的总收入为 $200 \times 10000 = 2000000$ 元(即两百万元), 保险公司总赔付费用为 $10000X$ 元, 所以保险公司在该项业务上亏本当且仅当 $2000000 - 10000X < 0$, 即 $X > 200$. 所以保险公司在该项业务上赔本的概率可表示为 $P(X > 200)$. 利用(5.2.1)式得保险公司在该项业务上赔本的概率

$$P(X > 200) = P\left(\frac{X - 10000 \times 0.017}{\sqrt{10000 \times 0.017(1 - 0.017)}} > \frac{200 - 10000 \times 0.017}{\sqrt{10000 \times 0.017(1 - 0.017)}} \right)$$

$$\approx 1 - \Phi\left(\frac{200 - 10000 \times 0.017}{\sqrt{10000 \times 0.017(1 - 0.017)}} \right)$$

$$\approx 1 - \Phi(2.32) \approx 0.0102.\qquad\qquad \square$$

定理 5.2.1 中去掉 $X_k \sim b(1, p), k = 1, 2, \cdots$ 的条件, 则有下面更一般的结论.

定理 5.2.2 (独立同分布中心极限定理)　设 $X_1, X_2, \cdots, X_n, \cdots$ 是一个独立同分布的随机变量序列, 且 $E(X_k) = \mu, D(X_k) = \sigma^2, k = 1, 2, \cdots$, 则对任意的实数 x, 有

$$\lim_{n \to \infty} P\left(\frac{\left(\sum_{k=1}^{n} X_k - n\mu \right)}{\sqrt{n}\, \sigma} \leqslant x \right) = \int_{-\infty}^{x} \frac{1}{\sqrt{2\pi}} \mathrm{e}^{-\frac{t^2}{2}} \mathrm{d}t = \Phi(x).$$

证明略.

一般来说, 独立同分布的随机变量的部分和的精确分布不易求得. 定理 5.2.2 表明: 当 n 充分大时, 独立同分布的随机变量序列 $X_1, X_2, \cdots, X_n, \cdots$ 的前 n 项和的标准化随机变量为

$$Z_n = \frac{\sum\limits_{k=1}^{n} X_k - E\left(\sum\limits_{k=1}^{n} X_k\right)}{\sqrt{D\left(\sum\limits_{k=1}^{n} X_k\right)}} = \frac{\sum\limits_{k=1}^{n} X_k - n\mu}{\sqrt{n}\,\sigma}$$

近似地服从标准正态分布 $N(0,1)$，进而前 n 项和 $\sum\limits_{k=1}^{n} X_k$ 近似地服从正态分布 $N(n\mu, n\sigma^2)$．由此可以看出正态分布在概率论中占有重要地位，同时上述结论也是数理统计中大样本统计推断的理论基础．

例 5.2.2　计算机在做加法时，对每个加数进行四舍五入取整．设所有的取整误差是相互独立的，且它们都在 $(-0.5, 0.5)$ 内服从均匀分布．

(1) 将 1000 个数相加，问误差总和的绝对值超过 10 的概率是多少？

(2) 问最多只能多少个数相加，可使误差总和的绝对值小于 10 的概率为 0.99？

解　设 X_i 表示第 i 个加数的取整误差，$i = 1, 2, \cdots$．由题意知 $X_1, X_2, \cdots, X_n, \cdots$ 相互独立且均服从 $(-0.5, 0.5)$ 上的均匀分布，则

$$\mu = E(X_i) = 0, \quad \sigma^2 = D(X_i) = \frac{1}{12}, \quad i = 1, 2, \cdots.$$

(1) 记 $X = \sum\limits_{i=1}^{1000} X_i$，则 $E(X) = 0, D(X) = \dfrac{1000}{12}$．由定理 5.2.2 得

$$P(|X| > 10) = 1 - P(|X| \leqslant 10) = 1 - P(-10 \leqslant X \leqslant 10)$$

$$= 1 - P\left(\frac{-10 - 0}{\sqrt{1000/12}} \leqslant \frac{X - 0}{\sqrt{1000/12}} \leqslant \frac{10 - 0}{\sqrt{1000/12}}\right)$$

$$\approx 1 - [\Phi(1.10) - \Phi(-1.10)] = 2 - 2\Phi(1.10) \approx 0.2714.$$

(2) 设最多只能 N 个数相加可使误差总和的绝对值小于 10 的概率为 0.99．由题意知 N 应满足条件

$$P\left(\left|\sum\limits_{i=1}^{N} X_i\right| < 10\right) = 0.99.$$

记 $Y = \sum\limits_{i=1}^{N} X_i$，则 $E(Y) = 0, D(Y) = \dfrac{N}{12}$．由定理 5.2.2 有

$$0.99 = P\left(\left|\sum\limits_{i=1}^{N} X_i\right| < 10\right) = P(|Y| < 10) = P(-10 < Y < 10)$$

$$= P\left(-\frac{10 - 0}{\sqrt{N/12}} < \frac{Y - 0}{\sqrt{N/12}} < \frac{10 - 0}{\sqrt{N/12}}\right)$$

$$\approx 2\Phi\left(\frac{10}{\sqrt{N/12}}\right) - 1 = 2\Phi\left(\frac{20\sqrt{3}}{\sqrt{N}}\right) - 1.$$

所以 $\Phi\left(\dfrac{20\sqrt{3}}{\sqrt{N}}\right) = 0.995$，查表得 $\dfrac{20\sqrt{3}}{\sqrt{N}} = 2.58$，所以 $N \approx 180$. □

习题 5-2

1. 在次品率为 $\dfrac{1}{6}$ 的一大批产品中，任意抽取 300 件产品，利用中心极限定理计算抽取到的次品数在 40 与 60 之间的概率.

2. 某人寿保险业务共有 3000 人投保，保期 1 年，每人交保险费 10 元. 若某投保人在 1 年内死亡，保险公司赔付 2000 元. 已知在 1 年内每个人的死亡率为 0.001. 试用中心极限定理求保险公司亏本的概率.

3. 某单位有 260 部电话，每部电话约有 4% 的时间使用外线通话. 设每部电话是否使用外线通话是独立的. 问该单位总机至少要安装多少条外线，才能以 95% 以上的概率保证每部电话需要使用外线通话时可以打通.

4. 在投掷一枚均匀硬币的试验中，确定需投掷多少次才能保证正面出现的频率在 0.4 和 0.6 之间的概率不小于 90%. 请分别用切比雪夫不等式和中心极限定理予以估计.

5. 某种电器元件的寿命服从参数为 $\dfrac{1}{10}$ 的指数分布. 某单位备有 25 个该种型号的电器元件，使用时一个损坏立即换上另一个，求 25 个电器元件的总寿命超过 300 小时的概率.

第6章　数理统计的基本概念

前面五章介绍了概率论的基本概念与方法, 从中我们知道研究随机现象首先要知道它的概率分布, 一切计算和推理都以此为基础. 但实际上, 很多随机现象服从什么分布或者是完全不知道的或者只知道服从分布类型但不知道其中所含的参数. 为确定概率分布, 需要从所研究的对象全体中抽取一部分进行试验以获得信息, 进而作出推断或预测. 数理统计学正是研究如何有效地收集、整理和分析受随机因素影响的数据, 并对所考虑的问题作出推断或预测, 为采取某种决策和行动提供依据或建议的一门学科.

本章将介绍数理统计的基本概念, 包括总体、样本、统计量等, 同时介绍几个常用统计量及抽样分布.

6.1　总体与样本

我们知道, 随机现象的统计规律是在对大量随机现象的观察中才呈现出来的. 但在实际观察中由于受到人力、物力、技术条件等的限制, 我们只能从所研究对象全体中抽取一部分进行观察.

通常把研究对象的全体称为**总体**, 把构成总体的每一个对象称为**个体**. 如研究一批电视显像管的使用寿命, 全部显像管的使用寿命构成总体, 每一个显像管的寿命即为个体. 总体中所包含个体的个数称为**总体容量**. 总体容量为有限的总体, 称为**有限总体**, 否则, 称为**无限总体**.

在实际中我们所研究的往往不是随机现象所涉及的人或物本身, 而是表征该随机现象的数值指标, 例如上例中我们研究的不是显像管的本身而是研究表现显像管质量的寿命指标. 所以我们常把随机现象的数值指标的所有可能取值的全体看成总体, 把每一个取值看成个体. 由于每个个体的出现是随机的, 进而总体的数值指标的观测值具有随机性, 因此可以把总体看作一个随机变量 X. 从总体中抽取一个个体, 就是对代表总体的随机变量 X 进行一次实验或观测, 得到 X 的一个实验数据或观测值. 从总体中抽取一部分个体, 就是对总体 X 进行若干次实验或观测. 从总体中随机地抽取若干个个体的过程称为**抽样**. 假如我们随机抽取了 n 个个体, X_i 表示第 i 个个体的数值指标($i=1,2,\cdots,n$), 称 $(X_1,X_2,\cdots,X_n)$ 为来

自总体 X 的一个**样本**或**子样**, 称 n 为这个样本的**容量**. 由于 X_i 的取值是随机出现的, 所以可以把 X_i 看成是一个随机变量, 进而可将 $(X_1, X_2, \cdots, X_n)$ 看成是一个 n 维随机变量. 在一次取样后, 观测到 $(X_1, X_2, \cdots, X_n)$ 的一组确定的值 $(x_1, x_2, \cdots, x_n)$ 称为样本的一组**观测值**, 简称**样本值**.

实际上, 从总体中抽取样本可以有各种不同的方法. 抽样的目的是根据样本的数据来推断总体, 为了使抽到的样本能够对总体作出比较可靠的推断, 就希望样本能很好地代表总体. 为此, 我们对抽样方法提出如下要求:

(1) **代表性**　样本中的每个随机变量 X_i 与总体 X 有相同的分布.

(2) **独立性**　$X_1, X_2, \cdots, X_n$ 相互独立, 即观测结果互不影响.

满足上面两个条件的抽样方法称为**简单随机抽样**, 所得到的样本称为**简单随机样本**. 例如, 从总体中进行有放回抽样, 显然是简单随机抽样, 得到的样本就是简单随机样本. 从有限总体中进行不放回抽样, 如果总体容量 N 很大而样本容量 n 相对较小 $\left(\dfrac{n}{N} \leqslant 10\% \right)$, 则抽样可以近似地看作是放回抽样, 抽样方法近似地看作简单随机抽样, 得到的样本近似地看作是简单随机样本. 今后本书所提到的样本, 如无特殊说明均指的是简单随机样本.

对于简单随机样本, 由总体的分布就可以给出样本的联合分布.

(1) 若总体 X 具有分布函数 $F(x)$, 则样本 $(X_1, X_2, \cdots, X_n)$ 的联合分布函数为

$$F^*(x_1, x_2, \cdots, x_n) = F(x_1)F(x_2) \cdots F(x_n).$$

(2) 若总体 X 是离散型随机变量, 且具有分布律 $P(X = x_k) = p_k, k = 1, 2, \cdots$, 则样本 $(X_1, X_2, \cdots, X_n)$ 的联合分布律为

$$p^*(x_{i_1}, x_{i_2}, \cdots, x_{i_n}) = p_{i_1} p_{i_2} \cdots p_{i_n}.$$

(3) 若总体 X 是连续型随机变量, 且具有概率密度函数 $f(x)$, 则样本 $(X_1, X_2, \cdots, X_n)$ 的联合概率密度函数为

$$f^*(x_1, x_2, \cdots, x_n) = f(x_1)f(x_2) \cdots f(x_n).$$

我们知道数理统计学的基本思想是用样本推断总体, 那么怎样用样本估计总体的分布函数呢? 设 $(X_1, X_2, \cdots, X_n)$ 是来自总体 X 的样本, $(x_1, x_2, \cdots, x_n)$ 是其观测值, 将 $(x_1, x_2, \cdots, x_n)$ 由小到大排列 $x_{(1)} \leqslant x_{(2)} \leqslant \cdots \leqslant x_{(n)}$, 这里 $x_{(1)}$ 是 $x_1, x_2, \cdots, x_n$ 中的最小的一个, $x_{(n)}$ 是 $x_1, x_2, \cdots, x_n$ 中的最大的一个. 用 $l(x)$ 表示 $x_1, x_2, \cdots, x_n$ 中所有不超过 x 的数的个数, 定义

$$F_n(x) = \frac{l(x)}{n}, \quad -\infty < x < \infty.$$

例如, X 具有一组样本值 $(1, 2, 2)$, 则

$$F_3(x) = \begin{cases} 0, & x < 1, \\ \dfrac{1}{3}, & 1 \leqslant x < 2, \\ 1, & 2 \leqslant x. \end{cases}$$

显然 $F_n(x)$ 是单调不减右连续函数, 且满足 $F_n(-\infty) = 0, F_n(+\infty) = 1$. 因此 $F_n(x)$ 是一个分布函数, 称为**经验分布函数**或**样本分布函数**. 设总体 X 的分布函数为 $F(x)$, 格里汶科在 1933 年证明了下面的结论:

$$P\left(\lim_{n \to \infty} \sup_{-\infty < x < +\infty} |F_n(x) - F(x)| = 0 \right) = 1.$$

由此可知当 $n \to \infty$ 时, $F_n(x)$ 依概率收敛于 $F(x)$. 对任意实数 x, 当 n 充分大时, 经验分布函数的观测值 $F_n(x)$ 与总体分布函数 $F(x)$ 只有微小的差别, 从而在实际应用中可当作 $F(x)$ 来使用. 这也是由样本推断总体可行性的理论基础.

习题 6-1

1. 为了解某市八年级 8400 名学生的体重情况, 从中抽取了 200 名学生的体重进行分析. 在这个问题中, 总体是什么? 样本是什么? 样本容量是多少?

2. 设 $(X_1, X_2, \cdots, X_n)$ 是来自两点分布总体 $b(1, p)$ 的样本, 求样本 $(X_1, X_2, \cdots, X_n)$ 的联合分布律.

3. 设电话交换台一小时内呼唤次数 X 服从泊松分布 $p(\lambda), \lambda > 0$, 求来自总体 X 的样本 $(X_1, X_2, \cdots, X_n)$ 的联合分布律.

4. 设某种电灯泡的寿命 X 服从指数分布 $e(\lambda), \lambda > 0$, 求来自总体 X 的样本 $(X_1, X_2, \cdots, X_n)$ 的联合密度函数.

5. 设有 N 个产品, 其中有 M 个次品, $N-M$ 个正品, 分别按有放回和无放回两种方法随机取 n 件. 令

$$X_i = \begin{cases} 1, & \text{当第 } i \text{ 次取到次品}, \\ 0, & \text{当第 } i \text{ 次取到正品}, \end{cases} \quad i = 1, 2, \cdots, n.$$

求在这两种不同抽样方法下样本 $(X_1, X_2, \cdots, X_n)$ 的联合分布律.

6. 设总体 X 服从正态分布 $N(\mu, \sigma^2), \sigma > 0$, 求来自总体 X 的样本 $(X_1, X_2, \cdots, X_n)$ 的联合密度函数.

7. 设总体 X 具有一组样本值 $(1, 1, 2)$, 求经验分布函数 $F_3(x)$.

6.2　统　计　量

6.2.1　统计量

样本来自总体, 包含了总体分布的信息, 但是样本初看起来是杂乱无章的,

或者我们有时候只对总体的某些方面的信息感兴趣, 这就需要对样本进行加工整理, 从样本中提取出我们感兴趣的总体信息. 其中一个重要的方法就是构造样本的函数——统计量.

定义 6.2.1　设 $(X_1, X_2, \cdots, X_n)$ 为来自总体 X 的一个样本, $g(X_1, X_2, \cdots, X_n)$ 是样本 $(X_1, X_2, \cdots, X_n)$ 的函数, 并且 $g(X_1, X_2, \cdots, X_n)$ 不含有任何未知的参数, 则称 $g(X_1, X_2, \cdots, X_n)$ 为一个**统计量**. 统计量的分布称为**抽样分布**. 若 $(x_1, x_2, \cdots, x_n)$ 是 $(X_1, X_2, \cdots, X_n)$ 的样本值, 则称 $g(x_1, x_2, \cdots, x_n)$ 为统计量 $g(X_1, X_2, \cdots, X_n)$ 的观测值.

由定义知, 统计量 $g(X_1, X_2, \cdots, X_n)$ 也是随机变量.

设 $(X_1, X_2, \cdots, X_n)$ 是来自正态总体 $N(\mu, \sigma^2)$ 的一个样本, 参数 μ 已知, σ 未知, 则 $X_1 + X_2$, $\dfrac{1}{n}\sum\limits_{i=1}^{n}(X_i - \mu)^2$, $\sum\limits_{i=1}^{n}X_i^2$ 均是统计量, 而 $\dfrac{X_2 - \mu}{\sigma}$, $\dfrac{1}{\sigma}\sum\limits_{i=1}^{n}X_i$ 因含有未知参数 σ 均不是统计量.

6.2.2　常用统计量

设 $(X_1, X_2, \cdots, X_n)$ 为来自总体 X 的一个样本, $(x_1, x_2, \cdots, x_n)$ 是 $(X_1, X_2, \cdots, X_n)$ 的样本值, 常用的统计量及其观测值有

(1) **样本均值**　　$\bar{X} = \dfrac{1}{n}\sum\limits_{i=1}^{n}X_i$,

其观测值记为　　$\bar{x} = \dfrac{1}{n}\sum\limits_{i=1}^{n}x_i$.

(2) **样本方差**　　$S^2 = \dfrac{1}{n-1}\sum\limits_{i=1}^{n}(X_i - \bar{X})^2 = \dfrac{1}{n-1}\left(\sum\limits_{i=1}^{n}X_i^2 - n\bar{X}^2\right)$,

其观测值记为　　$s^2 = \dfrac{1}{n-1}\sum\limits_{i=1}^{n}(x_i - \bar{x})^2 = \dfrac{1}{n-1}\left(\sum\limits_{i=1}^{n}x_i^2 - n\bar{x}^2\right)$.

(3) **样本标准差**　　$S = \sqrt{S^2} = \sqrt{\dfrac{1}{n-1}\sum\limits_{i=1}^{n}(X_i - \bar{X})^2}$,

其观测值记为　　$s = \sqrt{s^2} = \sqrt{\dfrac{1}{n-1}\sum\limits_{i=1}^{n}(x_i - \bar{x})^2}$.

样本均值 $\bar{X}$ 可以描述数据的中心位置, 通常用于估计总体 X 的均值 $E(X)$, 而样本方差 S^2 及样本标准差 S 则用以刻画数据的分散程度, 通常分别用于估计总体 X 的方差 $D(X)$ 及标准差 $\sigma(X)$.

(4) **样本 k 阶原点矩**　　$A_k = \dfrac{1}{n}\sum\limits_{i=1}^{n}X_i^k, \quad k = 1, 2, \cdots,$

其观测值记为　　　$a_k = \dfrac{1}{n}\sum_{i=1}^{n} x_i^k, \quad k = 1, 2, \cdots$.

显然，$A_1 = \bar{X}$，$a_1 = \bar{x}$.

(5) **样本 k 阶中心矩**　　$B_k = \dfrac{1}{n}\sum_{i=1}^{n}(X_i - \bar{X})^k, \quad k = 2, 3, \cdots$,

其观测值记为　　　$b_k = \dfrac{1}{n}\sum_{i=1}^{n}(x_i - \bar{x})^k, \quad k = 2, 3, \cdots$.

显然，$B_2 = \dfrac{n-1}{n} S^2$，$b_2 = \dfrac{n-1}{n} s^2$.

(6) **次序统计量**　　按从小到大的顺序将 $x_1, x_2, \cdots, x_n$ 重新排列成

$$x_{(1)} \leqslant x_{(2)} \leqslant \cdots \leqslant x_{(n)}.$$

当 $(X_1, X_2, \cdots, X_n)$ 取值为 $(x_1, x_2, \cdots, x_n)$ 时，定义 $X_{(i)}$ 的取值为 $x_{(i)}$，$i = 1, 2, \cdots, n$，称这样得到的随机变量 $X_{(i)}$ 为该样本的**第 i 个次序统计量**.

特别地，$X_{(1)} = \min\{X_1, X_2, \cdots, X_n\}$ 称为该样本的**最小次序统计量**，$X_{(n)} = \max\{X_1, X_2, \cdots, X_n\}$ 称为该样本的**最大次序统计量**. 称 $R = X_{(n)} - X_{(1)}$ 为样本的**极差**，称

$$M_e = \begin{cases} X_{\left(\frac{n+1}{2}\right)}, & n\text{为奇数}, \\[2mm] \dfrac{1}{2}\left(X_{\left(\frac{n}{2}\right)} + X_{\left(\frac{n}{2}+1\right)}\right), & n\text{为偶数} \end{cases}$$

为**样本中位数**.

样本中位数 M_e 表示样本中有一半数据不小于 M_e，另一半数据不大于 M_e. 样本中位数反映了总体取值的平均数的信息，它受样本极端值的影响较小，具有较好的稳健性.

定理 6.2.1　设总体 X 的均值和方差均存在，记 $E(X) = \mu, D(X) = \sigma^2$. 设 $(X_1, X_2, \cdots, X_n)$ 是来自总体 X 的一个样本，则有

(1) $E(\bar{X}) = \mu, D(\bar{X}) = \dfrac{\sigma^2}{n}$；

(2) $E(S^2) = \sigma^2$.

证　(1) 因为 $X_1, X_2, \cdots, X_n$ 相互独立且与 X 同分布，所以有

$$E(\bar{X}) = E\left(\frac{1}{n}\sum_{i=1}^{n} X_i\right) = \frac{1}{n} E\sum_{i=1}^{n} X_i = \frac{1}{n}\sum_{i=1}^{n} E(X_i) = \frac{1}{n} \cdot n\mu = \mu,$$

$$D(\bar{X}) = D\left(\frac{1}{n}\sum_{i=1}^{n} X_i\right) = \frac{1}{n^2}\sum_{i=1}^{n} D(X_i) = \frac{1}{n^2} \cdot n\sigma^2 = \frac{\sigma^2}{n}.$$

(2) $E(S^2) = E\left[\dfrac{1}{n-1}\left(\sum\limits_{i=1}^{n} X_i^2 - n\bar{X}^2\right)\right] = \dfrac{1}{n-1}\left[\sum\limits_{i=1}^{n} E(X_i^2) - nE(\bar{X}^2)\right]$

$\qquad\qquad = \dfrac{1}{n-1}\left[\sum\limits_{i=1}^{n}(\sigma^2 + \mu^2) - n\left(\dfrac{\sigma^2}{n} + \mu^2\right)\right] = \sigma^2.$ □

定理 6.2.2 设 $(X_1, X_2, \cdots, X_n)$ 是来自总体 X 的一个样本, 且总体 X 的 k 阶原点矩 $E(X^k) = \mu_k$ 存在, 则当 $n \to \infty$ 时, $A_k \xrightarrow{P} \mu_k, k = 1, 2, \cdots.$

证 因为 $X_1, X_2, \cdots, X_n$ 相互独立且与 X 同分布, 所以 $X_1^k, X_2^k, \cdots, X_n^k$ 相互独立且与 X^k 同分布, 进而 $E(X_1^k) = E(X_2^k) = \cdots = E(X_n^k) = \mu_k$. 所以由辛钦大数定律知, 当 $n \to \infty$ 时,

$$A_k = \frac{1}{n}\sum_{i=1}^{n} X_i^k \xrightarrow{\ P\ } \mu_k, \quad k = 1, 2, \cdots.$$ □

设 $g(x_1, x_2, \cdots, x_n)$ 是连续函数, 进一步可以证明, 当 $n \to \infty$ 时,

$$g(A_1, A_2, \cdots, A_n) \xrightarrow{\ P\ } g(\mu_1, \mu_2, \cdots, \mu_n).$$

这是第 7 章所要介绍的矩估计法的理论依据.

习题 6-2

1. 设 $(X_1, X_2, \cdots, X_{10})$ 是来自两点分布总体 $b(1, p)$ 的一个样本 $(0 < p < 1,\ p$ 未知$)$, 请指出以下样本的函数中哪些是统计量, 哪些不是统计量, 为什么?

$$T_1 = \frac{1}{10}\sum_{i=1}^{10} X_i, \quad T_2 = X_{10} - E(X_1), \quad T_3 = X_i - p, \quad T_4 = \max\{X_1, X_2, \cdots, X_{10}\}.$$

2. 设总体 $X \sim N(\mu, \sigma^2)$, 其中 μ 未知, σ^2 已知, $(X_1, X_2, \cdots, X_n)$ 为来自总体 X 的一个样本, 请问下列哪些是统计量? 为什么?

$$T_1 = X_1, \quad T_2 = \frac{1}{\sigma^2}\sum_{i=1}^{n}(X_i - \mu)^2, \quad T_3 = \frac{1}{\sigma^2}\sum_{i=1}^{n}(X_i - \bar{X})^2, \quad T_4 = \frac{\sqrt{n}(\bar{X} - \mu)}{\sigma}.$$

3. 设盒子中有 2 个白球 3 个黑球, 现从盒子中有放回取球, 每次任取 1 个. 令

$$X = \begin{cases} 1, & \text{取到白球}, \\ 0, & \text{取到黑球}. \end{cases}$$

设 $(X_1, X_2, \cdots, X_5)$ 是来自总体 X 的样本. 求 $E(\bar{X}), D(\bar{X}), E(S^2)$.

4. 从某工人生产的铆钉中随机抽取 5 只, 测得其直径分别为(单位: mm):

$$13.7, \quad 13.08, \quad 13.11, \quad 13.11, \quad 13.13.$$

(1) 写出总体、样本、样本容量、样本值.

(2) 求样本均值、样本方差和样本标准差的观测值.

5. 设容量为 $n = 12$ 的样本观测值为 $-5, 4, -1, 1, 5, 4, -3, 5, 5, -1, 1, -3$. 求样本均值、样本方差及次序统计量的观测值.

6.3　正态总体的抽样分布

正态总体是最常见的总体. 本节介绍正态总体下的几个常用统计量的分布. 后面我们将看到这些分布在数理统计中有重要的应用.

6.3.1　三大抽样分布

为了讨论正态总体下的抽样分布, 先引入以标准正态分布为基础构造的三个重要的分布, 即 χ^2 分布, t 分布, F 分布.

1. χ^2 分布

设 $(X_1, X_2, \cdots, X_n)$ 是来自标准正态总体 $N(0,1)$ 的样本, 则称统计量

$$\chi^2 = X_1^2 + X_2^2 + \cdots + X_n^2$$

为服从自由度为 n 的 χ^2 分布, 记为 $\chi^2 \sim \chi^2(n)$. 这里自由度指的是 χ^2 中所包含的独立变量的个数.

$\chi^2(n)$ 的概率密度函数为

$$f(x) = \begin{cases} \dfrac{1}{2^{\frac{n}{2}}\Gamma\left(\dfrac{n}{2}\right)} x^{\frac{n}{2}-1} \mathrm{e}^{-\frac{x}{2}}, & x > 0, \\ 0, & x \leqslant 0, \end{cases}$$

其中伽马函数 $\Gamma(\alpha) = \displaystyle\int_0^{+\infty} x^{\alpha-1}\mathrm{e}^{-x}\mathrm{d}x, \alpha > 0$. $\chi^2(n)$ 的概率密度函数的图像见图 6-1.

χ^2 分布具有如下性质:

(1) 设 $\chi^2 \sim \chi^2(n)$, 则 $E(\chi^2) = n, D(\chi^2) = 2n$.

(2) χ^2 分布具有可加性, 即若 $X \sim \chi^2(m), Y \sim \chi^2(n)$, 且 X, Y 相互独立, 则

$$X + Y \sim \chi^2(m+n).$$

(3) 当 $n = 2$ 时, $\chi^2(2)$ 就是指数分布 $e\left(\dfrac{1}{2}\right)$.

(4) χ^2 分布的分位数.

设 $\chi^2 \sim \chi^2(n)$, 对于给定的实数 $\alpha(0 < \alpha < 1)$, 称满足条件

$$P(\chi^2 > \chi_\alpha^2(n)) = \alpha$$

的实数 $\chi_\alpha^2(n)$ 为 $\chi^2(n)$ 分布的上 α 分位数(或分位点)(图 6-2). 分位数 $\chi_\alpha^2(n)$ 的值可

通过查表得到. 如 $n=10$, $\alpha=0.05$, 查表知 $\chi^2_{0.05}(10)=18.307$.

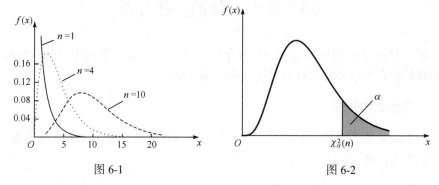

图 6-1　　　　　　　　　　　　　　　图 6-2

例 6.3.1　设 (X_1, X_2, X_3, X_4) 是取自正态总体 $N(0,2^2)$ 的一个样本, 令

$$Y = a(X_1 - 2X_2)^2 + b(3X_3 - 4X_4)^2,$$

求常数 a,b 使 Y 服从 χ^2 分布, 并求其自由度.

解　由题意知 $X_i \sim N(0,2^2)$, $i=1,2,3,4$, 且它们相互独立, 再由正态分布的性质知

$$X_1 - 2X_2 \sim N(0,20), \quad 3X_3 - 4X_4 \sim N(0,100).$$

进而

$$\frac{X_1 - 2X_2}{\sqrt{20}} \sim N(0,1), \quad \frac{3X_3 - 4X_4}{10} \sim N(0,1).$$

易知 $\dfrac{X_1 - 2X_2}{\sqrt{20}}, \dfrac{3X_3 - 4X_4}{10}$ 相互独立, 由 χ^2 分布的定义知

$$\left(\frac{X_1 - 2X_2}{\sqrt{20}}\right)^2 + \left(\frac{3X_3 - 4X_4}{10}\right)^2 \sim \chi^2(2).$$

所以当 $a = \dfrac{1}{20}, b = \dfrac{1}{100}$ 时

$$Y = \left(\frac{X_1 - 2X_2}{\sqrt{20}}\right)^2 + \left(\frac{3X_3 - 4X_4}{10}\right)^2 \sim \chi^2(2),$$

自由度为 2.　　　　　　　　　　　　　　　　　　　　　　　□

2. t 分布

设 $X \sim N(0,1)$, $Y \sim \chi^2(n)$, 且 X,Y 相互独立, 则称统计量

$$T = \frac{X}{\sqrt{Y/n}}$$

为服从自由度为 n 的 t **分布**, 又称**学生分布**, 记为 $T \sim t(n)$.

t 分布是由英国统计学家 Gosset 于 1908 年以 "Student" 的笔名发表的研究成果, 常用于样本容量较小时的统计推断.

$t(n)$ 的密度函数为

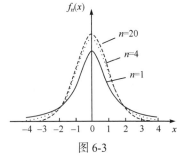

图 6-3

$$f_n(x) = \frac{\Gamma\left(\dfrac{n+1}{2}\right)}{\sqrt{n\pi}\,\Gamma\left(\dfrac{n}{2}\right)}\left(1 + \frac{x^2}{n}\right)^{-\frac{n+1}{2}},$$

$$-\infty < x < +\infty,$$

其图像见图 6-3.

t 分布具有如下性质:

(1) $f_n(x)$ 是偶函数, 且 $\lim\limits_{n \to \infty} f_n(x) = \varphi(x) = \dfrac{1}{\sqrt{2\pi}} e^{-\frac{x^2}{2}}$.

(2) 若 $T \sim t(n)$, 则 $E(T) = 0, D(T) = \dfrac{n}{n-2}\ (n > 2)$.

(3) t 分布的分位数.

设 $T \sim t(n)$, 对于给定的实数 $\alpha(0 < \alpha < 1)$, 称满足条件

$$P(T > t_\alpha(n)) = \alpha$$

的实数 $t_\alpha(n)$ 为 $t(n)$ 分布的**上 α 分位数(或分位点)**(图 6-4); 称满足条件

$$P(|T| > t_{\alpha/2}(n)) = \alpha$$

的实数 $t_{\alpha/2}(n)$ 为 $t(n)$ 分布的**双侧 α 分位数(或分位点)**(图 6-5). 分位数 $t_\alpha(n)$ 可以查表得到. 如 $n = 10, \alpha = 0.05$, 查表得 $t_{0.05}(10) = 1.81246$.

(4) $t_\alpha(n) = -t_{1-\alpha}(n)$.

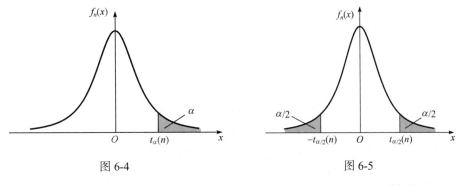

图 6-4

图 6-5

例 6.3.2 设 $(X_1, X_2, \cdots, X_5)$ 是来自总体 $X \sim N(0,1)$ 的一个样本, 求常数 C, 使

统计量

$$Y = \frac{C(X_1 + X_2)}{\sqrt{X_3^2 + X_4^2 + X_5^2}}$$

服从 t 分布.

解　由于 $X_i \sim N(0,1)$，$i = 1,2,\cdots,5$，且它们相互独立，所以

$$X_1 + X_2 \sim N(0,2), \quad X_3^2 + X_4^2 + X_5^2 \sim \chi^2(3).$$

进而 $\dfrac{X_1 + X_2}{\sqrt{2}} \sim N(0,1)$. 易知 $\dfrac{X_1 + X_2}{\sqrt{2}}, X_3^2 + X_4^2 + X_5^2$ 相互独立，由 t 分布定义知

$$\frac{(X_1 + X_2)/\sqrt{2}}{\sqrt{(X_3^2 + X_4^2 + X_5^2)/3}} \sim t(3), \text{即} \frac{\sqrt{3/2}\,(X_1 + X_2)}{\sqrt{X_3^2 + X_4^2 + X_5^2}} \sim t(3).$$

因此当 $C = \sqrt{3/2}$ 时，该统计量服从自由度为 3 的 t 分布.　　□

3. F 分布

设 $X \sim \chi^2(m), Y \sim \chi^2(n)$，且 X, Y 相互独立，则称统计量

$$F = \frac{X/m}{Y/n}$$

服从自由度为 (m,n) 的 **F 分布**，记为 $F \sim F(m,n)$.

$F(m,n)$ 的密度函数为

$$f(x) = \begin{cases} \dfrac{\Gamma\left(\dfrac{m+n}{2}\right)}{\Gamma\left(\dfrac{m}{2}\right)\Gamma\left(\dfrac{n}{2}\right)} m^{\frac{m}{2}} n^{\frac{n}{2}} \dfrac{x^{\frac{m}{2}-1}}{(mx+n)^{\frac{m+n}{2}}}, & x > 0, \\ 0, & x \leqslant 0. \end{cases}$$

其图像如图 6-6 所示.

F 分布具有如下性质：

(1) 若 $T \sim t(n)$，则 $T^2 \sim F(1,n)$.

(2) 若 $F \sim F(m,n)$，则 $\dfrac{1}{F} \sim F(n,m)$.

(3) F 分布的分位数.

设 $F \sim F(m,n)$，对于给定的实数 $\alpha(0 < \alpha < 1)$，称满足条件

$$P(F > F_\alpha(m,n)) = \alpha$$

的实数 $F_\alpha(m,n)$ 为 $F(m,n)$ 分布的**上 α 分位数(或分位点)**(图 6-7).

(4) $F_\alpha(m,n) = \dfrac{1}{F_{1-\alpha}(n,m)}$.

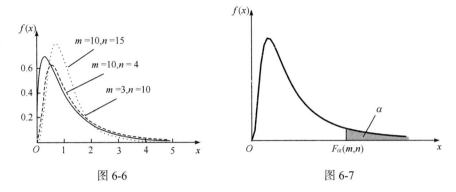

图 6-6　　　　　　　　　　　　　图 6-7

例 6.3.3　设 $(X_1, X_2, \cdots, X_{15})$ 是来自正态总体 $N(0, \sigma^2)$ 的一个样本，求

$$Y = \frac{X_1^2 + X_2^2 + \cdots + X_{10}^2}{2(X_{11}^2 + X_{12}^2 + \cdots + X_{15}^2)}$$

的分布.

解　由题意易知 $\dfrac{X_i}{\sigma} \sim N(0,1), i = 1, 2, \cdots, 15$，且相互独立，再由 χ^2 的定义知

$$\frac{X_1^2 + \cdots + X_{10}^2}{\sigma^2} = \left(\frac{X_1}{\sigma}\right)^2 + \cdots + \left(\frac{X_{10}}{\sigma}\right)^2 \sim \chi^2(10),$$

$$\frac{X_{11}^2 + \cdots + X_{15}^2}{\sigma^2} = \left(\frac{X_{11}}{\sigma}\right)^2 + \cdots + \left(\frac{X_{15}}{\sigma}\right)^2 \sim \chi^2(5).$$

易知 $\dfrac{X_1^2 + \cdots + X_{10}^2}{\sigma^2}, \dfrac{X_{11}^2 + \cdots + X_{15}^2}{\sigma^2}$ 相互独立，由 F 分布的定义知

$$\frac{X_1^2 + \cdots + X_{10}^2}{2(X_{11}^2 + \cdots + X_{15}^2)} = \frac{X_1^2 + \cdots + X_{10}^2}{10\sigma^2} \Big/ \frac{X_{11}^2 + \cdots + X_{15}^2}{5\sigma^2} \sim F(10, 5).$$　　□

6.3.2　正态总体抽样分布定理

定理 6.3.1(单个正态总体的抽样分布)　设 $(X_1, X_2, \cdots, X_n)$ 是来自正态总体 $N(\mu, \sigma^2)$ 的样本，$\bar{X}$ 和 S^2 分别是样本均值和样本方差，则有

(1)　$\bar{X} \sim N(\mu, \sigma^2/n)$，进而 $\dfrac{\bar{X} - \mu}{\sigma/\sqrt{n}} \sim N(0,1)$；

(2)　$\dfrac{(n-1)S^2}{\sigma^2} = \dfrac{1}{\sigma^2} \sum_{i=1}^{n} (X_i - \bar{X})^2 \sim \chi^2(n-1)$；

(3)　$\bar{X}$ 与 S^2 相互独立；

(4)　$\dfrac{\bar{X} - \mu}{S/\sqrt{n}} \sim t(n-1)$.

证明略.

定理 6.3.2 (两个正态总体的抽样分布)　设 $(X_1, X_2, \cdots, X_m)$ 与 $(Y_1, Y_2, \cdots, Y_n)$ 分别是来自正态总体 $N(\mu_1, \sigma_1^2)$ 和 $N(\mu_2, \sigma_2^2)$ 的两个样本, 且这两个样本相互独立. 设 $\bar{X} = \dfrac{1}{m}\sum\limits_{i=1}^{m} X_i$ 和 $\bar{Y} = \dfrac{1}{n}\sum\limits_{i=1}^{n} Y_i$ 分别是这两个样本的样本均值, $S_1^2 = \dfrac{1}{m-1}\sum\limits_{i=1}^{m}(X_i - \bar{X})^2$ 和 $S_2^2 = \dfrac{1}{n-1}\sum\limits_{i=1}^{n}(Y_i - \bar{Y})^2$ 分别是这两个样本的方差, 则有

(1) $\dfrac{S_1^2/S_2^2}{\sigma_1^2/\sigma_2^2} \sim F(m-1, n-1)$;

(2) 当 $\sigma_1^2 = \sigma_2^2 = \sigma^2$ 时,

$$\frac{(\bar{X} - \bar{Y}) - (\mu_1 - \mu_2)}{S_w \sqrt{\dfrac{1}{m} + \dfrac{1}{n}}} \sim t(m+n-2),$$

其中 $S_w^2 = \dfrac{(m-1)S_1^2 + (n-1)S_2^2}{m+n-2}$, $S_w = \sqrt{S_w^2}$.

证　(1) 由定理 6.3.1(2) 知

$$\frac{(m-1)S_1^2}{\sigma_1^2} \sim \chi^2(m-1), \quad \frac{(n-1)S_2^2}{\sigma_2^2} \sim \chi^2(n-1).$$

由题意知 $\dfrac{(m-1)S_1^2}{\sigma_1^2}$, $\dfrac{(n-1)S_2^2}{\sigma_2^2}$ 相互独立, 进而由 F 分布的定义得

$$\frac{S_1^2/S_2^2}{\sigma_1^2/\sigma_2^2} = \frac{(m-1)S_1^2}{(m-1)\sigma_1^2} \bigg/ \frac{(n-1)S_2^2}{(n-1)\sigma_2^2} \sim F(m-1, n-1).$$

(2) 易知 $\bar{X} - \bar{Y} \sim N\left(\mu_1 - \mu_2, \dfrac{\sigma^2}{m} + \dfrac{\sigma^2}{n}\right)$, 进而有

$$U = \frac{(\bar{X} - \bar{Y}) - (\mu_1 - \mu_2)}{\sigma \sqrt{\dfrac{1}{m} + \dfrac{1}{n}}} \sim N(0,1).$$

又 $\dfrac{(m-1)S_1^2}{\sigma^2} \sim \chi^2(m-1), \dfrac{(n-1)S_2^2}{\sigma^2} \sim \chi^2(n-1)$, 且它们相互独立, 故由 χ^2 具有可加性得

$$V = \frac{(m-1)S_1^2}{\sigma^2} + \frac{(n-1)S_2^2}{\sigma^2} \sim \chi^2(m+n-2).$$

又由定理 6.3.1(3) 知 U 与 V 相互独立, S_1^2, S_2^2 也相互独立, 所以由 t 分布的定义得

$$\frac{U}{\sqrt{V/(m+n-2)}}=\frac{(\overline{X}-\overline{Y})-(\mu_1-\mu_2)}{S_w\sqrt{\dfrac{1}{m}+\dfrac{1}{n}}}\sim t(m+n-2).\qquad\square$$

例 6.3.4　设 $(X_1,X_2,\cdots,X_{20})$ 是来自总体 $X\sim N(\mu,\sigma^2)$ 的一个样本, 求

(1) $P\left(10.851\leqslant\dfrac{1}{\sigma^2}\sum\limits_{i=1}^{20}(X_i-\mu)^2\leqslant 37.566\right)$;

(2) $P\left(11.651\leqslant\dfrac{1}{\sigma^2}\sum\limits_{i=1}^{20}(X_i-\overline{X})^2\leqslant 38.582\right)$.

解　(1) 易知 $\dfrac{X_i-\mu}{\sigma}\sim N(0,1),i=1,2,\cdots,20$, 且相互独立, 进而由 χ^2 分布的定义知

$$\frac{1}{\sigma^2}\sum_{i=1}^{20}(X_i-\mu)^2\sim\chi^2(20).$$

因此

$$P\left(10.851\leqslant\frac{1}{\sigma^2}\sum_{i=1}^{20}(X_i-\mu)^2\leqslant 37.566\right)$$
$$=P(10.851\leqslant\chi^2(20)\leqslant 37.566)$$
$$=P(10.851\leqslant\chi^2(20))-P(37.566\leqslant\chi^2(20))$$
$$\approx 0.950-0.010=0.940.$$

上式中 "$\approx$" 是这样得到的: 令 $\alpha=P(10.851\leqslant\chi^2(20))$, $\beta=P(37.566\leqslant\chi^2(20))$, 则由 χ^2 分布上 α 分位数的定义知 $10.851=\chi_\alpha^2(20),37.566=\chi_\beta^2(20)$, 再查表可得 $\alpha=0.950$, $\beta=0.010$.

(2) 由定理 6.3.1(2) 知 $\dfrac{1}{\sigma^2}\sum\limits_{i=1}^{20}(X_i-\overline{X})^2\sim\chi^2(19)$, 则类似(1)可得

$$P\left(11.651\leqslant\frac{1}{\sigma^2}\sum_{i=1}^{20}(X_i-\overline{X})^2\leqslant 38.582\right)$$
$$=P(11.651\leqslant\chi^2(19)\leqslant 38.582)$$
$$=P(11.651\leqslant\chi^2(19))-P(38.582\leqslant\chi^2(19))$$
$$\approx 0.900-0.005=0.895.\qquad\square$$

习题 6-3

1. 设 $(X_1,X_2,\cdots,X_n)$ 是来自正态总体 $X\sim N(\mu,\sigma^2)$ 的样本, 证明 $\chi^2=\dfrac{1}{\sigma^2}\sum\limits_{i=1}^{n}(X_i-\mu)^2$ 服从自由度为 n 的 χ^2 分布.

2. 某地区高中男生身高 X 服从正态分布 $N(168,8^2)$，$(X_1,X_2,\cdots,X_{16})$ 为来自总体 X 的样本，求

(1) $\bar{X}$ 的分布;

(2) $P(\bar{X}>171)$.

3. 设 $(X_1,X_2,\cdots,X_{10})$ 是来自正态总体 $N(0,0.3^2)$ 的样本，求

(1) $P\left(\sum_{i=1}^{10}X_i^2>1.44\right)$;

(2) $E\left(\sum_{i=1}^{10}X_i^2\right)$.

4. 设 $T\sim t(10)$，且 $P(T>c)=0.95$，求常数 c.

5. 设 $(X_1,X_2,\cdots,X_{10})$ 是来自标准正态总体 $N(0,1)$ 的样本，求下列统计量的分布:

$$Y_1=\sum_{i=1}^{10}X_i,\quad Y_2=\frac{X_1-X_2}{\sqrt{X_3^2+X_4^2}}.$$

6. 设 $(X_1,X_2,\cdots,X_{10})$ 是来自正态总体 $N(0,0.5^2)$ 的样本.

(1) 若 $\mu=0$，求 $P\left(\sum_{i=1}^{10}X_i^2\geqslant4\right)$;

(2) 若 μ 未知，求 $P\left(\sum_{i=1}^{10}(X_i-\mu)^2\geqslant1.68\right)$ 及 $P\left(\sum_{i=1}^{10}(X_i-\bar{X})^2<2.85\right)$.

7. 设 $(X_1,X_2,\cdots,X_{16})$ 是来自正态总体 $N(\mu,\sigma^2)$ 样本，$\bar{X},S^2$ 分别为样本均值和样本方差.

(1) 若 $\sigma^2=25$，求 $P(|\bar{X}-\mu|<2)$;

(2) 若 μ,σ^2 均未知，求 $P\left(\frac{S^2}{\sigma^2}\leqslant2.041\right)$.

第7章 参 数 估 计

在实际应用中, 很多问题根据以往的经验和理论分析, 可以知道总体的分布类型, 即总体的分布函数的数学形式已知, 但其中若干参数未知, 例如产品的质量指标服从正态分布 $N(\mu, \sigma^2)$, 但参数 μ 和 σ^2 未知, 需要估计它们的值. 此外, 还有一些问题, 需要确定的往往是总体分布的某些数字特征, 而不是分布, 例如, 电子产品的寿命的分布函数形式未知, 但我们要知道它的平均寿命, 这就需要对平均寿命进行估计. 本章所讨论的参数不仅仅指总体分布函数 $F(x; \theta)$ 中所含的参数 θ, 而且还有分布的各种数字特征. 参数估计就是根据从总体中抽取的样本所提供的信息, 对总体中的未知参数作出某种估计.

参数估计的形式有两种: 点估计和区间估计. 我们先从点估计开始.

7.1 点 估 计

设 θ 是总体 X 的未知参数(也可以是未知向量 $\theta = (\theta_1, \theta_2, \cdots, \theta_k)^{\mathrm{T}}$), θ 的可能取值范围 Θ 是已知的, 称之为**参数空间**. $(X_1, X_2, \cdots, X_n)$ 是来自该总体的一个样本, 对应样本的一次观测值为 $(x_1, x_2, \cdots, x_n)$, 用于估计未知参数 θ 的统计量 $\hat{\theta} = \hat{\theta}(X_1, X_2, \cdots, X_n)$ 称为 θ 的**估计量**, 估计量 $\hat{\theta}$ 的值 $\hat{\theta}(x_1, x_2, \cdots, x_n)$ 称为 θ 的**估计值**, 在不致混淆的情况下估计量和估计值统称为**估计**. 这种用估计值作为未知参数估计的问题又称为参数的点估计问题.

下面介绍两种常用的参数点估计方法: 矩估计法和极大似然估计.

7.1.1 矩估计法

总体矩是反映总体分布的最简单的数字特征, 当总体含有待估参数时, 总体矩是待估参数的函数, 根据定理 6.2.2, 样本矩在一定程度上可以逼近总体矩. 这样, 在利用样本进行参数估计时, 可以先用样本矩作为总体矩的估计, 然后确定未知参数的估计. 这种估计方法就是**矩估计法**, 它是由英国统计学家皮尔逊在 1900 年提出的. 矩估计法具体做法如下:

设 $\theta_1, \theta_2, \cdots, \theta_k$ 是总体 X 的 k 个待估参数, $(X_1, X_2, \cdots, X_n)$ 是来自该总体的一个样本, 通常假定总体 X 的前 k 阶原点矩 $\mu_j = E(X^j)$ $(j = 1, 2, \cdots, k)$ 存在, 则有

$$\begin{cases} \mu_1 = E(X) = g_1(\theta_1, \theta_2, \cdots, \theta_k), \\ \mu_2 = E(X^2) = g_2(\theta_1, \theta_2, \cdots, \theta_k), \\ \qquad\qquad\vdots \\ \mu_k = E(X^k) = g_k(\theta_1, \theta_2, \cdots, \theta_k). \end{cases} \qquad (7.1.1)$$

解方程(组)(7.1.1)得

$$\begin{cases} \theta_1 = h_1(\mu_1, \mu_2, \cdots, \mu_k), \\ \theta_2 = h_2(\mu_1, \mu_2, \cdots, \mu_k), \\ \qquad\qquad\vdots \\ \theta_k = h_k(\mu_1, \mu_2, \cdots, \mu_k). \end{cases} \qquad (7.1.2)$$

用样本矩

$$A_j = \frac{1}{n} \sum_{i=1}^{n} X_i^j, \quad 1 \leqslant j \leqslant k$$

替换式(7.1.2)中相应的总体矩 μ_j, 即得 $\theta_1, \theta_2, \cdots, \theta_k$ 的**矩估计量**

$$\begin{cases} \hat{\theta}_1 = h_1(A_1, A_2, \cdots, A_k), \\ \hat{\theta}_2 = h_2(A_1, A_2, \cdots, A_k), \\ \qquad\qquad\vdots \\ \hat{\theta}_k = h_k(A_1, A_2, \cdots, A_k). \end{cases} \qquad (7.1.3)$$

在式(7.1.3)中代入一组样本观测值, 可得 $\theta_1, \theta_2, \cdots, \theta_k$ 的**矩估计值**.

例 7.1.1　对某型号的 20 辆汽车记录其每 10L 汽油的行驶里程(单位: km), 观测数据如下:

149.0,　138.0,　141.5,　139.5,　150.5,　143.5,　149.5,　140.0,　139.5,　143.5,

142.0,　136.0,　147.5,　142.5,　140.0,　150.0,　145.5,　149.0,　148.0,　134.5.

试对该型号汽车每 10L 汽油的平均行驶里程及行驶里程分布的标准差给出矩估计.

解　题中给出一个容量为 20 的样本观测值, 对应总体 X 是该型号汽车每 10L 汽油的行驶里程, 问题是对其数学期望 μ 和标准差 σ 给出矩估计. 下面先给出样本容量为 n 的情形下, μ 和 σ 的矩估计. 设 $(X_1, X_2, \cdots, X_n)$ 是来自总体 X 的样本, 则

$$\begin{cases} \mu_1 = E(X) = \mu, \\ \mu_2 = E(X^2) = D(X) + E^2(X) = \sigma^2 + \mu^2, \end{cases}$$

解上述方程组, 得

$$\begin{cases} \mu = \mu_1, \\ \sigma = \sqrt{\mu_2 - \mu_1^2}. \end{cases}$$

以 A_1, A_2 分别替代上式中的 μ_1, μ_2 可得 μ, σ 的矩估计量

$$\hat{\mu} = A_1 = \overline{X}, \quad \hat{\sigma} = \sqrt{A_2 - A_1^2} = \sqrt{\frac{1}{n}\sum_{i=1}^{n} X_i - \overline{X}^2} = \sqrt{\frac{1}{n}\sum_{i=1}^{n}(X_i - \overline{X})^2}.$$

由题中所给数据, 经计算可得 μ, σ 的矩估计值为

$$\hat{\mu} = \overline{x} = \frac{1}{20}\sum_{i=1}^{20} x_i = 143.475, \quad \hat{\sigma} = \sqrt{\frac{1}{20}\sum_{i=1}^{20}(x_i - \overline{x})^2} = 4.792. \qquad \square$$

由例 7.1.1 可知, 总体 X 的数学期望 μ 和方差 σ^2 存在但均未知, 则 μ 和 σ^2 的矩估计分别为

$$\hat{\mu} = \overline{X}, \quad \hat{\sigma}^2 = \frac{1}{n}\sum_{i=1}^{n}(X_i - \overline{X})^2.$$

例 7.1.2 设总体 X 服从指数分布, 其概率密度为

$$f(x) = \begin{cases} \lambda e^{-\lambda x}, & x > 0, \\ 0, & x \leqslant 0, \end{cases}$$

其中 $\lambda > 0$ 为未知参数, $(X_1, X_2, \cdots, X_n)$ 是来自总体 X 的样本, 求 λ 的矩估计.

解 由于

$$\mu_1 = E(X) = \int_{-\infty}^{+\infty} xf(x)\mathrm{d}x = \int_{0}^{+\infty} \lambda x e^{-\lambda x}\mathrm{d}x = \frac{1}{\lambda},$$

所以 $\lambda = \dfrac{1}{\mu_1}$. 以 $A_1 = \overline{X}$ 替代上式中的 μ_1, 可得 λ 的矩估计为 $\hat{\lambda} = \dfrac{1}{\overline{X}}$. $\qquad \square$

例 7.1.3 设总体 $X \sim U(a, b)$, a 与 b 均是未知参数. $(X_1, X_2, \cdots, X_n)$ 是来自总体 X 的样本, 求 a, b 的矩估计.

解 由于

$$\begin{cases} \mu_1 = E(X) = \dfrac{a+b}{2}, \\ \mu_2 = E(X^2) = D(X) + E^2(X) = \dfrac{(b-a)^2}{12} + \dfrac{(a+b)^2}{4}, \end{cases}$$

即

$$\begin{cases} a + b = 2\mu_1, \\ b - a = \sqrt{12(\mu_2 - \mu_1^2)}, \end{cases}$$

由上式可解得

$$a = \mu_1 - \sqrt{3(\mu_2 - \mu_1^2)}, \quad b = \mu_1 + \sqrt{3(\mu_2 - \mu_1^2)}.$$

以 A_1, A_2 分别替代上式中的 μ_1, μ_2 可得 a, b 的矩估计分别为

$$\hat{a} = A_1 - \sqrt{3(A_2 - A_1^2)} = \bar{X} - \sqrt{\frac{3}{n}\sum_{i=1}^{n}(X_i - \bar{X})^2},$$

$$\hat{b} = A_1 + \sqrt{3(A_2 - A_1^2)} = \bar{X} + \sqrt{\frac{3}{n}\sum_{i=1}^{n}(X_i - \bar{X})^2}. \qquad \Box$$

7.1.2　极大似然估计法

现在介绍参数估计的另一种常用方法——极大似然估计, 先看两个例子.

例 7.1.4　一袋中有黑白两种形状相同的球, 球的数目之比是 1∶9, 但不知哪种球多. 设 p 表示任取一球得黑球的概率, p 的可能取值是 0.1 或 0.9. 我们从袋中有放回取三个球, 每次只取一个, 结果仅有一次摸到黑球, 如何才能比较合理地估计出 p 的值呢?

解　A 表示事件 "从袋中有放回取三个球, 每次只取一个, 结果仅有一次摸到黑球". 如果 p 的取值是 0.1, 则 A 发生的概率为 0.243, 如果 p 的取值是 0.9, 则 A 发生的概率为 0.027. 现在一次试验中结果 A 发生了, 应该认为试验条件对结果 A 出现有利, 因此 0.1 作为 p 的估计值要比 0.9 作为 p 的估计值合理. 这种思想常称为**极大似然原理**.

例 7.1.5　某厂生产的某种产品可分为正品和次品两类, 其次品率 p 未知. 现有放回抽取 n 个产品看其是否为次品, 发现其中有 k 个次品, 求 p 的估计值.

解　从产品中有放回抽取 n 个逐一检查是否为次品, 如果把正品记为 0, 次品记为 1, 则总体 X 服从两点分布 $b(1, p)$, 即

$$P(X = x) = p^x(1-p)^{1-x}, \quad x = 0, 1.$$

设样本观测值为 $(x_1, x_2, \cdots, x_n)$, 因为是有放回抽样, 所以该样本是简单随机样本, 且由条件知 $\sum_{i=1}^{n} x_i = k$, 则此样本观测值发生的概率为

$$P(X_1 = x_1, X_2 = x_2, \cdots, X_n = x_n) = \prod_{i=1}^{n} p^{x_i}(1-p)^{1-x_i} \tag{7.1.4}$$

$$= p^{\sum_{i=1}^{n} x_i}(1-p)^{n-\sum_{i=1}^{n} x_i} = p^k(1-p)^{n-k}.$$

由于 p 是未知的, 根据极大似然原理, 我们应该寻找使该样本观测值出现的可能性最大的那个 p 值作为 p 的估计值. 将式 (7.1.4) 看作未知参数 p 的函数, 用 $L(p)$ 表示, 称为**似然函数**, 问题就转化为求似然函数

$$L(p) = p^k(1-p)^{n-k} \tag{7.1.5}$$

的最大值. 为求式 (7.1.5) 的最大值, 可将式 (7.1.5) 两端取对数并对 p 求导令其为零, 即得如下方程

$$\frac{\mathrm{d}\ln L(p)}{\mathrm{d}p} = \frac{k}{p} - \frac{n-k}{1-p} = 0.$$

解之可得 p 的估计为 $\hat{p} = \dfrac{k}{n}$, 这个估计称为**极大似然估计**.

本例中, 如果采用不放回抽样, 则得到样本不是简单随机样本, 但是, 当产品总数比样本容量 n 大很多时, 可将不放回抽样近似作为有放回抽样.   □

由例 7.1.5 可以看到求极大似然估计的基本思路. 对离散总体, 设有样本观测值 $(x_1, x_2, \cdots, x_n)$, 我们认为取到这一样本观测值的概率较大, 此概率一般依赖于某个或某些参数 θ, 记为 $L(\theta)$, 即

$$L(\theta) = P(X_1 = x_1, X_2 = x_2, \cdots, X_n = x_n),$$

称 $L(\theta)$ 为**似然函数**. 求极大似然估计就是找 θ 的估计值 $\hat{\theta} = \hat{\theta}(x_1, x_2, \cdots, x_n)$ 使得 $L(\theta)$ 达到最大.

对连续总体, 样本观测值 $(x_1, x_2, \cdots, x_n)$ 出现的概率总是为 0, 但我们可用联合概率密度函数来表示随机变量在观测值附近出现的可能性大小, 也将之称为似然函数. 由此, 给出如下定义. 为简便起见, 引入概率函数概念, $f(x)$ 称为随机变量 X 的**概率函数**: X 是连续型变量, $f(x)$ 表示它的概率密度函数; X 是离散型变量, $f(x)$ 表示它的概率分布律.

定义 7.1.1   设总体 X 的概率函数为 $f(x; \theta)$, $\theta = (\theta_1, \theta_2, \cdots, \theta_k)$ 为待估参数, 样本 $(X_1, X_2, \cdots, X_n)$ 的一组观测值为 $(x_1, x_2, \cdots, x_n)$, 则称

$$L(\theta) = L(\theta; x_1, x_2, \cdots, x_n) = \prod_{i=1}^{n} f(x_i; \theta)$$

为样本的**似然函数**, 若存在某个 $\hat{\theta} = \hat{\theta}(x_1, x_2, \cdots, x_n)$, 使得

$$L(\hat{\theta}) = \max_{\theta \in \Theta} L(\theta)$$

成立(其中 Θ 为 θ 的参数空间), 则称 $\hat{\theta} = \hat{\theta}(x_1, x_2, \cdots, x_n)$ 是 θ 的**极大似然估计值**, 而称 $\hat{\theta} = \hat{\theta}(X_1, X_2, \cdots, X_n)$ 为 θ 的**极大似然估计量**.

由定义可得求极大似然估计的一般步骤如下:

(1) 由总体分布写出样本的似然函数 $L(\theta) = \prod_{i=1}^{n} f(x_i; \theta)$;

(2) 求似然函数 $L(\theta)$ 的最大值点, 可得参数的极大似然估计.

实际求解过程中, 直接求 $L(\theta)$ 的最大值往往比较困难, 考虑到 $L(\theta)$ 与 $\ln L(\theta)$ 具有相同的最大值点, 而求 $\ln L(\theta)$ 的最大值比较方便, 故对似然函数取对数, 得到对数似然函数 $\ln L(\theta) = \sum_{i=1}^{n} \ln f(x_i; \theta)$. 如果总体分布待估参数仅为一个 θ, 上述对数似然函数对 θ 求导, 并令此导数为 0, 即得对数似然方程

$$\frac{\mathrm{d}\ln L(\theta)}{\mathrm{d}\theta} = 0, \tag{7.1.6}$$

解方程(7.1.6)可得参数 θ 的极大似然估计 $\hat{\theta}$.

如果总体分布有多个待估参数 $\theta = (\theta_1, \theta_2, \cdots, \theta_k)$, 则可建立对数似然方程组

$$\begin{cases} \dfrac{\partial \ln L(\theta)}{\partial \theta_1} = 0, \\[2mm] \dfrac{\partial \ln L(\theta)}{\partial \theta_2} = 0, \\[1mm] \qquad\vdots \\[1mm] \dfrac{\partial \ln L(\theta)}{\partial \theta_k} = 0, \end{cases} \tag{7.1.7}$$

解对数似然方程组(7.1.7)得参数 θ 的极大似然估计 $\hat{\theta} = (\hat{\theta}_1, \hat{\theta}_2, \cdots, \hat{\theta}_k)$.

例 7.1.6　设总体 X 服从指数分布, 其概率密度为

$$f(x; \lambda) = \begin{cases} \lambda \mathrm{e}^{-\lambda x}, & x > 0, \\ 0, & x \leqslant 0, \end{cases}$$

其中 $\lambda > 0$ 为未知参数, $(x_1, x_2, \cdots, x_n)$ 是来自总体 X 的一个样本观测值, 求 λ 的极大似然估计值.

解　似然函数

$$L(\lambda) = \prod_{i=1}^{n} f(x_i; \lambda) = \begin{cases} \lambda^n \mathrm{e}^{-\lambda \sum\limits_{i=1}^{n} x_i}, & x_i > 0 \ (i = 1, 2, \cdots, n), \\ 0, & \text{其他}, \end{cases}$$

显然 $L(\lambda)$ 的最大值点一定是 $L_1(\lambda) = \lambda^n \mathrm{e}^{-\lambda \sum\limits_{i=1}^{n} x_i}$ 的最大值点, 对其取对数, 得

$$\ln L_1(\lambda) = n \ln \lambda - \lambda \sum_{i=1}^{n} x_i .$$

由 $\dfrac{\mathrm{d}\ln L_1(\lambda)}{\mathrm{d}\lambda} = \dfrac{n}{\lambda} - \sum\limits_{i=1}^{n} x_i = 0$ 可得参数 λ 的极大似然估计值 $\hat{\lambda} = \dfrac{n}{\sum\limits_{i=1}^{n} x_i} = \dfrac{1}{\bar{x}}$.　　□

例 7.1.7　设总体 $X \sim N(\mu, \sigma^2)$, 其中 μ, σ^2 为未知参数, $(X_1, X_2, \cdots, X_n)$ 是来自该总体的样本, 求 μ 和 σ^2 的极大似然估计量.

解　设 $(x_1, x_2, \cdots, x_n)$ 是样本的一组观测值, 则似然函数为

$$L(\mu, \sigma^2) = \prod_{i=1}^{n} \frac{1}{\sqrt{2\pi}\sigma} \mathrm{e}^{-\frac{(x_i - \mu)^2}{2\sigma^2}} = (2\pi)^{-\frac{n}{2}} (\sigma^2)^{-\frac{n}{2}} \mathrm{e}^{-\frac{\sum\limits_{i=1}^{n}(x_i - \mu)^2}{2\sigma^2}},$$

对其取对数, 得

$$\ln L(\mu, \sigma^2) = -\frac{n \ln 2\pi}{2} - \frac{n \ln \sigma^2}{2} - \frac{\sum_{i=1}^{n}(x_i - \mu)^2}{2\sigma^2}.$$

由

$$\begin{cases} \dfrac{\partial \ln L(\mu, \sigma^2)}{\partial \mu} = \dfrac{1}{\sigma^2}\sum_{i=1}^{n}(x_i - \mu) = 0, \\ \dfrac{\partial \ln L(\mu, \sigma^2)}{\partial \sigma^2} = -\dfrac{n}{2\sigma^2} + \dfrac{1}{2\sigma^4}\sum_{i=1}^{n}(x_i - \mu)^2 = 0, \end{cases}$$

可得 μ 和 σ^2 的极大似然估计值为 $\hat{\mu} = \bar{x}$, $\hat{\sigma}^2 = \dfrac{1}{n}\sum_{i=1}^{n}(x_i - \bar{x})^2$, 从而 μ 和 σ^2 的极大似然估计量为

$$\hat{\mu} = \bar{X}, \quad \hat{\sigma}^2 = \frac{1}{n}\sum_{i=1}^{n}(X_i - \bar{X})^2. \qquad \square$$

虽然通过解对数似然方程(组)求极大似然估计是最常用的方法, 但并不是在所有场合都是有效的, 下面这个例子说明了这个问题.

例 7.1.8 设 $(X_1, X_2, \cdots, X_n)$ 是来自均匀总体 $U(0, \theta)$ 的样本, 试求 θ 的极大似然估计.

解 总体 X 的概率密度为

$$f(x; \theta) = \begin{cases} \dfrac{1}{\theta}, & 0 < x < \theta, \\ 0, & \text{其他}. \end{cases}$$

设 $x_1, x_2, \cdots, x_n$ 是样本的一个观测值, 则似然函数为

$$L(\theta) = \prod_{i=1}^{n} f(x_i; \theta) = \begin{cases} \dfrac{1}{\theta^n}, & 0 < x_1, x_2, \cdots, x_n < \theta, \\ 0, & \text{其他}, \end{cases}$$

此时对函数 $L(\theta)$ 用求导数来求最大值点的方法是行不通的. 注意到, 要使 $L(\theta)$ 达到最大, 需 $\dfrac{1}{\theta^n}$ 尽可能大, 即要求 θ 尽可能小, 因此当 $\theta = x_{(n)}$ 时, $L(\theta)$ 可达到最大, 故 θ 的极大似然估计量为 $\hat{\theta} = X_{(n)}$. $\qquad \square$

极大似然估计有一个有用的性质: 如果 $\hat{\theta}$ 是 θ 的极大似然估计, $g(\theta)$ 是 θ 的连续函数, 则 $g(\theta)$ 的极大似然估计为 $g(\hat{\theta})$.

习题 7-1

1. 设 $(X_1, X_2, \cdots, X_n)$ 是来自总体 X 的样本, 求下述各总体的概率密度或分布律中的未知参数的矩估计量和极大似然估计量.

(1) $f(x) = \begin{cases} \theta x^{\theta-1}, & 0 < x < 1, \\ 0, & \text{其他,} \end{cases}$ 其中 $\theta > 0$ 为未知参数;

(2) $f(x) = \begin{cases} \theta c^\theta x^{-(\theta+1)}, & x \geqslant c, \\ 0, & x < c, \end{cases}$ 其中 $c > 0$ 为已知, $\theta > 1$ 为未知参数;

(3) $P(X = x) = C_m^x p^x (1-p)^{m-x}, x = 0, 1, 2, \cdots, m, 0 < p < 1$, p 是未知参数.

2. 已知总体服从两点分布 $b(1, p)$, $(X_1, X_2, \cdots, X_n)$ 为总体 X 的样本, 试求未知参数 p 的极大似然估计.

3. 设 $(X_1, X_2, \cdots, X_n)$ 是来自参数为 λ 的泊松分布总体的一个样本, 求 λ 的极大似然估计量及矩估计量.

4. 设一个试验有三种可能结果 0, 1, 2, 其发生的概率分别是

$$p_1 = \theta^2, \quad p_2 = 2\theta(1-\theta), \quad p_3 = (1-\theta)^2,$$

现做了 n 次试验, 观测到三种结果发生的次数分别是 n_1, n_2, n_3, 求未知参数 θ 的矩估计和极大似然估计.

7.2　点估计量的评选标准

从 7.1 节的讨论可知, 参数估计的方法有多种, 用不同的方法得到的估计不一定相同, 这样一个未知参数就有多个估计量, 那么在实际问题中, 我们应该怎样选择估计量呢? 这就涉及评价估计量优良的标准. 对不同的样本观测值, 未知参数的估计值也不同. 一个估计量的优劣不能仅凭一次观测结果而定. 我们要求估计量与待估参数在某种统计意义下非常 "接近". 为此, 下面介绍几个常用的评选标准: 无偏性, 有效性和相合性.

7.2.1　无偏性

未知参数 θ 的估计量 $\hat{\theta} = \hat{\theta}(X_1, X_2, \cdots, X_n)$ 是一个随机变量, 对于一次确定的试验, θ 的估计值 $\hat{\theta} = \hat{\theta}(x_1, x_2, \cdots, x_n)$ 不一定就是真正的 θ. 由于样本的随机性, 不同的试验所得到的估计值也不一定相同, 因此不能仅凭一次确定的试验结果来判断估计量的好坏. 我们希望在多次试验中, 用 $\hat{\theta}$ 作为未知参数 θ 的估计没有系统性的偏差, 即两者之间的平均偏差 $E(\hat{\theta} - \theta)$ 为 0, 或 $E(\hat{\theta}) = \theta$. 这就是无偏性准则.

定义 7.2.1 设 $\hat{\theta} = \hat{\theta}(X_1, X_2, \cdots, X_n)$ 是总体 X 的一个未知参数 θ 的估计量, 若对任意 $\theta \in \Theta$, 有 $E(\hat{\theta}) = \theta$, 则称 $\hat{\theta}$ 是 θ 的一个**无偏估计量**, 否则称为**有偏的**.

此定义表明无偏估计没有系统偏差, 即用 $\hat{\theta}$ 估计 θ 只有抽样的随机误差, 而随机误差在平均的意义下会相互抵消, 因此只有多次重复使用估计 $\hat{\theta}$, 无偏性才有意义.

例 7.2.1 设总体 X 具有期望 $E(X)=\mu$, 方差 $D(X)=\sigma^2$, $(X_1,X_2,\cdots,X_n)$ 是来自该总体的样本, 证明

(1) $\bar{X}=\dfrac{1}{n}\sum_{i=1}^{n}X_i$ 是 μ 的无偏估计量;

(2) $B_2=\dfrac{1}{n}\sum_{i=1}^{n}(X_i-\bar{X})^2$ 不是 σ^2 的无偏估计;

(3) $S^2=\dfrac{1}{n-1}\sum_{i=1}^{n}(X_i-\bar{X})^2$ 是 σ^2 的无偏估计.

证 由样本定义知 $X_1,X_2,\cdots,X_n$ 相互独立, 且与 X 同分布, 因此

$$E(X_i)=\mu, \quad D(X_i)=\sigma^2, \quad i=1,2,\cdots,n.$$

(1) 因为 $E(\bar{X})=E\left(\dfrac{1}{n}\sum_{i=1}^{n}X_i\right)=\dfrac{1}{n}\sum_{i=1}^{n}E(X_i)=\mu$, 所以 $\bar{X}$ 是 μ 的无偏估计量.

(2) 由于 $B_2=\dfrac{1}{n}\sum_{i=1}^{n}(X_i-\bar{X})^2=\dfrac{1}{n}\sum_{i=1}^{n}X_i^2-\bar{X}^2$, 故 $E(B_2)=\dfrac{1}{n}\sum_{i=1}^{n}E(X_i^2)-E(\bar{X})^2$.

而

$$D(\bar{X})=D\left(\dfrac{1}{n}\sum_{i=1}^{n}X_i\right)=\dfrac{1}{n^2}\sum_{i=1}^{n}D(X_i)=\dfrac{\sigma^2}{n},$$

$$E(\bar{X})^2=D(\bar{X})+(E(X))^2=\dfrac{\sigma^2}{n}+\mu^2,$$

$$E(X_i^2)=D(X_i)+(E(X_i))^2=\sigma^2+\mu^2,$$

则

$$E(B_2)=\dfrac{1}{n}\sum_{i=1}^{n}E(X_i^2)-E(\bar{X})^2=\dfrac{1}{n}\sum_{i=1}^{n}(\sigma^2+\mu^2)-\left(\dfrac{\sigma^2}{n}+\mu^2\right)=\dfrac{(n-1)\sigma^2}{n}\neq\sigma^2,$$

因此 B_2 不是 σ^2 的无偏估计.

(3) 因为 $S^2=\dfrac{n}{n-1}B_2$, 所以

$$E(S^2)=\dfrac{n}{n-1}E(B_2)=\dfrac{n}{n-1}\cdot\dfrac{(n-1)\sigma^2}{n}=\sigma^2,$$

所以 S^2 是 σ^2 的无偏估计. □

7.2.2　有效性

上面提出了无偏性这一标准, 但是一个未知参数 θ 的无偏估计有时不止一个, 当 $\hat{\theta}_1$ 和 $\hat{\theta}_2$ 均是参数 θ 的无偏估计量时, 如何比较 $\hat{\theta}_1$ 和 $\hat{\theta}_2$ 的优劣呢? 一个很自然的标准就是看 $\hat{\theta}_1$ 和 $\hat{\theta}_2$ 中哪一个取值更稳定在 θ 的附近. 刻画估计量 $\hat{\theta}$ 的取值稳定在 θ 附近的程度可用 $E(\hat{\theta} - \theta)^2$ 来度量, 如果 $E(\hat{\theta} - \theta)^2$ 较小, 我们有理由认为估计量 $\hat{\theta}$ 是比较好的: 当 $\hat{\theta}$ 是无偏估计量时, $E(\hat{\theta}) = \theta$, 则

$$E(\hat{\theta} - \theta)^2 = E\left[\hat{\theta} - E(\hat{\theta})\right]^2 = D(\hat{\theta}).$$

从而可以通过 $D(\hat{\theta})$ 的大小来比较无偏估计量的优劣. 这就是有效性准则.

定义 7.2.2　$\hat{\theta}_1 = \hat{\theta}_1(X_1, X_2, \cdots, X_n)$ 和 $\hat{\theta}_2 = \hat{\theta}_2(X_1, X_2, \cdots, X_n)$ 都是未知参数 θ 的无偏估计量, 若对任意 $\theta \in \Theta$, 有

$$D(\hat{\theta}_1) \leqslant D(\hat{\theta}_2),$$

且至少存在某一个 $\theta \in \Theta$ 使得上式成为严格的不等式, 则称 $\hat{\theta}_1$ 比 $\hat{\theta}_2$ **有效**.

例 7.2.2　设总体 X 的均值为 μ, 方差为 σ^2, (X_1, X_2, X_3, X_4) 是来自该总体的一个样本, 证明 $\hat{\mu}_1 = \dfrac{X_1 + X_2 + X_3 + X_4}{4}$, $\hat{\mu}_2 = \dfrac{X_1 + X_2}{2}$ 都是 μ 的无偏估计量, 并问哪一个估计量有效?

证　由于

$$E(\hat{\mu}_1) = E\left(\frac{X_1 + X_2 + X_3 + X_4}{4}\right) = \frac{1}{4}\left(E(X_1) + E(X_2) + E(X_3) + E(X_4)\right) = \mu,$$

$$E(\hat{\mu}_2) = E\left(\frac{X_1 + X_2}{2}\right) = \frac{1}{2}\left(E(X_1) + E(X_2)\right) = \mu,$$

所以 $\hat{\mu}_1$, $\hat{\mu}_2$ 都是 μ 的无偏估计. 又

$$D(\hat{\mu}_1) = D\left(\frac{X_1 + X_2 + X_3 + X_4}{4}\right) = \frac{1}{16}\left(D(X_1) + D(X_2) + D(X_3) + D(X_4)\right) = \frac{\sigma^2}{4},$$

$$D(\hat{\mu}_2) = D\left(\frac{X_1 + X_2}{2}\right) = \frac{1}{4}\left(D(X_1) + D(X_2)\right) = \frac{\sigma^2}{2},$$

则 $D(\hat{\mu}_1) < D(\hat{\mu}_2)$, 所以 $\hat{\mu}_1$ 比 $\hat{\mu}_2$ 有效.　　　　　□

7.2.3　相合性

无偏性和有效性都是在样本容量确定的情况下讨论的. 一个估计量即使是无偏的且方差也较小, 但也不一定能满足人们的要求. 根据第 6 章提到的格里汶科

定理, 随着样本量的不断增大, 经验分布函数逼近总体的真实分布函数, 因此自然要求估计量随着样本容量的不断增大而逼近待估参数的真值. 这就是相合性准则.

定义 7.2.3 设 $\hat{\theta}_n = \hat{\theta}_n(X_1, X_2, \cdots, X_n)$ 是未知参数 θ 的估计量, 如果 $\forall \varepsilon > 0$, 有

$$\lim_{n \to \infty} P(|\hat{\theta}_n - \theta| < \varepsilon) = 1,$$

则称 $\hat{\theta}_n$ 是未知参数 θ 的**相合估计量**.

由定理 6.2.2 可知, 样本的 k 阶矩 A_k 是总体 k 阶矩 μ_k 的相合估计量.

习题 7-2

1. 设 (X_1, X_2, X_3, X_4) 是来自期望为 θ 的指数分布总体的样本, 其中 θ 未知. 设有估计量

$$T_1 = \frac{1}{6}(X_1 + X_2) + \frac{1}{3}(X_3 + X_4), \quad T_2 = \frac{1}{5}(X_1 + 2X_2 + 3X_3 + 4X_4), \quad T_3 = \frac{1}{4}(X_1 + X_2 + X_3 + X_4).$$

(1) 指出 T_1, T_2, T_3 中哪几个是 θ 的无偏估计量;

(2) 在上述 θ 的无偏估计中指出哪一个较为有效.

2. 设总体 X 的概率密度为

$$f(x) = \begin{cases} \dfrac{6x}{\theta^3}(\theta - x), & 0 < x < \theta, \\ 0, & 其他. \end{cases}$$

$(X_1, X_2, \cdots, X_n)$ 是取自总体 X 的简单随机样本.

(1) 求 θ 的矩估计量 $\hat{\theta}$;

(2) 求 $\hat{\theta}$ 的方差 $D(\hat{\theta})$.

3. 设总体 X 服从均匀分布, 其概率密度为

$$f(x; \theta) = \begin{cases} \dfrac{1}{\theta - 1}, & 1 < x < \theta, \\ 0, & 其他, \end{cases}$$

其中未知参数 $\theta > 1$. 求 θ 的矩估计量 $\hat{\theta}$, 并判别 $\hat{\theta}$ 是否为 θ 的无偏估计.

4. 设总体 $X \sim N(\mu, \sigma^2)$, $(X_1, X_2, \cdots, X_n)$ 是来自总体 X 的样本, $n > 1$. 试求 k, 使得

$$\hat{\sigma}^2 = k \sum_{i=1}^{n-1} (X_{i+1} - X_i)^2$$

为 σ^2 的无偏估计.

5. 设 $X_1, X_2, \cdots, X_n$ 是来自总体 X 的样本, $a_i > 0$, $i = 1, 2, \cdots, n$, 且 $\sum_{i=1}^{n} a_i = 1$, 试证

(1) $\sum_{i=1}^{n} a_i X_i$ 是总体期望 $E(X)$ 的无偏估计;

(2) 在所有形如 $\sum_{i=1}^{n} a_i X_i$ 的估计中, 以 $\bar{X}$ 最为有效.

7.3 区 间 估 计

参数的点估计给出了未知参数 θ 的近似值, 但未能给出近似值相对 θ 真值的误差. 实际中, 人们还希望估计出未知参数 θ 的取值范围以及这个范围包含未知参数 θ 真值的可信程度. 这样的范围通常以区间的形式给出. 这种形式的估计称为区间估计.

7.3.1 置信区间的概念

定义 7.3.1 设 θ 是总体 X 的一个待估参数, 其参数空间为 Θ , $(X_1, X_2, \cdots, X_n)$ 是来自该总体的样本. 对给定的实数 $\alpha\,(0 < \alpha < 1)$, 假设有两个统计量 $\hat{\theta}_L = \hat{\theta}_L(X_1, X_2, \cdots, X_n)$ 和 $\hat{\theta}_U = \hat{\theta}_U\,(X_1, X_2, \cdots, X_n)$, 若对任意的 $\theta \in \Theta$, 有

$$P(\hat{\theta}_L < \theta < \hat{\theta}_U) \geqslant 1 - \alpha,$$

则称区间 $(\hat{\theta}_L, \hat{\theta}_U)$ 为 θ 的置信水平是 $1 - \alpha$ 的**置信区间**, $\hat{\theta}_L$ 和 $\hat{\theta}_U$ 分别称为 θ 的**置信下限**和**置信上限**, 而称 $1 - \alpha$ 为**置信水平**或**置信度**.

该定义告诉我们: 对待估参数 θ 作区间估计时, 设法构造一个随机区间 $(\hat{\theta}_L, \hat{\theta}_U)$, 它能包含待估参数 θ 的概率为 $1 - \alpha$. 在大量重复使用 θ 的置信区间 $(\hat{\theta}_L, \hat{\theta}_U)$ 时, 由于每次得到的样本观测值是不同的, 所以每次得到的区间也会不一样, 就一次具体的观测值而言, $(\hat{\theta}_L, \hat{\theta}_U)$ 可能包含 θ , 也可能不包含 θ . 平均而言, 在这大量的区间估计观测值中, 所得到的这些置信区间 $(\hat{\theta}_L, \hat{\theta}_U)$ 中约有 $(1 - \alpha) \times 100\%$ 的区间包含未知参数 θ .

定义 7.3.1 中的置信区间通常也称为双侧置信区间. 但在一些实际问题中, 人们感兴趣的有时仅仅是未知参数的一个下限或上限. 譬如, 对某种产品的平均寿命来说, 我们希望它的寿命不能低于某个值, 因此人们关心的是它的置信水平为 $1 - \alpha$ 的置信下限是多少, 此下限标志了该产品的质量. 如果 $P(\hat{\theta}_L < \theta) = 1 - \alpha$, 则称 $\hat{\theta}_L$ 为 θ 的置信水平为 $1 - \alpha$ 的**(单侧)置信下限**; 如果 $P(\theta < \hat{\theta}_U) = 1 - \alpha$, 则称 $\hat{\theta}_U$ 为 θ 的置信水平为 $1 - \alpha$ 的**(单侧)置信上限**.

下面介绍寻找置信区间的常用方法.

7.3.2 枢轴量法

构造待估参数 θ 的置信区间的最常用方法是枢轴量法, 其步骤如下:

(1) 从 θ 的一个点估计 $\hat{\theta}$ 出发, 构造 $\hat{\theta}$ 与 θ 的一个函数 $G = G(\hat{\theta}, \theta)$, 使得 G

的分布(在大样本场合, 可以是 G 的渐近分布)是已知的, 且与 θ 无关. 一般称这种函数 G 为**枢轴量**;

(2) 适当选择两个常数 c, d, 使对给定的实数 α ($0 < \alpha < 1$), 有
$$P(c < G < d) = 1 - \alpha.$$

(3) 将 $c < G < d$ 进行不等式等价变形化为 $\hat{\theta}_L < \theta < \hat{\theta}_U$, 则有
$$P(\hat{\theta}_L < \theta < \hat{\theta}_U) = 1 - \alpha,$$

这表明 $(\hat{\theta}_L, \hat{\theta}_U)$ 为 θ 的置信水平为 $1 - \alpha$ 的置信区间.

7.3.3　单个正态总体参数的置信区间

正态总体 $N(\mu, \sigma^2)$ 是最常用的分布, 本小节讨论它的两个参数 μ 和 σ^2 的置信区间. 设 $(X_1, X_2, \cdots, X_n)$ 是来自正态总体 $N(\mu, \sigma^2)$ 的一个样本, $\bar{X}$ 与 S^2 分别是样本均值和样本方差.

1. 方差 σ^2 已知, μ 的置信区间

因为 $\bar{X}$ 是 μ 的无偏估计, 由定理 6.3.1 知, $\dfrac{\bar{X} - \mu}{\sigma / \sqrt{n}} \sim N(0, 1)$, 则可取枢轴量为
$$Z = \frac{\bar{X} - \mu}{\sigma / \sqrt{n}}.$$

由标准正态分布的上 α 分位数的概念, 有 (图 7-1)
$$P\left(-z_{\alpha/2} < \frac{\bar{X} - \mu}{\sigma / \sqrt{n}} < z_{\alpha/2} \right) = 1 - \alpha,$$

即
$$P\left(\bar{X} - z_{\alpha/2} \frac{\sigma}{\sqrt{n}} < \mu < \bar{X} + z_{\alpha/2} \frac{\sigma}{\sqrt{n}} \right) = 1 - \alpha,$$

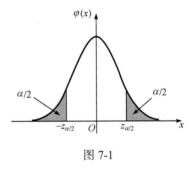

图 7-1

因此 μ 的置信水平为 $1 - \alpha$ 的置信区间为
$$\left(\bar{X} - z_{\alpha/2} \frac{\sigma}{\sqrt{n}}, \ \bar{X} + z_{\alpha/2} \frac{\sigma}{\sqrt{n}} \right). \tag{7.3.1}$$

例 7.3.1 已知某种材料的抗压强度 $X \sim N(\mu, 30^2)$, 现随机地抽取 10 个试件进行抗压试验, 测得数据为: 482, 493, 457, 471, 510, 446, 435, 418, 394, 469. 求平均抗压强度 μ 的置信水平为 95% 置信区间.

解 这里 $1 - \alpha = 0.95$, $\alpha = 0.05$, 查标准正态分布表得 $z_{\alpha/2} = z_{0.025} = 1.96$, 由所

给数据计算得, $\bar{x} = 457.5$, 代入式(7.3.1)可得 $(457.5 - 1.96 \times 30 / \sqrt{10}, 457.5 + 1.96 \times 30 / \sqrt{10})$, 故 μ 的置信水平为 95%置信区间为 $(438.91, 476.09)$. □

2. σ^2 未知, μ 的置信区间

由定理 6.3.1, $\dfrac{\bar{X} - \mu}{S / \sqrt{n}} \sim t(n-1)$, 则可取枢轴量为

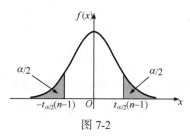

图 7-2

$$T = \frac{\bar{X} - \mu}{S / \sqrt{n}}.$$

由 t 分布的上 α 分位数的概念, 有(图 7-2)

$$P\left(-t_{\alpha/2}(n-1) < \frac{\bar{X} - \mu}{S / \sqrt{n}} < t_{\alpha/2}(n-1) \right) = 1 - \alpha,$$

即

$$P\left(\bar{X} - t_{\alpha/2}(n-1) \cdot \frac{S}{\sqrt{n}} < \mu < \bar{X} + t_{\alpha/2}(n-1) \cdot \frac{S}{\sqrt{n}} \right) = 1 - \alpha,$$

故 μ 的置信水平为 $1 - \alpha$ 的置信区间为

$$\left(\bar{X} - t_{\alpha/2}(n-1) \cdot \frac{S}{\sqrt{n}}, \ \bar{X} + t_{\alpha/2}(n-1) \cdot \frac{S}{\sqrt{n}} \right). \tag{7.3.2}$$

例 7.3.2　假设轮胎的寿命服从正态分布 $N(\mu, \sigma^2)$, 为估计某种轮胎的平均寿命(单位: 万千米), 现随机地抽 12 只轮胎试用, 测得它们的样本均值 $\bar{x} = 4.71$, 样本标准差 $s = 0.25$. 试求轮胎平均寿命 μ 的置信水平为 0.95 的置信区间.

解　这里 $1 - \alpha = 0.95, \alpha = 0.05$, 查 t 分布表得 $t_{\alpha/2}(n-1) = t_{0.025}(11) = 2.20099$, 代入式(7.3.2)得

$$(4.71 - 2.20099 \times 0.25 / \sqrt{12}, 4.71 + 2.20099 \times 0.25 / \sqrt{12}),$$

故轮胎平均寿命 μ 的 0.95 的置信区间为 $(4.55, 4.87)$. □

3. μ 未知, σ^2 的置信区间

此时虽然也可以就 μ 是否已知分两种情形讨论 σ^2 的置信区间, 但是实际中 σ^2 未知时 μ 已知的情形是极为罕见的, 所以我们只在 μ 未知的条件下讨论 σ^2 的置信区间.

因为 S^2 是 σ^2 的无偏估计, 由定理 6.3.1, $\dfrac{(n-1)S^2}{\sigma^2} \sim \chi^2(n-1)$, 则可取枢轴量为

$$\chi^2 = \frac{(n-1)S^2}{\sigma^2}.$$

由 χ^2 分布的上 α 分位数的概念, 有(图 7-3)

$$P\left(\chi^2_{1-\alpha/2}(n-1) < \frac{(n-1)S^2}{\sigma^2} < \chi^2_{\alpha/2}(n-1)\right) = 1-\alpha,$$

即

$$P\left(\frac{(n-1)S^2}{\chi^2_{\alpha/2}(n-1)} < \sigma^2 < \frac{(n-1)S^2}{\chi^2_{1-\alpha/2}(n-1)}\right) = 1-\alpha.$$

所以 σ^2 的置信水平为 $1-\alpha$ 的置信区间为

$$\left(\frac{(n-1)S^2}{\chi^2_{\alpha/2}(n-1)}, \frac{(n-1)S^2}{\chi^2_{1-\alpha/2}(n-1)}\right). \qquad (7.3.3)$$

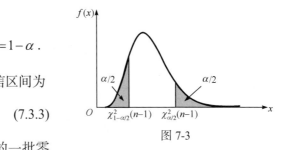

图 7-3

例 7.3.3　从自动车床加工的一批零件中随机地抽取 16 件, 测得各零件的长度如下(单位: cm):

$$2.15, \quad 2.10, \quad 2.12, \quad 2.10, \quad 2.14, \quad 2.11, \quad 2.15, \quad 2.13,$$
$$2.13, \quad 2.11, \quad 2.14, \quad 2.13, \quad 2.12, \quad 2.13, \quad 2.10, \quad 2.14.$$

设零件长度服从正态分布 $N(\mu, \sigma^2)$, 试求零件长度标准差 σ 的置信水平为 95% 的置信区间.

解　这里 $1-\alpha = 0.95, \alpha = 0.05$,　$n = 16$,　查 χ^2 分布表得 $\chi^2_{0.025}(15) = 27.488$,　$\chi^2_{0.975}(15) = 6.262$, 由所给数据计算得样本均值 $\bar{x} = 2.125$, 样本方差 $s^2 = 0.000293$, 由式(7.3.3)可得

$$\left(\frac{15 \times 0.000293}{27.488}, \frac{15 \times 0.000293}{6.262}\right) = \left(1.59888 \times 10^{-4}, 7.018524 \times 10^{-4}\right),$$

所以零件长度标准差的 95% 的置信区间为 $(0.0126, 0.0265)$.　　　　□

7.3.4　两个正态总体下的置信区间

在实际应用中常常要考虑两个正态总体均值之间或方差之间是否有差异. 以下给出两个正态总体的均值差或方差比的置信区间.

设 $(X_1, X_2, \cdots, X_{n_1})$ 是来自总体 $X \sim N(\mu_1, \sigma_1^2)$ 的样本, $(Y_1, Y_2, \cdots, Y_{n_2})$ 是来自总体 $Y \sim N(\mu_2, \sigma_2^2)$ 的样本, 且这两个样本相互独立. 记 $\bar{X}$, $\bar{Y}$ 分别是总体 X 和 Y 的样本均值, S_1^2, S_2^2 分别是总体 X 和 Y 的样本方差, 置信水平为 $1-\alpha$.

1. σ_1^2, σ_2^2 已知, 均值差 $\mu_1 - \mu_2$ 的置信区间

由定理 6.3.1 知, $\bar{X} \sim N\left(\mu_1, \frac{\sigma_1^2}{n_1}\right)$, $\bar{Y} \sim N\left(\mu_2, \frac{\sigma_2^2}{n_2}\right)$, 且 $\bar{X}$ 和 $\bar{Y}$ 相互独立, 则

$$\bar{X} - \bar{Y} \sim N\left(\mu_1 - \mu_2, \frac{\sigma_1^2}{n_1} + \frac{\sigma_2^2}{n_2}\right),$$

取枢轴量为

$$Z = \frac{\bar{X} - \bar{Y} - (\mu_1 - \mu_2)}{\sqrt{\dfrac{\sigma_1^2}{n_1} + \dfrac{\sigma_2^2}{n_2}}} \sim N(0,1),$$

沿用 7.3.3 小节中多次用过的方法可得 $\mu_1 - \mu_2$ 的置信水平为 $1 - \alpha$ 的置信区间为

$$\left(\bar{X} - \bar{Y} - z_{\alpha/2}\sqrt{\frac{\sigma_1^2}{n_1} + \frac{\sigma_2^2}{n_2}}, \ \bar{X} - \bar{Y} + z_{\alpha/2}\sqrt{\frac{\sigma_1^2}{n_1} + \frac{\sigma_2^2}{n_2}}\right). \tag{7.3.4}$$

2. σ_1^2, σ_2^2 未知，但 $\sigma_1^2 = \sigma_2^2 = \sigma^2$，均值差 $\mu_1 - \mu_2$ 的置信区间

由定理 6.3.2，取枢轴量为

$$T = \frac{\bar{X} - \bar{Y} - (\mu_1 - \mu_2)}{\sqrt{\dfrac{1}{n_1} + \dfrac{1}{n_2}}\sqrt{\dfrac{(n_1-1)S_1^2 + (n_2-1)S_2^2}{n_1 + n_2 - 2}}} \sim t(n_1 + n_2 - 2),$$

所以 $\mu_1 - \mu_2$ 的置信水平为 $1 - \alpha$ 的置信区间为

$$\left(\bar{X} - \bar{Y} - t_{\alpha/2}(n_1+n_2-2)\cdot S_w\sqrt{\frac{1}{n_1} + \frac{1}{n_2}}, \ \bar{X} - \bar{Y} + t_{\alpha/2}(n_1+n_2-2)\cdot S_w\sqrt{\frac{1}{n_1} + \frac{1}{n_2}}\right),$$

$$\tag{7.3.5}$$

其中 $S_w^2 = \dfrac{(n_1-1)S_1^2 + (n_2-1)S_2^2}{n_1 + n_2 - 2}$.

例 7.3.4 用两种方法治疗某种类型精神病，从疗法 A 的 69 个病例的记录得到平均疗程为 123 天，标准差 21 天；从疗法 B 的 53 个病例的记录得到平均疗程 132 天，标准差 30 天，假设不论哪种疗法的疗程都服从正态分布. 求两种治疗方法的平均疗程之差的置信水平为 0.95 的置信区间.

解 由题设，置信水平 $1 - \alpha = 0.95$，$n_1 = 69$，$\bar{x} = 123$，$s_1 = 21$，$n_2 = 53$，$\bar{y} = 132$，$s_2 = 30$，查表

$$t_{0.025}(120) = 1.95966,$$

$$S_w^2 = \frac{68 \times 21^2 + 52 \times 30^2}{120} = 639.9, \sqrt{\frac{1}{n_1} + \frac{1}{n_2}} = \sqrt{\frac{1}{69} + \frac{1}{53}} = 0.18265,$$

代入式(7.3.5)可得

$$(123 - 132 - 1.95966 \times 0.18265 \times \sqrt{639.9}, 123 - 132 + 1.95966 \times 0.18265 \times \sqrt{639.9}),$$

故两种治疗方法的平均疗程之差的置信水平为 0.95 的置信区间为 $(-18.0557, 0.0557)$. □

3. 方差比 σ_1^2 / σ_2^2 的置信区间

由定理 6.3.2, 取枢轴量为

$$F = \frac{S_1^2 / \sigma_1^2}{S_2^2 / \sigma_2^2} \sim F(n_1 - 1, n_2 - 1).$$

从而 σ_1^2 / σ_2^2 的置信水平为 $1 - \alpha$ 的置信区间为

$$\left(\frac{S_1^2}{S_2^2} \cdot \frac{1}{F_{\alpha/2}(n_1 - 1, n_2 - 1)}, \ \frac{S_1^2}{S_2^2} \cdot \frac{1}{F_{1-\alpha/2}(n_1 - 1, n_2 - 1)} \right). \tag{7.3.6}$$

例 7.3.5 设从总体 $X \sim N(\mu_1, \sigma_1^2)$ 和总体 $Y \sim N(\mu_2, \sigma_2^2)$ 中分别抽取容量为 $n_1 = 10$, $n_2 = 16$ 的独立样本, 可计算得 $\bar{x} = 82$, $s_1^2 = 56.5$, $\bar{y} = 76$, $s_2^2 = 52.4$, 求 σ_1^2 / σ_2^2 的置信水平为 95% 的置信区间.

解 这里 $1 - \alpha = 0.95$, 查表 $F_{0.025}(9, 15) = 3.12$, $F_{0.975}(9, 15) = \frac{1}{F_{0.025}(15, 9)} = \frac{1}{3.77} \approx 0.27$, 代入式 (7.3.6) 可得

$$\left(\frac{56.5}{52.4} \cdot \frac{1}{3.12}, \ \frac{56.5}{52.4} \cdot \frac{1}{0.27} \right),$$

所以 σ_1^2 / σ_2^2 的置信水平为 95% 的置信区间为 $(0.35, 3.99)$. □

习题 7-3

1. 设总体 $X \sim N(\mu, 2.8^2)$, $(X_1, X_2, \cdots, X_{10})$ 是来自总体 X 的一个样本, 并且已知样本均值 $\bar{x} = 1500$, 求 μ 的置信水平为 0.95 的置信区间.

2. 有一大批糖果, 现从中随机地抽取 16 袋, 得重量(单位: g)的样本均值为 $\bar{x} = 503$, 样本标准差为 $s = 6.2022$, 设袋装糖果的重量近似地服从正态分布, 求总体均值 μ 的置信水平为 0.95 的置信区间.

3. 从一批零件中抽取 18 个测量其长度, 得到样本标准差 $s = 0.195$, 设零件长度服从正态分布 $N(\mu, \sigma^2)$, 求零件长度标准差 σ 的置信水平为 95% 的置信区间.

4. 设从两个正态总体 $N(\mu_1, \sigma_1^2)$, $N(\mu_2, \sigma_2^2)$ 中分别取容量为 10 和 12 的样本, 两样本相互独立. 经计算得第一个总体的样本均值 $\bar{x} = 20$, 样本标准差 $s_1 = 5$; 第二个总体的样本均值 $\bar{y} = 24$, 样本标准差 $s_2 = 6$.

(1) 若已知 $\sigma_1^2 = \sigma_2^2$, 求 $\mu_1 - \mu_2$ 的置信水平为 0.95 的置信区间;

(2) 求 σ_1^2 / σ_2^2 的置信水平为 0.95 的置信区间.

第8章 假设检验

第 7 章讨论了统计推断中的参数估计问题. 在实际应用中, 还会碰到另一类统计推断问题, 这类问题中, 总体的分布函数完全未知或只知其形式但不知其参数, 为了推断总体的某些未知特性, 需要提出某些关于总体的假设. 例如, 提出总体服从指数分布的假设; 又如, 对于正态总体提出它的数学期望等于 μ_0 的假设等. 我们要根据样本对所提出的假设作出是接受还是拒绝的决策. 这就是假设检验.

本章主要介绍假设检验的基本概念和做法、正态总体参数的假设检验以及总体分布的拟合检验.

8.1　假设检验的基本概念

例 8.1.1 (女士品茶试验)　故事发生在 20 世纪 20 年代后期, 在英国剑桥的某个午后, 一群大学的绅士和他们的夫人, 还有来访者, 正围坐在户外的桌旁, 享用着下午茶. 在品茶过程中一位女士坚称, 把茶加到牛奶里(记为 MT), 以及把牛奶加到茶里(记为 TM), 两种方法调出来的茶喝起来味道不同. 在座的科学家都对她的说法嗤之以鼻, 这怎么可能呢? 但有位来访的瘦小绅士, 费希尔(1890—1962, 英国统计学家、生物进化学家、数学家、遗传学家和优生学家, 现代统计科学的奠基人之一)却不这么看, 他对这个问题很感兴趣. 费希尔提议做一项试验来检验如下假设是否可以接受:

假设 H: 该女士没有此种鉴别能力.

他准备了 10 杯调制好的奶茶(其中有 MT 也有 TM), 服务员一杯一杯地奉上, 让女士品尝, 说出是 TM 还是 MT, 结果那位女士竟然正确地分辨出 10 杯奶茶中的每一杯.

费希尔分析实验结果的时候, 运用了这样的逻辑: 他首先假设女士没有这个能力, 该女士要鉴别 MT 或 TM, 只能靠猜, 每次猜对的概率为 1/2, 10 次全猜对的概率为 2^{-10}, 这是一个非常小的概率, 在一次试验中几乎不会发生的事件, 现在竟然发生了, 这只能说明原假设是令人怀疑的, 予以拒绝, 所以应认为该女士确有辨别奶茶 TM 和 MT 的能力.

从例 8.1.1 中可以看到, 假设检验实际上是建立在实际推断原理上的反证法,它的基本思想是: 先根据问题的题意提出一种假设 H_0, 并假定 H_0 成立, 然后进行一次试验, 观察是否有一个小概率事件发生? 若发生则与小概率原理矛盾, 从而推翻 H_0, 否则就不能拒绝 H_0.

以下将通过一个实例介绍假设检验中的一些基本概念和操作步骤.

例 8.1.2　某厂生产的产品, 从以往的生产情况看, 其重量服从正态分布 $N(\mu, 0.05)$ (单位: kg), 其中 $\mu = 15$. 技术革新后, 取了 6 个样品, 测得重量(单位: kg)如下:

$$14.7, \quad 15.1, \quad 14.8, \quad 15.0, \quad 15.2, \quad 14.6.$$

已知方差不变, 问平均重量是否仍为 15kg?

分析　设产品重量为 X, $(X_1, X_2, \cdots, X_n)$ 是来自总体 X 的样本, 样本的一组观测值为 $(x_1, x_2, \cdots, x_n)$. 本例中, 样本容量 $n = 6$, $X \sim N(\mu, \sigma^2)$, 其中 $\sigma^2 = 0.05$, μ 未知.

(1) 建立假设.

本例的问题是根据样本观测值来判断 μ 是否为 $\mu_0 = 15$. 为此我们提出假设

$$H_0 : \mu = \mu_0,$$

称此假设为**原假设**或**零假设**. 而与这个假设相对立的假设为

$$H_1 : \mu \neq \mu_0,$$

称它为**备择假设**.

于是问题就转化为检验假设 H_0 是否成立(为真). 本例的假设检验问题可简记为

$$H_0 : \mu = \mu_0, \quad H_1 : \mu \neq \mu_0.$$

通常将不应轻易加以否定的假设作为原假设.

(2) 选择检验统计量, 给出拒绝域形式.

本例要检验的假设涉及总体均值, 由于样本均值 $\bar{X}$ 是总体均值 μ 的无偏估计, $\bar{X}$ 的观测值 $\bar{x}$ 的大小在一定程度上反映 μ 的大小, 因此如果原假设 H_0 为真, $\bar{X}$ 的观测值 $\bar{x}$ 与 μ_0 的偏差不应较大, 若 $|\bar{x} - \mu_0|$ 过分大, 我们就有理由怀疑原假设 H_0 的正确性而拒绝 H_0. 为衡量 $|\bar{x} - \mu_0|$ 的大小, 可适当选择一个正数 d, 如果观测值 $\bar{x}$ 满足 $|\bar{x} - \mu_0| > d$, 我们就认为 $\bar{x}$ 与 μ_0 的偏差较大. 在 H_0 为真的前提下, $|\bar{X} - \mu_0| > d$ 这一事件不太可能发生, 即 $P(|\bar{X} - \mu_0| > d)$ 很小.

由定理 6.3.1 知, $\dfrac{\bar{X} - \mu}{\sigma / \sqrt{n}} \sim N(0,1)$, 所以, 在 H_0 为真的前提下, $\dfrac{\bar{X} - \mu_0}{\sigma / \sqrt{n}} \sim N(0,1)$, 从而

$$P\left(|\bar{X} - \mu_0| > d \right) = P\left(\frac{|\bar{X} - \mu_0|}{\sigma / \sqrt{n}} > \frac{d}{\sigma / \sqrt{n}} \right) = P(|Z| > c),$$

其中 $c = \dfrac{d}{\sigma / \sqrt{n}}$，$Z = \dfrac{\bar{X} - \mu_0}{\sigma / \sqrt{n}}$. 令

$$W = \left\{ (x_1, x_2, \cdots, x_n) \left| \frac{|\bar{x} - \mu_0|}{\sigma / \sqrt{n}} > c \right. \right\},$$

简记为 $W = \{|Z| > c\}$，当样本观测值属于 W，即 $|\bar{x} - \mu_0| > d$ 时，这一小概率事件发生了，从而怀疑原假设 H_0 的正确性，应该拒绝 H_0，否则不能拒绝 H_0.

我们称统计量 $Z = \dfrac{\bar{X} - \mu_0}{\sigma / \sqrt{n}}$ 为该检验的**检验统计量**，W 为该检验的**拒绝域**.

(3) 选择显著性水平.

由于抽样是随机的，根据样本观测值是否落入拒绝域中所作出的判断可能犯以下两种错误：原假设 H_0 本身正确，但样本观测值落入拒绝域 W 中，从而作出了拒绝 H_0 的判断，称为**第一类错误**，又称**弃真错误**；原假设本身错误，但样本观测值没有落入拒绝域 W 中，从而作出了不拒绝 H_0 的判断，称为**第二类错误**，又称**取伪错误**.

理想的检验方法是使犯这两类错误的概率很小，但样本容量一定的条件下不可能找到一个使犯这两类错误概率都小的检验. 为保护原假设 H_0 不致于被轻易否定，通常的做法：在样本容量给定的情况下，只对犯第一类错误的概率 α 加以控制，而不控制犯第二类错误的概率，称这种检验为**显著性水平 α 的显著性检验**. 通常选择 $\alpha = 0.05$，有时也选择 $\alpha = 0.1$ 或 $\alpha = 0.01$.

犯第一类错误的概率记为 $P(拒绝H_0 \,|\, H_0为真)$，显著性检验就是要确定拒绝域 W，满足

$$P(拒绝H_0 \,|\, H_0为真) \leqslant \alpha .$$

(4) 给出拒绝域，作出判断.

由(2)可知，当原假设 H_0 为真时，$Z = \dfrac{\bar{X} - \mu_0}{\sigma / \sqrt{n}} \sim N(0,1)$，又

$$P\left(\frac{|\bar{X} - \mu_0|}{\sigma / \sqrt{n}} > z_{\alpha/2} \right) = \alpha ,$$

其中 $z_{\alpha/2}$ 是标准正态分布的上 $\alpha/2$ 分位数，所以对于给定的显著性水平 α，检验的拒绝域为 $W = \left\{ \dfrac{|\bar{X} - \mu_0|}{\sigma / \sqrt{n}} > z_{\alpha/2} \right\}$.

本例中，$\alpha = 0.05$，$z_{\alpha/2} = 1.96$，$\bar{x} = 14.9$，$\sigma = \sqrt{0.05}$，$n = 6$，$\mu_0 = 15$，故

$$\frac{|\bar{x} - \mu_0|}{\sigma / \sqrt{n}} = 1.095 < z_{\alpha/2},$$

因观测值没有落入拒绝域 W 中, 从而不能拒绝 H_0, 可以认为平均重量仍为 15kg.

$\square$

综上, 一般情况下, 寻找某对假设的显著性检验的步骤如下:

(1) 根据实际问题, 提出合适的统计假设 H_0 和 H_1;

(2) 选取一个合适的检验统计量 $T(X_1, X_2, \cdots, X_n)$, 在 H_0 为真时, T 的分布完全已知, 并根据 H_0 和 H_1 的特点, 确定拒绝域 W 的形状;

(3) 对于给定的显著性水平 α, 给出具体的拒绝域 W;

(4) 由样本观测值计算检验统计量的实测值 $T(x_1, x_2, \cdots, x_n)$, 由 $T(x_1, x_2, \cdots, x_n)$ 是否落入 W, 作出最终判断.

8.2 单个正态总体参数的假设检验

正态总体是最常见的分布之一. 本节讨论对正态总体两个参数 μ 和 σ^2 的假设检验.

8.2.1 单个正态总体均值的假设检验

设 $(X_1, X_2, \cdots, X_n)$ 是来自正态总体 $N(\mu, \sigma^2)$ 的样本, 考虑如下三种关于 μ 的检验问题

$$(\text{I}) \quad H_0: \mu = \mu_0, \quad H_1: \mu \neq \mu_0; \tag{8.2.1}$$

$$(\text{II}) \quad H_0: \mu \leqslant \mu_0, \quad H_1: \mu > \mu_0; \tag{8.2.2}$$

$$(\text{III}) \quad H_0: \mu \geqslant \mu_0, \quad H_1: \mu < \mu_0; \tag{8.2.3}$$

其中 μ_0 是已知常数. 形如式(8.2.1)的假设检验称为**双侧检验**. 形如式(8.2.2)的假设检验称为**右侧假设检验**. 形如式(8.2.3)称为**左侧假设检验**. 右侧检验与左侧检验统称为**单侧检验**.

总体方差 σ^2 已知与否对检验有影响, 下面分 σ^2 已知和未知两种情况叙述.

1. 方差 σ^2 已知, 关于 μ 的 Z 检验法

(1) 双侧检验问题

$$H_0: \mu = \mu_0, \quad H_1: \mu \neq \mu_0.$$

例 8.1.2 讨论中, 选取 $Z = \dfrac{\overline{X} - \mu_0}{\sigma / \sqrt{n}}$ 作为检验统计量, 对于给定的显著性水平 α, 拒绝域为

$$W = \{|Z| > z_{\alpha/2}\}.$$

因选取 Z 作为检验统计量, 相应的检验法称为 Z **检验法**.

(2) 右侧检验问题

$$H_0 : \mu \leqslant \mu_0, \quad H_1 : \mu > \mu_0.$$

检验统计量仍为 $Z = \dfrac{\bar{X} - \mu_0}{\sigma / \sqrt{n}}$, 当 H_0 为真时, $\bar{X} - \mu_0$ 不应太大, 所以拒绝域的

形式为 $\bar{X} - \mu_0 \geqslant d$. 因为在 H_0 为真时, $\mu_0 - \mu \geqslant 0$, $Z = \dfrac{\bar{X} - \mu}{\sigma / \sqrt{n}} \sim N(0,1)$, 故

$$P\left(\frac{\bar{X} - \mu_0}{\sigma / \sqrt{n}} > z_\alpha \right) = P\left(\frac{\bar{X} - \mu}{\sigma / \sqrt{n}} > \frac{\mu_0 - \mu}{\sigma / \sqrt{n}} + z_\alpha \right) = P\left(\frac{\bar{X} - \mu}{\sigma / \sqrt{n}} > z_\alpha \right) = \alpha,$$

所以, 对于给定的显著性水平 α, 拒绝域为 $W = \{ Z > z_\alpha \}$.

例 8.2.1　某纤维的强力服从正态分布 $N(\mu, 1.19^2)$. 原设计的平均强力为 6g, 现改进工艺后, 某天测得 100 个强力数据, 其样本均值为 6.35g, 总体标准差假定不变, 试问改进工艺后, 强力是否有显著提高($\alpha = 0.05$)?

解　由题意, 需检验假设

$$H_0 : \mu \leqslant 6, \quad H_1 : \mu > 6.$$

由于正态总体方差已知, 所以选取 $Z = \dfrac{\bar{X} - 6}{1.19 / \sqrt{100}}$ 为检验统计量. 对于显著

性水平 $\alpha = 0.05$, 查表得 $z_\alpha = z_{0.05} = 1.65$, 则拒绝域为 $W = \{ z > z_\alpha = 1.65 \}$.

经计算, 检验统计量 Z 的值为 $z = \dfrac{6.35 - 6}{1.19 / \sqrt{100}} = 2.941 > 1.645$.

故拒绝 H_0, 认为改进工艺后强力有显著提高.　　　　　　　　□

(3) 左侧检验问题

$$H_0 : \mu \geqslant \mu_0, \quad H_1 : \mu < \mu_0.$$

选取检验统计量为 $Z = \dfrac{\bar{X} - \mu_0}{\sigma / \sqrt{n}}$, 对于给定的显著性水平 α, 拒绝域为 $W =$

$\{ Z < -z_\alpha \}$.

例 8.2.2　一种燃料的辛烷等级服从正态分布 $N(98.0, 0.8^2)$. 现取 25 桶新油测试其等级, 算得平均等级为 97.7. 假定标准差与原来一样, 问新油的辛烷平均等级是否比原燃料的辛烷平均等级偏低($\alpha = 0.05$)?

解　由题意, 需检验假设

$$H_0 : \mu \geqslant 98.0, \quad H_1 : \mu < 98.0.$$

由于正态总体方差已知, 所以选取 $Z = \dfrac{\bar{X} - 98.0}{0.8 / \sqrt{25}}$ 为检验统计量. 对于显著性

水平 $\alpha = 0.05$, 查表得 $z_\alpha = z_{0.05} = 1.645$, 则拒绝域为 $W = \{ z < -z_\alpha = -1.645 \}$.

经计算, 检验统计量 Z 的值为 $z = \dfrac{97.7 - 98.0}{0.8 / \sqrt{25}} = -1.875 < -1.645$.

故拒绝 H_0, 认为新油的辛烷平均等级比原燃料的辛烷平均等级偏低. □

2. 方差 σ^2 未知, 关于 μ 的 t 检验法

(1) 双侧检验问题

$$H_0: \mu = \mu_0, \quad H_1: \mu \neq \mu_0.$$

由于方差未知, 不能用 $\dfrac{\bar{X} - \mu_0}{\sigma / \sqrt{n}}$ 作为检验统计量, 但样本方差 S^2 是 σ^2 的无偏

估计, 用 S 代替 σ, 采用 $T = \dfrac{\bar{X} - \mu_0}{S / \sqrt{n}}$ 作为检验统计量.

由定理 6.3.1 知, $\dfrac{\bar{X} - \mu}{S / \sqrt{n}} \sim t(n-1)$, 则当 H_0 为真时, $T \sim t(n-1)$, 又

$$P\left(\frac{|\bar{X} - \mu_0|}{S / \sqrt{n}} > t_{\alpha/2}(n-1) \right) = \alpha,$$

所以, 对于给定的显著性水平 α, 拒绝域为 $W = \{ |T| > t_{\alpha/2}(n-1) \}$.

因选取 T 作为检验统计量, 相应的检验法称为 t **检验法**.

(2) 右侧检验问题

$$H_0: \mu \leqslant \mu_0, \quad H_1: \mu > \mu_0.$$

选取 $T = \dfrac{\bar{X} - \mu_0}{S / \sqrt{n}}$ 为检验统计量, 对于显著性水平 α, 拒绝域为 $W = \{ T > t_\alpha(n-1) \}$.

(3) 左侧检验问题

$$H_0: \mu \geqslant \mu_0, \quad H_1: \mu < \mu_0.$$

选取 $T = \dfrac{\bar{X} - \mu_0}{S / \sqrt{n}}$ 为检验统计量, 对于显著性水平 α, 拒绝域为 $W = \{ T < -t_\alpha(n-1) \}$.

例 8.2.3 假定考试成绩服从正态分布 $N(\mu, \sigma^2)$, 在一次数学考试中, 随机抽取了 36 位考生的成绩, 算得平均成绩为 66.5 分, 标准差为 15 分. 问在显著性水平 0.05 下, 是否可以认为这次考试全体考生的平均成绩为 70 分?

解 由题意检验假设为

$$H_0: \mu = 70, \quad H_1: \mu \neq 70,$$

由于 σ 未知, 所以选取 $T = \dfrac{\overline{X} - 70}{S / \sqrt{n}}$ 为检验统计量. 对于显著性水平 $\alpha = 0.05$, 查表

得 $t_{\alpha/2}(n-1) = t_{0.025}(35) = 2.03011$, 则拒绝域为 $W = \left\{ \dfrac{|\overline{X} - 70|}{S / \sqrt{n}} > t_{\alpha/2}(n-1) = 2.03011 \right\}$.

因为 $\overline{x} = 66.5$, $s = 15$, $n = 36$, 可算得检验统计量 T 的值为

$$t = \frac{66.5 - 70}{15 / \sqrt{36}} = -1.4, \quad |t| = 1.4 < 2.03011 .$$

故不拒绝 H_0, 可以认为这次考试全体考生的平均成绩为 70 分. □

8.2.2　单个正态总体方差的假设检验(χ^2 检验法)

设 $(X_1, X_2, \cdots, X_n)$ 是来自正态总体 $N(\mu, \sigma^2)$ 的样本, μ, σ^2 未知. 对方差 σ^2 亦考虑如下三个检验问题:

$$(\text{I}) \quad H_0 : \sigma^2 = \sigma_0^2, \quad H_1 : \sigma^2 \neq \sigma_0^2 ; \tag{8.2.4}$$

$$(\text{II}) \quad H_0 : \sigma^2 \leqslant \sigma_0^2, \quad H_1 : \sigma^2 > \sigma_0^2 ; \tag{8.2.5}$$

$$(\text{III}) \quad H_0 : \sigma^2 \geqslant \sigma_0^2, \quad H_1 : \sigma^2 < \sigma_0^2 , \tag{8.2.6}$$

其中 σ_0^2 是已知常数.

(1) 双侧检验问题

$$H_0 : \sigma^2 = \sigma_0^2, \quad H_1 : \sigma^2 \neq \sigma_0^2 .$$

由于样本方差 S^2 是 σ^2 的无偏估计, 当 H_0 为真时, 比值 S^2 / σ_0^2 应在 1 附近波动, 过大或过小都可认为 H_0 不成立. 由定理 6.3.1 知, $\dfrac{(n-1)S^2}{\sigma^2} \sim \chi^2(n-1)$, 则当 H_0 为真时,

$$\chi^2 = \frac{(n-1)S^2}{\sigma_0^2} \sim \chi^2(n-1) ,$$

所以我们选择 $\chi^2 = \dfrac{(n-1)S^2}{\sigma_0^2}$ 作为检验统计量. 又

$$P(\chi^2 < \chi_{1-\alpha/2}^2(n-1) \bigcup \chi^2 > \chi_{\alpha/2}^2(n-1)) = \alpha ,$$

故对于给定的显著性水平 α, 拒绝域 $W = \left\{ \chi^2 < \chi_{1-\alpha/2}^2(n-1) \right\} \bigcup \left\{ \chi^2 > \chi_{\alpha/2}^2(n-1) \right\}$.

因选取 χ^2 作为检验统计量, 相应的检验法称为 χ^2 **检验法**.

(2) 右侧检验问题

$$H_0 : \sigma^2 \leqslant \sigma_0^2, \quad H_1 : \sigma^2 > \sigma_0^2 .$$

选取 $\chi^2 = \dfrac{(n-1)S^2}{\sigma_0^2}$ 作为检验统计量. 对于显著性水平 α, 拒绝为 $W = \{ \chi^2 > $

$\chi_\alpha^2(n-1)\}$.

(3) 左侧检验问题

$$H_0 : \sigma^2 \geqslant \sigma_0^2, \quad H_1 : \sigma^2 < \sigma_0^2 .$$

选取 $\chi^2 = \dfrac{(n-1)S^2}{\sigma_0^2}$ 作为检验统计量. 对于显著性水平 α , 拒绝域为

$$W = \left\{ \chi^2 < \chi_{1-\alpha}^2(n-1) \right\} .$$

例 8.2.4 电工器材厂生产一批保险丝, 抽取 10 根测试其熔化时间, 结果为 (单体: ms):

$$42, \quad 65, \quad 75, \quad 78, \quad 71, \quad 59, \quad 57, \quad 68, \quad 54, \quad 55.$$

设熔化时间 T 服从正态分布, 在显著性水平 0.05 下, 问是否可以认为整批保险丝的熔化时间的方差小于 400?

解 由题意, 需检验假设

$$H_0 : \sigma^2 \geqslant 400, \quad H_1 : \sigma^2 < 400 .$$

选取检验统计量 $\chi^2 = \dfrac{(n-1)S^2}{400}$. 对于显著性水平 $\alpha = 0.05$, $\chi_{1-\alpha}^2(n-1) =$ $\chi_{0.95}^2(9) = 3.325$, 可得拒绝域 $W = \left\{ \chi^2 < \chi_{1-\alpha}^2(n-1) = 3.325 \right\}$.

因为 $s^2 = 121.822$, $n = 10$, 算得检验统计量的值为 $\chi^2 = \dfrac{9 \times 121.822}{400} =$ $2.741 < 3.325$.

故拒绝 H_0 , 可以认为整批保险丝的熔化时间的方差小于 400. □

习题 8-2

1. 已知某炼铁厂铁水含碳量服从正态分布 $N(4.55, 0.108^2)$. 现在测定了 9 炉铁水, 其平均含碳量为 4.484, 如果铁水含碳量的方差没有变化, 可否认为现在生产的铁水平均含碳量仍为 4.55? ($\alpha = 0.05$)

2. 机器包装食盐, 假设每袋盐的净重服从正态分布, 规定每袋标准重量为 500g. 某天开工后, 为检查其机器工作是否正常, 从装好的食盐中随机抽取 9 袋, 测得其净重(单位: g)为

$$497, \quad 507, \quad 510, \quad 475, \quad 484, \quad 488, \quad 524, \quad 491, \quad 515.$$

问这天包装机工作是否正常? ($\alpha = 0.05$)

3. 某类钢板每块的重量服从正态分布, 其一项质量指标是钢板重量(单体: kg)的方差不超过 0.016. 现从某天生产的钢板中随机抽取 25 块, 得其样本方差 $s^2 = 0.025$, 问该天生产的钢板重量的方差是否满足要求? ($\alpha = 0.05$)

4. 随机地从一批外径为 1cm 的钢珠中抽取 10 只, 测试其屈服强度(单体: kg), 得数据 $x_1, x_2, \cdots, x_{10}$, 并由此计算得样本均值 $\bar{x} = 2200$, 样本标准差 $s = 220$, 已知钢珠的屈服强度服从正态分布 $N(\mu, \sigma^2)$, 在显著水平 $\alpha = 0.05$ 下分别检验:

(1) $H_0 : \mu \leqslant 2000, H_1 : \mu > 2000$；

(2) $H_0 : \sigma^2 \leqslant 200^2, H_1 : \sigma^2 > 200^2$.

8.3 两个正态总体参数的假设检验

8.2 节讨论了单个正态总体的参数检验, 本节将讨论两个正态总体的参数假设检验, 着重考虑两个总体之间的差异. 比如两个总体的均值或方差是否相等.

设总体 $X \sim N(\mu_1, \sigma_1^2)$ 与 $Y \sim N(\mu_2, \sigma_2^2)$ 相互独立, $(X_1, X_2, \cdots, X_{n_1})$ 是来自总体 X 的样本, $\bar{X}$ 和 S_1^2 分别是其样本均值和样本方差, $(Y_1, Y_2, \cdots, Y_{n_2})$ 是来自总体 Y 的样本, $\bar{Y}$ 和 S_2^2 分别是其样本均值和样本方差.

8.3.1 两个正态总体均值差的假设检验

1. 方差 σ_1^2, σ_2^2 已知, 关于 $\mu_1 - \mu_2$ 的 Z 检验法

(1) 检验假设

$$H_0 : \mu_1 - \mu_2 = \mu_0, \quad H_1 : \mu_1 - \mu_2 \neq \mu_0,$$

其中 μ_0 是已知常数.

由定理 6.3.1 知, $\bar{X} \sim N\left(\mu_1, \dfrac{\sigma_1^2}{n_1}\right)$, $\bar{Y} \sim N\left(\mu_2, \dfrac{\sigma_2^2}{n_2}\right)$, 且 $\bar{X}$ 和 $\bar{Y}$ 相互独立, 则

$$\bar{X} - \bar{Y} \sim N\left(\mu_1 - \mu_2, \dfrac{\sigma_1^2}{n_1} + \dfrac{\sigma_2^2}{n_2}\right),$$

即

$$\frac{\bar{X} - \bar{Y} - (\mu_1 - \mu_2)}{\sqrt{\sigma_1^2 / n_1 + \sigma_2^2 / n_2}} \sim N(0,1).$$

因此选取 $Z = \dfrac{\bar{X} - \bar{Y} - \mu_0}{\sqrt{\sigma_1^2 / n_1 + \sigma_2^2 / n_2}}$ 作为检验统计量, 当 H_0 为真时,

$$Z = \frac{\bar{X} - \bar{Y} - \mu_0}{\sqrt{\sigma_1^2 / n_1 + \sigma_2^2 / n_2}} \sim N(0,1).$$

故对于显著性水平 α, 可得拒绝域 $W = \{ |Z| > z_{\alpha/2} \}$.

因选取 Z 作为检验统计量, 相应的检验法称为 **Z 检验法**.

(2) 右侧检验

$$H_0 : \mu_1 - \mu_2 \leqslant \mu_0, \quad H_1 : \mu_1 - \mu_2 > \mu_0,$$

其中 μ_0 是已知常数.

选取 $Z = \dfrac{\overline{X} - \overline{Y} - \mu_0}{\sqrt{\sigma_1^2/n_1 + \sigma_2^2/n_2}}$ 作为检验统计量, 对于显著性水平 α, 拒绝域为

$W = \{Z > z_\alpha\}$.

(3) 左侧检验

$$H_0 : \mu_1 - \mu_2 \geqslant \mu_0, \quad H_1 : \mu_1 - \mu_2 < \mu_0,$$

其中 μ_0 是已知常数.

选取 $Z = \dfrac{\overline{X} - \overline{Y} - \mu_0}{\sqrt{\sigma_1^2/n_1 + \sigma_2^2/n_2}}$ 作为检验统计量, 对于显著性水平 α, 拒绝域为

$$W = \{Z < -z_\alpha\}.$$

2. 方差 σ_1^2, σ_2^2 未知, 但 $\sigma_1^2 = \sigma_2^2 = \sigma^2$, 关于 $\mu_1 - \mu_2$ 的 t 检验法

(1) 检验假设

$$H_0 : \mu_1 - \mu_2 = \mu_0, \quad H_1 : \mu_1 - \mu_2 \neq \mu_0,$$

其中 μ_0 是已知常数.

由定理 6.3.2 可知

$$\frac{\overline{X} - \overline{Y} - (\mu_1 - \mu_2)}{S_W \sqrt{1/n_1 + 1/n_2}} \sim t(n_1 + n_2 - 2),$$

其中 $S_w^2 = \dfrac{(n_1 - 1)S_1^2 + (n_2 - 1)S_2^2}{n_1 + n_2 - 2}$. 可以选取 $T - \dfrac{\overline{X} - \overline{Y} - \mu_0}{S_W \sqrt{1/n_1 + 1/n_2}}$ 作为检验统计量, 当

H_0 为真时, $T \sim t(n_1 + n_2 - 2)$.

故对于显著性水平 α, 可得拒绝域 $W = \{|T| > t_{\alpha/2}(n_1 + n_2 - 2)\}$.

因选取 T 为检验统计量, 相应的检验法称为 t **检验法**.

(2) 右侧检验

$$H_0 : \mu_1 - \mu_2 \leqslant \mu_0, \quad H_1 : \mu_1 - \mu_2 > \mu_0,$$

其中 μ_0 是已知常数.

选取 $T = \dfrac{\overline{X} - \overline{Y} - \mu_0}{S_W \sqrt{1/n_1 + 1/n_2}}$ 作为检验统计量, 对于显著性水平 α, 拒绝域为

$$W = \{T > t_\alpha(n_1 + n_2 - 2)\}.$$

(3) 左侧检验

$$H_0 : \mu_1 - \mu_2 \geqslant \mu_0, \quad H_1 : \mu_1 - \mu_2 < \mu_0,$$

其中 μ_0 是已知常数.

选取 $T = \dfrac{\overline{X} - \overline{Y} - \mu_0}{S_W \sqrt{1/n_1 + 1/n_2}}$ 作为检验统计量, 对于显著性水平 α, 拒绝域为

$$W = \left\{ T < - t_{\alpha}(n_1 + n_2 - 2) \right\}.$$

例 8.3.1　在针织品漂白工艺过程中, 要考察温度对针织品断裂强力(主要质量指标)的影响, 为了比较 70℃与 80℃的影响有无差别, 在这两个温度下, 分别重复做了 8 次试验, 得到数据如下(单位: N):

70℃时的强力:　20.5,　18.8,　19.8,　20.9,　21.5,　19.5,　21.0,　21.2;

80℃时的强力:　17.7,　20.3,　20.0,　18.8,　19.0,　20.1,　20.0,　19.1.

根据经验, 温度对针织品断裂强度的波动没有影响. 问在 70℃时的平均断裂强力与 80℃时的平均断裂强力间是否有显著差别? (假定断裂强力服从正态分布, 显著性水平为 0.05)

解　用 X 表示 70℃时的强力, Y 表示 80℃时的强力, 由题意 $X \sim N(\mu_1, \sigma^2)$, $Y \sim N(\mu_2, \sigma^2)$, 且相互独立. 要检验的假设是

$$H_0 : \mu_1 = \mu_2, \quad H_1 : \mu_1 \neq \mu_2.$$

由于两者方差未知但相等, 则采用 t 检验法, 选取 $T = \dfrac{\overline{X} - \overline{Y}}{S_W \sqrt{1/n_1 + 1/n_2}}$ 为检验统计量, 对于显著性水平 $\alpha = 0.05$, $t_{\alpha/2}(n_1 + n_2 - 2) = t_{0.025}(14) = 2.14479$, 可得拒绝域 $W = \left\{ |T| > 2.14479 \right\}$.

由于 $\overline{x} = 20.4$, $\overline{y} = 19.375$, $s_1^2 = 0.8857$, $s_2^2 = 0.7879$, 计算可得

$$s_w = \sqrt{\frac{7 \times 0.8857 + 7 \times 0.7879}{8 + 8 - 2}} = 0.9148,$$

检验统计量的值 $t = \dfrac{20.4 - 19.375}{0.9148 \cdot \sqrt{1/8 + 1/8}} = 2.2409$.

由于 $|t| > 2.14479$, 故拒绝 H_0, 认为 70℃时的平均断裂强力与 80℃时的平均断裂强力之间有显著差异.　　　　　□

8.3.2　两个正态总体方差比的假设检验

我们讨论两总体的均值 μ_1, μ_2 均未知的情形.

(1) 检验假设

$$H_0 : \sigma_1^2 = \sigma_2^2, \quad H_1 : \sigma_1^2 \neq \sigma_2^2.$$

由定理 6.3. 2 知, $\dfrac{S_1^2 / S_2^2}{\sigma_1^2 / \sigma_2^2} \sim F(n_1 - 1, n_2 - 1)$. 因此可以选取 $F = S_1^2 / S_2^2$ 作为检验统计量, 当 H_0 为真时, $F \sim F(n_1 - 1, n_2 - 1)$. 故对于显著性水平 α, 拒绝域为

$$W = \left\{ F < F_{1-\alpha/2}(n_1 - 1, n_2 - 1) \right\} \bigcup \left\{ F > F_{\alpha/2}(n_1 - 1, n_2 - 1) \right\}.$$

因选取 F 作为检验统计量, 相应的检验法称为 F **检验法**.

(2) 右侧检验

$$H_0 : \sigma_1^2 \leqslant \sigma_2^2, \quad H_1 : \sigma_1^2 > \sigma_2^2.$$

选取 $F = S_1^2 / S_2^2$ 作为检验统计量, 对于显著性水平 α, 拒绝域为

$$W = \left\{ F > F_{\alpha}(n_1 - 1, n_2 - 1) \right\}.$$

(3) 左侧检验

$$H_0 : \sigma_1^2 \geqslant \sigma_2^2, \quad H_1 : \sigma_1^2 < \sigma_2^2.$$

选取 $F = S_1^2 / S_2^2$ 作为检验统计量, 对于显著性水平 α, 拒绝域

$$W = \left\{ F < F_{1-\alpha}(n_1 - 1, n_2 - 1) \right\}.$$

例 8.3.2 甲、乙两台机床加工某种零件, 零件的直径服从正态分布, 总体方差反映了加工精度, 为比较两台机床的加工精度有无差别, 现从各自加工的零件中分别抽取了 7 件产品和 8 件产品, 测得其直径为

机床甲: 16.2, 16.4, 15.8, 15.5, 16.7, 15.6, 15.8;

机床乙: 15.9, 16.0, 16.4, 16.1, 16.5, 15.8, 15.7, 15.0.

问在显著性水平为 0.05 下, 两台机床的加工精度是否有显著差异?

解 设 X 表示机床甲的加工精度, Y 表示机床乙的加工精度, 由题意, $X \sim N(\mu_1, \sigma_1^2)$, $Y \sim N(\mu_2, \sigma_2^2)$. 要检验假设

$$H_0 : \sigma_1^2 = \sigma_2^2, \quad H_1 : \sigma_1^2 \neq \sigma_2^2,$$

因为两总体的均值未知, 采用 F 检验法. 选取 $F = S_1^2 / S_2^2$ 为检验统计量, 对于显著性水平 $\alpha = 0.05$, $F_{0.025}(6,7) = 5.12$, $F_{0.975}(6,7) = \dfrac{1}{F_{0.025}(7,6)} = \dfrac{1}{5.7} = 0.18$, 可得拒绝域为 $W = \left\{ F < 0.18 \right\} \bigcup \left\{ F > 5.12 \right\}$.

由题中数据计算得 $s_1^2 = 0.1967$, $s_2^2 = 0.2164$, 从而检验统计量的值 $F = 0.1967 / 0.2164 = 0.91$, 则 $F_{0.975}(6,7) < F < F_{0.025}(6,7)$, 即样本未落入拒绝域中, 所以不能拒绝 H_0, 认为两台机床的加工精度之间没有显著差异. □

习题 8-3

1. 从甲、乙两所中学初一学生中各随机抽取一组学生进行百米跑竞赛. 甲校选了 11 人, 测验得平均成绩为 14s; 乙校选了 15 人, 测得平均成绩为 13.5s. 已知这两所中学初一学生百米速度跑成绩都服从正态分布, 且方差相同, 甲, 乙两校竞赛组的标准差分别为 1.9s, 2s. 能否在总体上作出乙校初一学生百米跑比甲校的快的结论? ($\alpha = 0.05$)

2. 某砖厂制成两批机制红砖, 抽样检查测量砖的抗折强度(单位: kg). 从第一批中抽取 10

块红砖, 其样本均值为 27.3kg, 样本标准差为 6.4kg; 从第二批中抽取 8 块红砖, 其样本均值为 30.5kg, 样本标准差为 3.8kg. 已知红砖的抗析强度服从正态分布, 在显著水平 0.05 下, 试检验

(1) 两批红砖的抗折强度的方差是否有显著差异;

(2) 两批红砖的抗折强度的数学期望是否有显著差异.

3. 从大一随机地抽取两个小组, 在高等数学教学中实验组使用启发式教学法, 对照组使用传统讲授法. 后期统一测验成绩, 实验组为 64, 58, 65, 56, 58, 45, 55, 63, 66, 69; 对照组为 60, 59, 57, 41, 38, 52, 46, 51, 49, 58. 问两组教学法是否有差异? (假定每组测验成绩均服从正态分布)

8.4　分布拟合检验

前面讨论的检验问题都是在正态总体下对其参数建立假设并进行检验, 然而在许多实际问题中, 总体服从的分布事先并不知道, 常常需要利用已知的样本对总体的分布形式进行假设检验. 下面介绍的方法由于要用到 χ^2 分布, 通常称为 **χ^2 拟合优度检验法**.

χ^2 拟合优度检验法是皮尔逊在 1900 年创立的, 它是一种验证样本的经验分布和所假设的理论分布之间是否吻合的方法. 其基本想法是把样本观测值分组, 然后计算各组的实测频数与理论频数之差, 以此判断经验分布是否符合理论分布.

设总体 X 的分布函数未知, $(X_1, X_2, \cdots, X_n)$ 是来自总体 X 的样本. 我们要通过样本检验假设

$$H_0 : F(x) = F_0(x) , \tag{8.4.1}$$

其中 $F_0(x)$ 是某个已知的分布函数, 备择假设一般不必写出.

χ^2 拟合优度检验法的步骤如下:

(1) 将总体 X 的所有可能取值分成 r 个互不相交的子集 $A_1, A_2, \cdots, A_r$. 计算样本 $(X_1, X_2, \cdots, X_n)$ 的观测值 $(x_1, x_2, \cdots, x_n)$ 落入第 i 个子集 A_i 的频数 n_i 和频率 $\dfrac{n_i}{n}$, $i = 1, 2, \cdots, r$. n_i 和 $\dfrac{n_i}{n}$ 分别称为经验频数和经验频率.

一般要求样本容量 $n \geqslant 50$, 经验频数 $n_i \geqslant 5$, $i = 1, 2, \cdots, r$. 如果有些子集内的频数小于 5, 则可重新划分子集(或合并部分子集)使频数符合要求.

(2) 求出 H_0 为真时, 总体 X 取值于第 i 个子集的概率

$$p_i = P(A_i), \quad i = 1, 2, \cdots, r,$$

称 np_i 为理论频数, p_i 为理论频率.

(3) 选取检验统计量, 给出拒绝域.

当 H_0 为真时, 理论频数 np_i 与经验频数 n_i 应相差不大. 皮尔逊提出用统计量

$$\chi^2 = \sum_{i=1}^{r} \frac{(n_i - np_i)^2}{np_i} \tag{8.4.2}$$

来衡量理论频数与经验频数间的差异. 皮尔逊证明了以下定理.

定理 8.4.1 在前述各项假定下, 在 H_0 成立时, 由(8.4.2)给出的检验统计量 χ^2 的极限分布为 $\chi^2(r-1)$.

检验假设(8.4.1), 对于给定的显著性水平 α, 检验统计量如(8.4.2)所示, 拒绝域为

$$W = \{\chi^2 > \chi_\alpha^2(r-1)\}.$$

(4) 作出判断.

由样本观测值计算 (8.4.2)中给出的统计量的实测值 $\chi^2 = \sum_{i=1}^{r} \frac{(n_i - np_i)^2}{np_i}$, 如果 $\chi^2 > \chi_\alpha^2(r-1)$, 则拒绝 H_0, 否则不拒绝 H_0.

应该注意, 当用(8.4.2)中的 χ^2 作为检验(8.4.1)的统计量时, $F_0(x)$ 必须是完全已知的. 如果 $F_0(x)$ 中含有 k 个未知参数, 而这 k 个未知参数需要用样本来估计, 这种情况下, 定理 8.4.1 就不再成立. 但费希尔证明了, 在同样条件下, 可以先用极大似然估计方法估计出这 k 个未知参数, 然后再算出 p_i 的估计值 $\hat{p}_i$, 这时类似于(8.4.2)式的统计量

$$\chi^2 = \sum_{i=1}^{r} \frac{(n_i - n\hat{p}_i)^2}{n\hat{p}_i} \tag{8.4.3}$$

的极限分布为 $\chi^2(r-k-1)$. 此时, 对于显著性水平 α, 检验统计量如(8.4.3)所示, 拒绝域为

$$W = \{\chi^2 > \chi_\alpha^2(r-k-1)\}.$$

例 8.4.1 随机选取某大学 200 名一年级学生一次高等数学考试成绩, 分组数据如下:

分数 x	$0 < x \leqslant 30$	$30 < x \leqslant 40$	$40 < x \leqslant 50$	$50 < x \leqslant 60$
学生数	3	8	20	41
分数 x	$60 < x \leqslant 70$	$70 < x \leqslant 80$	$80 < x \leqslant 90$	$90 < x \leqslant 100$
学生数	70	33	16	9

在显著性水平 $\alpha = 0.05$ 下检验数据是否来自正态分布 $N(65, 15^2)$.

解 设该次高等数学考试成绩为 X, 需检验假设

$$H_0 : X \sim N(65, 15^2).$$

由所给数据, 取分点为

$$a_1 = 30, \quad a_2 = 40, \quad a_3 = 50, \quad a_4 = 60,$$
$$a_5 = 70, \quad a_6 = 80, \quad a_7 = 90$$

将 X 的所有可能取值划分成 8 个互不相交的区间

$$A_1 = (-\infty, a_1], \ A_i = (a_{i-1}, a_i], \ i = 2, \cdots, 7, \ A_8 = (a_7, \infty).$$

各组数据个数分别为

$$n_1 = 3, \quad n_2 = 8, \quad n_3 = 20, \quad n_4 = 41, \quad n_5 = 70, \quad n_6 = 33, \quad n_7 = 16, \quad n_8 = 9.$$

再计算每组理论概率

$$p_1 = P(X \leqslant a_1) = \Phi\left(\frac{a_1 - 65}{15}\right),$$

$$p_i = P(a_{i-1} < X \leqslant a_i) = \Phi\left(\frac{a_i - 65}{15}\right) - \Phi\left(\frac{a_{i-1} - 65}{15}\right), \quad i = 2, \cdots, 7,$$

$$p_8 = P(X > a_7) = 1 - \Phi\left(\frac{a_7 - 65}{15}\right).$$

计算过程如表 8-1 所示.

表 8-1　例 8.4.1 的分布拟合检验计算过程

组号	区间	经验频数 n_i	理论概率 p_i	理论频数 np_i	$\dfrac{(n_i - np_i)^2}{np_i}$
1	$(-\infty, 30]$	3	0.0098	1.96	0.552
2	$(30, 40]$	8	0.0380	7.60	0.021
3	$(40, 50]$	20	0.1109	22.18	0.214
4	$(50, 60]$	41	0.2108	42.16	0.032
5	$(60, 70]$	70	0.2611	52.22	6.054
6	$(70, 80]$	33	0.2108	42.16	1.990
7	$(80, 90]$	16	0.1109	22.18	1.722
8	$(90, +\infty)$	9	0.0478	9.56	0.033
总和		200	1	200	10.618

选取检验统计量为 $\chi^2 = \sum\limits_{i=1}^{8} \dfrac{(n_i - np_i)^2}{np_i}$，对于给定的显著性水平 $\alpha = 0.05$，查表得 $\chi_\alpha^2(r-1) = \chi_{0.05}^2(7) = 14.067$，则拒绝域为 $W = \{\chi^2 > 14.067\}$.

由表 8-1，检验统计量的实测值 $\chi^2 = \sum\limits_{i=1}^{8} \dfrac{(n_i - np_i)^2}{np_i} = 10.618 < 14.067$，所以不能拒绝 H_0，可以认为该次考试成绩服从正态分布 $N(65, 15^2)$.　　　　□

例 8.4.2　检查了一本书的 100 页，记录各页的印刷错误个数，其结果如下：

错误个数	0	1	2	3	4	5	≥6
页数	35	40	19	3	2	1	0

问能否认为一页印刷错误个数服从泊松分布？（取 $\alpha = 0.05$）

解　设一页印刷错误个数为 X，由题意，需检验假设
$$H_0: X \sim P(\lambda),$$
其中 λ 是未知参数．先求泊松分布参数 λ 的极大似然估计，得
$$\hat{\lambda} = \bar{x} = \frac{0 \times 35 + 1 \times 40 + 2 \times 19 + 3 \times 3 + 4 \times 2 + 5 \times 1}{100} = 1.$$

为了满足每一类出现的样本观测值次数不小于 5，将 X 的所有可能取值 $\{0, 1, 2, \cdots\}$ 分成两两不相交的 4 个子集：
$$A_0 - \{X = 0\}, \quad A_1 - \{X = 1\}, \quad A_2 - \{X = 2\}, \quad A_3 - \{X \geqslant 3\}.$$
各组数据个数分别为
$$n_0 = 35, \quad n_1 = 40, \quad n_2 = 19, \quad n_3 = 6.$$
再计算每组理论概率的估计值
$$\hat{p}_i = P(A_i) = \frac{\hat{\lambda}^i}{i!} \mathrm{e}^{-\hat{\lambda}}, \quad i = 0, 1, 2,$$
$$\hat{p}_3 = P(A_3) = P(X \geqslant 3) = 1 - \sum_{i=0}^{2} \hat{p}_i.$$
计算结果列在表 8-2 中．

选取检验统计量 $\chi^2 = \sum\limits_{i=0}^{3} \dfrac{(n_i - n\hat{p}_i)^2}{n\hat{p}_i}$，对于给定的显著性水平 $\alpha = 0.05$，分布自由度 $4 - 1 - 1 = 2$，查表 $\chi_{0.05}^2(2) = 5.991$，拒绝域 $W = \{\chi^2 > 5.991\}$.

由表 8-2 可以看到检验统计量的值为 $\chi^2 = \sum\limits_{i=1}^{r} \dfrac{(n_i - n\hat{p}_i)^2}{n\hat{p}_i} = 0.9 < 5.9915$，观测

结果没有落入拒绝域中, 所以不能拒绝 H_0, 可以认为一页印刷错误个数服从泊松分布.

表 8-2　例 8.4.2 的分布拟合检验计算过程

序号 i	错误数	实验频数 n_i	理论概率估计 $\hat{p}_i$	理论频数估计 $n\hat{p}_i$	$(n_i - n\hat{p}_i)^2 / n\hat{p}_i$
0	0	35	0.3679	36.79	0.087
1	1	40	0.3679	36.79	0.280
2	2	19	0.1839	18.39	0.020
3	≥ 3	6	0.0803	8.03	0.513
总和		100	1	100	0.900

习题 8-4

1. 将一颗骰子掷 60 次, 结果如下:

点数	1	2	3	4	5	6
次数	7	8	12	11	9	13

试在显著性水平为 0.05 下检验这颗骰子是否均匀.

2. 随机抽取某中学 120 个 11 岁男生, 测量其身高, 其样本均值为 139.9cm, 样本标准差为 7.5cm, 分组数据如下:

身高/cm	[0, 122)	[122, 126)	[126, 130)	[130, 134)	[134, 138)	[138, 142)
人数	0	4	9	10	22	33

身高/cm	[142, 1146)	[146, 150)	[150, 154)	[154, 158)	[158, ∞)
人数	20	11	6	4	1

在显著水平 0.05 下, 试检验该中学 11 岁男生身高是否服从正态分布.

第9章 方差分析

方差分析是在1923年由英国统计学家费希尔首先提出的. 方差分析是一种假设检验方法, 其基本思想: 把全部数据的总方差分解成几部分, 每一部分方差表示某一影响因素或各影响因素之间的交互作用所产生的效应, 然后将各部分方差与随机误差的方差相比较, 依据 F 分布作出统计推断, 从而确定各因素或交互作用的效应是否显著. 因为分析的核心是通过计算方差的估计值进行的, 所以称为方差分析. 本章将逐一介绍最基本的单因素方差分析和双因素方差分析.

9.1 单因素方差分析

9.1.1 一般表达形式

为了更好地理解方差分析的思想, 首先分析下面给出的例子, 通过例子的引入与解答, 介绍单因素方差分析的概念及方法.

例 9.1.1 从某理工学院 2012 年招收的学生中抽取了如表 9-1 所示的 20 名学生的成绩, 问该学校不同学院所招的学生之间是否有显著差异?

表 9-1　20 名学生成绩分布表

学院 ＼ 成绩 ＼ 省份	福建	湖南	河南	江苏	行平均
电气与自动化学院	531	509	536	339	478.75
管理学院	542	553	517	323	483.75
机械工程学院	518	502	520	320	465
数学与统计学院	490	510	516	327	460.75
化学与材料工程学院	534	498	515	321	467

利用表 9-1 中的数据考察五个不同学院的学生入学成绩是否有显著性差异. 此问题中要考虑的可控条件是"学院", 即考虑"学院"对学生成绩的影响, 所以"学院"是**因素**, 也是此时要考虑的唯一因素, 针对此类只考虑一个因素的差异性

分析方法称为**单因素方差分析**. 另外, 因素所处的状态, 则称为**水平**, 比如: 电气与自动化学院、管理学院等 5 种状态为 5 个水平.

首先将上述问题抽象为数学上的一般表达形式可得到如下数据表.

表 9-2　单因素方差分析数据表

实验结果 ＼ 组号 水平	1	$\cdots$	j	$\cdots$	m	行平均
A_1	X_{11}	$\cdots$	X_{1j}	$\cdots$	X_{1m}	$\overline{X}_1$
$\vdots$	$\vdots$		$\vdots$		$\vdots$	$\vdots$
A_i	X_{i1}	$\cdots$	X_{ij}	$\cdots$	X_{im}	$\overline{X}_i$
$\vdots$	$\vdots$		$\vdots$		$\vdots$	$\vdots$
A_k	X_{k1}	$\cdots$	X_{kj}	$\cdots$	X_{km}	$\overline{X}_k$

表 9-2 表明该可控因素 A 共有 k 个水平, 分别记为 $A_1, A_2, \cdots, A_k$, 以及对应的每个水平的均值记为 $\mu_1, \mu_2, \cdots, \mu_k$. 每个水平有 m 个数据, 为方便讨论分析, 将其分为 m 个组, 这样总共有 N 个数据, 即 $N = km$, 而 X_{ij} 表示第 i 个水平上第 j 组的结果, $i = 1, 2, \cdots, k$, $j = 1, 2, \cdots, m$.

本节要讨论的问题实际上就是在不同水平下, 其均值是否有差异, 即要对如下的一个假设进行检验,

$$H_0:\ \mu_1 = \mu_2 = \cdots = \mu_k, \quad H_1:\ \mu_1, \mu_2, \cdots, \mu_k\ 不全相等. \tag{9.1.1}$$

容易看出当水平数只有两个时, 这就是两个总体的均值的显著性检验问题, 那么在正态总体的前提下我们就可以使用 t 检验来完成, 而现在处理的问题往往是两个以上的均值的显著性检验, 比如例 9.1.1 中, 就需要比较 5 个不同学院的学生成绩的总体平均是否有差异, 这个时候如果使用 t 检验两两比较, 会造成误差积累, 而使用方差分析的方法则可以避免这一问题. 接下来本节将具体介绍方差分析的一些理论假设及其分析方法.

9.1.2　单因素方差分析的统计模型

方差分析的理论基础, 仍然是建立在正态分布的基础上的, 其基本假设有:

(1) 每个总体均为正态总体. 每个水平(A_i)可以看成一个总体, 其对应的随机变量的分布都是正态的, 假设服从 $N(\mu_i, \sigma^2)$, 这里 $\mu_i\ (i = 1, 2, \cdots, k)$, σ^2 未知, 也就是说 k 个水平对应了 k 个正态总体.

(2) 各总体的方差相同. 假定 k 个水平上的 k 个总体的方差相等, 都是 σ^2(通常称为**方差齐性**).

(3) 所有总体中抽取的样本是相互独立的, 即所有的观测结果 X_{ij} 相互独立.

在以上的假设下, 可以抽象出如下的统计模型. 首先因为 $X_{ij} \sim N(\mu_i, \sigma^2)$, $i = 1, 2, \cdots, k$, 所以可以把观测结果 X_{ij} 分解为两部分, 即

$$X_{ij} = \mu_i + \varepsilon_{ij}, \quad i = 1, 2, \cdots, k, \quad j = 1, 2, \cdots, m,$$

其中 ε_{ij} 表示 X_{ij} 对 μ_i 的随机偏差, 且 $\varepsilon_{ij} \sim N(0, \sigma^2)$. 为便于比较水平的不同对 X_{ij} 造成的影响, 可以把 μ_i 也分解成两部分, 即

$$\mu_i = \mu + \alpha_i, \quad i = 1, 2, \cdots, k,$$

其中 $\mu = \dfrac{1}{k}\sum_{i=1}^{k}\mu_i$ 称为**总均值**, α_i 称为水平 A_i 上的**效应**, 满足 $\sum_{i=1}^{k}\alpha_i = 0$, 从而单因素方差分析的统计模型可以写成如下形式:

$$\begin{cases} X_{ij} = \mu + \alpha_i + \varepsilon_{ij}, \\ \displaystyle\sum_{i=0}^{k}\alpha_i = 0, \\ \varepsilon_{ij} \sim N(0, \sigma^2), 且相互独立. \end{cases}$$

同样也可以得到假设(9.1.1)的一个等价假设:

$$H_0: \ \alpha_1 = \alpha_2 = \cdots = \alpha_k = 0, \quad H_1: \ \alpha_1, \alpha_2, \cdots, \alpha_k 不全为零.$$

当 H_0 成立时, 样本的行平均数 $\bar{X}_i$ 应该差异不大, 差异主要表现为随机误差, 当 H_1 为真时, $\bar{X}_i$ 间很可能存在较大差异, 这时差异主要表现为系统误差. 方差分析就是在这种思想的指导下, 提出的分析方法.

9.1.3 分析方法

为判别不同水平对试验结果有无显著性影响, 本小节利用平方和的分解将观测变量中的随机误差和系统误差通过不同的表达式体现出来, 然后通过二者的比较, 观察随机误差和系统误差的影响, 得到相应的结论. 一般地, 当系统误差远大于随机误差时, 则说明因素对结果有显著性影响; 反之, 则说明影响不显著.

1. 总偏差平方和的分解

总偏差平方和是每个数据对其均值的偏差平方和, 反映全部数据之间的差异, 由下式给出:

$$S_T = \sum_{i=1}^{k}\sum_{j=1}^{m}(X_{ij} - \bar{X})^2, \quad 其中 \ \bar{X} = \frac{1}{N}\sum_{i=1}^{k}\sum_{j=1}^{m}X_{ij} = \frac{1}{k}\sum_{i=1}^{k}\bar{X}_i.$$

在上式中加入行平均数 $\bar{X}_i$, 将总偏差平方和进行分解,

$$S_T = \sum_{i=1}^{k} \sum_{j=1}^{m} (X_{ij} - \bar{X})^2 = \sum_{i=1}^{k} \sum_{j=1}^{m} [(X_{ij} - \bar{X}_i) + (\bar{X}_i - \bar{X})]^2$$

$$= \sum_{i=1}^{k} \sum_{j=1}^{m} (X_{ij} - \bar{X}_i)^2 + \sum_{i=1}^{k} \sum_{j=1}^{m} (\bar{X}_i - \bar{X})^2 + 2 \sum_{i=1}^{k} \sum_{j=1}^{m} (X_{ij} - \bar{X}_i)(\bar{X}_i - \bar{X}).$$

因为

$$\sum_{i=1}^{k} \sum_{j=1}^{m} (X_{ij} - \bar{X}_i)(\bar{X}_i - \bar{X}) = \sum_{i=1}^{k} \left[(\bar{X}_i - \bar{X}) \sum_{j=1}^{m} (X_{ij} - \bar{X}_i) \right] = 0,$$

所以

$$S_T = \sum_{i=1}^{k} \sum_{j=1}^{m} (X_{ij} - \bar{X})^2 = \sum_{i=1}^{k} \sum_{j=1}^{m} (X_{ij} - \bar{X}_i)^2 + \sum_{i=1}^{k} \sum_{j=1}^{m} (\bar{X}_i - \bar{X})^2 .$$

令

$$S_E = \sum_{i=1}^{k} \sum_{j=1}^{m} (X_{ij} - \bar{X}_i)^2 , \quad S_A = \sum_{i=1}^{k} \sum_{j=1}^{m} (\bar{X}_i - \bar{X})^2 = \sum_{i=1}^{k} m(\bar{X}_i - \bar{X})^2 ,$$

则

$$S_T = S_E + S_A,$$

其中 S_E 被称为**样本组内偏差平方和**, 它度量同一水平上因重复实验而产生的误差, 这是由不可控因素引起的, 故 S_E 反映的是随机误差, 也称为**误差偏差平方和**. 称 S_A 为**样本组间偏差平方和**, 它表示各个水平上的样本平均数 $\bar{X}_i$ 与样本总平均数 $\bar{X}$ 之间偏差的加权平方和, 可见不同水平上的样本差异越大, S_A 的值就越大, 它反映的是系统误差, 也称为**因素 A 的偏差平方和**.

2. 检验方法

假设(9.1.1)的检验需要以下关键定理.

定理 9.1.1　在 H_0 成立条件下, X_{ij} 服从正态分布 $N(\mu, \sigma^2)$, 且 X_{ij} 相互独立, 则有

$$\frac{S_E}{\sigma^2} = \frac{\sum\limits_{i=1}^{k} \sum\limits_{j=1}^{m} (X_{ij} - \bar{X}_i)^2}{\sigma^2} \sim \chi^2 (N - k),$$

$$\frac{S_A}{\sigma^2} = \frac{\sum\limits_{i=1}^{k} \sum\limits_{j=1}^{m} (\bar{X}_{i \cdot} - \bar{X})^2}{\sigma^2} \sim \chi^2 (k - 1);$$

$$\frac{S_T}{\sigma^2} = \frac{\sum\limits_{i=1}^{k} \sum\limits_{j=1}^{m} (X_{ij} - \bar{X})^2}{\sigma^2} \sim \chi^2 (N - 1);$$

且 S_A, S_E 相互独立.

证 (1) 由于 $\dfrac{1}{\sigma^2}\displaystyle\sum_{j=1}^{m}(X_{ij}-\overline{X}_i)^2$, $i=1,2,\cdots k$ 相互独立且服从分布 $\chi^2(m-1)$, 由 χ^2 分布的可加性, 可知

$$\frac{S_E}{\sigma^2}\sim\chi^2(N-k).$$

(2) 已知对每个 i, $\displaystyle\sum_{j=1}^{m}(X_{ij}-\overline{X}_i)^2$ 与 $\overline{X}_i$ 相互独立. 又

$$S_A=\sum_{i=1}^{k}\sum_{j=1}^{m}(\overline{X}_i-\overline{X})^2=\sum_{i=1}^{k}m(\overline{X}_i-\overline{X})^2,$$

以及 S_A 是关于 $\overline{X}_i$, $i=1,2,\cdots,k$ 的函数, 故 S_E 与 S_A 相互独立.

(3) 由于 $\overline{X}_i$, $i=1,2,\cdots,k$ 相互独立并且服从分布 $N\left(\mu,\dfrac{\sigma^2}{m}\right)$, 从而得到

$$\frac{S_A}{\sigma^2}\sim N(k-1).\qquad\qquad\square$$

进一步, 由 χ^2 分布的可加性, 可得

$$\frac{S_T}{\sigma^2}\sim N(N-1).\qquad\qquad\square$$

当已知 S_A, S_E 相互独立且分别服从自由度为 $k-1$ 和 $N-k$ 的 χ^2 分布时, 则有

$$F=\frac{\dfrac{S_A}{\sigma^2}\bigg/(k-1)}{\dfrac{S_E}{\sigma^2}\bigg/(N-k)}=\frac{S_A/(k-1)}{S_E/(N-k)}\sim F(k-1,N-k).$$

构造了统计量 F 就可以进行假设检验. 那么怎样制定判别规则?

在 H_0 成立条件下, 有

$$E\left(\frac{S_A}{k-1}\right)=E\left(\frac{m\displaystyle\sum_{i=1}^{k}(\overline{X}_i-\overline{X})^2}{k-1}\right)=mE\left(\frac{\displaystyle\sum_{i=1}^{k}(\overline{X}_i-\overline{X})^2}{k-1}\right)=mD(\overline{X}_i)=m\frac{\sigma^2}{m}=\sigma^2,$$

$$E\left(\frac{S_E}{N-k}\right)=E\left(\frac{S_E}{km-k}\right)=\frac{1}{k}E\left(\sum_{i=1}^{k}\frac{\displaystyle\sum_{j=1}^{m}(X_{ij}-\overline{X}_i)^2}{m-1}\right)=\frac{1}{k}\sum_{i=1}^{k}\sigma^2=\sigma^2.$$

可见 $\dfrac{S_A}{k-1}$ 和 $\dfrac{S_E}{N-k}$ 都是 σ^2 的无偏估计量. 所以在 H_0 成立的条件下, $F=\dfrac{S_A/(k-1)}{S_E/(N-k)}$

应该接近 1. 当 F 值很小时, 说明随机误差起着主要影响, 而当 F 值很大时, 说明组间误差大于组内误差, 也就是系统误差有着非常大的影响, 则有理由认为 k 个总体不服从同一个正态分布, 即拒绝 H_0, 否则接受 H_0. 因此, 拒绝域可由下式给出:

$$P(F > F_\alpha(k-1, N-k)) = \alpha.$$

当 $F > F_\alpha(k-1, N-k)$ 时, 则拒绝 H_0, 认为因素 A 的影响显著;

当 $F < F_\alpha(k-1, N-k)$ 时, 则接受 H_0, 认为因素 A 的影响不显著.

为了表达的方便和直观, 通常将上述过程制成一个表格, 称为方差分析表, 见表 9-3.

表 9-3 单因素方差分析表

方差来源	离差平方和	自由度	均方	F 值	临界值 F_α
组间	S_A	$k-1$	$S_A/(k-1)$	$F = \dfrac{S_A/(k-1)}{S_E/(N-k)}$	$F_\alpha(k-1, N-k)$
组内	S_E	$N-k$	$S_E/(N-k)$		
总和	S_T	$N-1$	$S_T/(N-1)$		

接下来, 根据上面的分析与方法给出例 9.1.1 的解答[①].

解 假设各个学院学生成绩的总体均值为 $\mu_1, \mu_2, \cdots, \mu_5$, 则该问题的检验假设为

$$H_0: \mu_1 = \mu_2 = \cdots = \mu_5, \quad H_1: \mu_1, \mu_2, \cdots, \mu_5 \text{ 不全相等}.$$

经计算总的平均成绩为 $\bar{x} = 471.05$; 而各学院的平均成绩依表中顺序依次为

$$\bar{x}_1 = 478.75, \quad \bar{x}_2 = 483.75, \quad \bar{x}_3 = 465, \quad \bar{x}_4 = 460.75, \quad \bar{x}_5 = 467.$$

进一步可计算得到, $S_A = 1518.7$, $S_E = 143108.3$, 代入方差分析表, 得到如下结果(表 9-4).

表 9-4 例 9.1.1 的方差分析表

方差来源	离差平方和	自由度	均方	F 值	临界值 F_α
组间	1518.7	4	379.675	$F = 0.0398$	$F_{0.1}(4, 15) = 2.36$
组内	143108.3	15	9540.55		
总和	144627	19	7611.947		

[①] 在进行方差分析时, 因为要假设每个水平的方差相同, 也就是方差齐性成立. 而在实际问题中, 方差齐性不一定成立, 从而常常需要对其进行检验. 常用的检验法有: Hartley 检验、Bartlett 检验和修正的 Bartlett 检验, 在本章中, 无特殊说明, 都假定方差齐性成立.

由于 $F < F_{0.1}(4,15)$，所以在 0.1 显著性水平下，不能拒绝原假设，即可以认为不同学院的学生成绩没有明显区别. □

习题 9-1

1. 为发展我国机械化养鸡，某研究所根据我国的资源情况，研究用槐树粉、苜蓿粉等原料代替国外用鱼粉做鸡饲料的办法. 他们研究了三种饲料配方：第一种，以鱼粉为主的鸡饲料；第二种以槐树粉、苜蓿粉为主加少量鱼粉；第三种，以槐树粉、苜蓿粉为主加少量化学药品. 为比较三种饲料在养鸡增肥上的效果，各喂养 10 只母雏鸡，60 天后测量它们的重量，具体数据如下：

饲料	鸡重/g									
第一种	1073	1058	1071	1037	1066	1026	1053	1049	1065	1051
第二种	1061	1058	1038	1042	1020	1045	1044	1061	1034	1049
第三种	1084	1069	1106	1078	1075	1090	1079	1094	1111	1092

问这三种饲料在养鸡增肥上的效果是否有差异？

2. 在单因素方差分析中，因素 A 有三个水平，每个水平各做 4 次重复试验，已经计算得到因素 A 的偏差平方和 $S_A = 4.2$，误差偏差平方和 $S_E = 2.5$，请在显著性水平为 0.05 下对因素 A 是否显著作出检验.

3. 用 4 种安眠药在兔子身上进行试验，特选 24 只健康的兔子，随机把它们均分为 4 组，每组各服一种安眠药，安眠时间如下所示.

安眠药实验数据

安眠药	安眠时间/h					
A_1	6.2	6.1	6.0	6.3	6.1	5.9
A_2	6.3	6.5	6.7	6.6	7.1	6.4
A_3	6.8	7.1	6.6	6.8	6.9	6.6
A_4	5.4	6.4	6.2	6.3	6.0	5.9

在显著性水平 $\alpha = 0.05$ 下对其进行方差分析，给出得到的结论.

4. 为研究咖啡因对人体功能的影响，特选 30 名体质大致相同的健康的男大学生进行手指叩击训练，此外咖啡因选 3 个水平：0mg，100mg，200mg. 每个水平下冲泡 10 杯水，外观无差异，加以编号，然后让 30 名大学生从中任选一杯服下，2 小时后，请每人做手指叩击，统计员记录其每分钟叩击次数，实验数据如下：

咖啡因剂量	叩击次数									
A_1: 0mg	242	245	244	248	247	240	242	244	246	242
A_2: 100mg	248	246	245	247	248	250	247	246	243	244
A_3: 200mg	246	248	250	252	248	250	246	248	245	250

请对上述数据进行方差分析, 给出得到的结论.

9.2 双因素方差分析

在例 9.1.1 中, 从某理工学院 2012 年招收的学生中抽取的 20 名学生除了被招收的学院不同, 还来自不同的省份, 那么如果问题要求同时考虑不同学院、不同省份两个因素时, 这个时候又该如何处理?

例 9.2.1 数据同例 9.1.1, 问该校不同学院招收的来自不同省份的学生的成绩是否有显著差异?

此时要考虑的因素就不再仅仅是一个"学院"了, 同时还要考虑"省份", 这种同时考虑两个因素的方差分析就是**双因素方差分析**. 我们假定"学院"和"省份"之间没有必然关系, 也就是二者是相互独立的, 那么此类问题可归属于无交互影响的双因素方差分析. 如果在双因素方差分析中所考虑的两个因素存在依赖关系, 则属于有交互影响的双因素方差分析.

9.2.1 无交互影响的双因素方差分析

设因素 A, B 作用于试验指标, 如果因素 A 和因素 B 对试验的影响是相互独立的, 这时双因素试验的方差分析称为无交互作用的双因素方差分析. 在双因素试验中, 假设因素 A 有 r 个水平 $A_1, A_2, \cdots, A_r$, 因素 B 有 s 个水平 $B_1, B_2, \cdots, B_s$, 如果对每一对水平的组合 (A_i, B_j) 只做一次试验, 即**不重复试验**, 所得结果如表 9-5 所示.

表 9-5 无交互影响的双因素方差分析数据表

因素 A \ 因素 B	B_1	B_2	$\cdots$	B_s
A_1	X_{11}	X_{12}	$\cdots$	X_{1s}
A_2	X_{21}	X_{22}	$\cdots$	X_{2s}
$\vdots$	$\vdots$	$\vdots$		$\vdots$
A_r	X_{r1}	X_{r2}	$\cdots$	X_{rs}

这种情况下的数学模型及统计分析与单因素方差分析类似.

首先, 三个基本假设如下:

(1) $X_{ij} \sim N(\mu_{ij}, \sigma^2)$, μ_{ij}, σ^2 未知, $i = 1, 2, \cdots, r$, $j = 1, 2, \cdots, s$.

(2) 每个总体的方差相同.

(3) 所有的 X_{ij}, $i = 1, 2, \cdots, r$, $j = 1, 2, \cdots, s$ 相互独立.

并类似地引入下列记号:

$$\mu = \frac{1}{rs} \sum_{i=1}^{r} \sum_{j=1}^{s} \mu_{ij}, \text{ 称为总均值};$$

$$\mu_{i\cdot} = \frac{1}{s} \sum_{j=1}^{s} \mu_{ij}, \alpha_i = \mu_{i\cdot} - \mu, \text{ 称 } \alpha_i \text{ 为水平 } A_i \text{ 上的效应}, i = 1, 2, \cdots, r;$$

$$\mu_{\cdot j} = \frac{1}{r} \sum_{i=1}^{r} \mu_{ij}, \beta_j = \mu_{\cdot j} - \mu, \text{ 称 } \beta_j \text{ 为水平 } B_j \text{ 上的效应}, j = 1, 2, \cdots, s.$$

因此, 双因素试验的方差分析的统计模型可以写成如下形式:

$$\begin{cases} X_{ij} = \mu + \alpha_i + \beta_j + \varepsilon_{ij}, \\ \sum_{i=1}^{r} \alpha_i = 0, \sum_{j=1}^{s} \beta_j = 0, \\ \varepsilon_{ij} \sim N(0, \sigma^2), i = 1, 2, \cdots, r, j = 1, 2, \cdots, s, \end{cases}$$

其中 ε_{ij} 相互独立. 需要检验的假设有以下两个:

$$\begin{cases} H_{01} : \alpha_1 = \alpha_2 = \cdots = \alpha_r = 0, \\ H_{11} : \alpha_1, \alpha_2, \cdots, \alpha_r \text{ 不全为零}. \end{cases}$$

$$\begin{cases} H_{02} : \beta_1 = \beta_2 = \cdots = \beta_s = 0, \\ H_{12} : \beta_1, \beta_2, \cdots, \beta_s \text{ 不全为零}. \end{cases}$$

记

$$\bar{X} = \frac{1}{rs} \sum_{i=1}^{r} \sum_{j=1}^{s} X_{ij}, \quad \bar{X}_{i\cdot} = \frac{1}{s} \sum_{j=1}^{s} X_{ij}, \quad \bar{X}_{\cdot j} = \frac{1}{r} \sum_{i=1}^{r} X_{ij},$$

平方和分解公式为

$$S_T = S_A + S_B + S_E,$$

其中

$$S_T = \sum_{i=1}^{r} \sum_{j=1}^{s} (X_{ij} - \bar{X})^2, \quad S_A = s \sum_{i=1}^{r} (\bar{X}_{i\cdot} - \bar{X})^2,$$

$$S_B = r \sum_{j=1}^{s} (\overline{X}_{\cdot j} - \overline{X})^2, \quad S_E = \sum_{i=1}^{r} \sum_{j=1}^{s} (X_{ij} - \overline{X}_{i \cdot} - \overline{X}_{\cdot j} + \overline{X})^2$$

分别为**总平方和**, 因素 A, B 的**偏差平方和**和**误差平方和**.

取显著性水平为 α, 当 H_{01} 成立时,

$$F_A = \frac{(s-1)S_A}{S_E} \sim F(r-1, (r-1)(s-1)),$$

则 H_{01} 的拒绝域为

$$F_A > F_\alpha(r-1, (r-1)(s-1));$$

当 H_{02} 成立时,

$$F_B = \frac{(r-1)S_B}{S_E} \sim F(s-1, (r-1)(s-1)),$$

则 H_{02} 的拒绝域为

$$F_B > F_\alpha(s-1, (r-1)(s-1)).$$

得方差分析表 9-6.

表 9-6 双因素方差分析表

方差来源	平方和	自由度	均方和	F 值
因素 A	S_A	$r-1$	$\overline{S}_A = \dfrac{S_A}{r-1}$	$F_A = \overline{S}_A / \overline{S}_E$
因素 B	S_B	$s-1$	$\overline{S}_B = \dfrac{S_B}{s-1}$	$F_B = \overline{S}_B / \overline{S}_E$
误差	S_E	$(r-1)(s-1)$	$\dfrac{S_E}{(r-1)(s-1)}$	
总和	S_T	$rs-1$		

通过上面的分析, 此时得到例 9.2.1 的解答如下.

解 按题意, 需检验假设 H_{01}, H_{02}.

经计算总的平均成绩为 $\overline{x} = 471.05$. 各学院的平均成绩按表中顺序依次为

$$\overline{x}_{1 \cdot} = 478.75, \quad \overline{x}_{2 \cdot} = 483.75, \quad \overline{x}_{3 \cdot} = 465, \quad \overline{x}_{4 \cdot} = 460.75, \quad \overline{x}_{5 \cdot} = 467.$$

各省的平均成绩按表中顺序依次为

$$\overline{x}_{\cdot 1} = 523, \quad \overline{x}_{\cdot 2} = 514.4, \quad \overline{x}_{\cdot 3} = 520.8, \quad \overline{x}_{\cdot 4} = 326.$$

进一步可计算得到

$$S_A = 1518.7, \quad S_B = 140462.95, \quad S_E = 2645.3.$$

将计算得到的数据代入方差分析表, 得到结果见表 9-7.

表 9-7 例 9.2.1 的方差分析表

方差来源	平方和	自由度	均方和	F 值
因素 A	1518.7	4	379.675	$F_A = 1.72$
因素 B	140462.95	3	46820.98	$F_B = 212.40$
误差	2645.3	12	220.44	
总和	144626.9	19		

由于 $F_A < F_{0.1}(4,12) = 2.48$，$F_B > F_{0.1}(3,12) = 2.61$，所以显著性水平为 0.1 的情况下，不能拒绝 H_{01}，但是要拒绝 H_{02}，即可以认为不同学院的学生成绩之间没有明显区别，但是不同省份的学生成绩有明显差异. □

9.2.2 有交互影响的双因素方差分析

在 9.2.1 小节的分析中，假设两个因素是相互独立的，但在很多情况下二者是不能认为独立的，比如：考察磷肥和氮肥对农作物生长的影响，两种肥料肯定要交互使用才会有好的结果. 因此，我们要考虑有交互作用的方差分析. 假设有两个因素 A, B 作用于试验的指标，因素 A 有 r 个水平 $A_1, A_2, \cdots, A_r$，因素 B 有 s 个水平 $B_1, B_2, \cdots, B_s$，现对因素 A, B 的水平的每对组合 (A_i, B_j)，$i = 1, 2, \cdots, r; j = 1, 2, \cdots, s$ 都做 $t(t \geqslant 2)$ 次试验(称为**等重复试验**)，得到如表 9-8 的结果.

表 9-8 有交互影响的双因素方差分析数据表

因素 A \ 因素 B	B_1	B_2	$\cdots$	B_s
A_1	$X_{111}, X_{112}, \cdots, X_{11t}$	$X_{121}, X_{122}, \cdots, X_{12t}$	$\cdots$	$X_{1s1}, X_{1s2}, \cdots, X_{1st}$
A_2	$X_{211}, X_{212}, \cdots, X_{21t}$	$X_{221}, X_{222}, \cdots, X_{22t}$	$\cdots$	$X_{2s1}, X_{2s2}, \cdots, X_{2st}$
$\vdots$	$\vdots$	$\vdots$		$\vdots$
A_r	$X_{r11}, X_{r12}, \cdots, X_{r1t}$	$X_{r21}, X_{r22}, \cdots, X_{r2t}$	$\cdots$	$X_{rs1}, X_{rs2}, \cdots, X_{rst}$

设 $X_{ijk} \sim N(\mu_{ij}, \sigma^2)$，且各 X_{ijk} 独立，$i = 1, 2, \cdots, r, j = 1, 2, \cdots, s, k = 1, 2, \cdots, t$. 这里 μ_{ij}，σ^2 均为未知参数，从而得到如下统计模型.

$$\begin{cases} X_{ijk} = \mu_{ij} + \varepsilon_{ijk}, & j = 1, 2, \cdots, r, j = 1, 2, \cdots, s, k = 1, 2, \cdots, t, \\ \varepsilon_{ijk} \sim N(0, \sigma^2), \end{cases}$$

其中 ε_{ijk} 相互独立，$i = 1, 2, \cdots, r, j = 1, 2, \cdots, s, k = 1, 2, \cdots, t$.

另外，记号 $\mu, \mu_{i\cdot}, \mu_{\cdot j}, \alpha_i, \beta_j$ 同上节，再记

$$\gamma_{ij} = \mu_{ij} - \mu_{i\cdot} - \mu_{\cdot j} + \mu = \mu_{ij} - \mu - \alpha_i - \beta_j, \quad i = 1, 2, \cdots, r, \quad j = 1, 2, \cdots, s,$$

称γ_{ij}为水平A_i和水平B_j的**交互效应**, 这是由A_i, B_j的联合作用而引起的.

易知

$$\sum_{i=1}^{r} \alpha_i = 0, \quad \sum_{j=1}^{s} \beta_j = 0, \quad \sum_{i=1}^{r} \gamma_{ij} = 0, \quad j = 1, 2, \cdots, s, \quad \sum_{j=1}^{s} \gamma_{ij} = 0, \quad i = 1, 2, \cdots, r.$$

这样双因素方差分析的数学模型也可写成如下形式:

$$\begin{cases} X_{ijk} = \mu + \alpha_i + \beta_j + \gamma_{ij} + \varepsilon_{ijk}, \\ \sum_{i=1}^{r} \alpha_i = 0, \ \sum_{j=1}^{s} \beta_j = 0, \ \sum_{i=1}^{r} \gamma_{ij} = 0, \ \sum_{j=1}^{s} \gamma_{ij} = 0, \\ \varepsilon_{ijk} \sim N(0, \sigma^2), \ i = 1, 2, \cdots, r, \ j = 1, 2, \cdots, s, \ k = 1, 2, \cdots, t, \end{cases}$$

其中ε_{ijk}相互独立, $i = 1, 2, \cdots, r, j = 1, 2, \cdots, s, k = 1, 2, \cdots, t.$

针对上述数学模型, 我们要检验因素A, B及交互作用$A \times B$是否显著. 要检验以下3个假设:

$$\begin{cases} H_{01} : \alpha_1 = \alpha_2 = \cdots = \alpha_r = 0, \\ H_{11} : \alpha_1, \alpha_2, \cdots, \alpha_r 不全为零. \end{cases}$$

$$\begin{cases} H_{02} : \beta_1 = \beta_2 = \cdots = \beta_s = 0, \\ H_{12} : \beta_1, \beta_2, \cdots, \beta_s 不全为零. \end{cases}$$

$$\begin{cases} H_{03} : \gamma_{11} = \gamma_{12} = \cdots = \gamma_{rs} = 0, \\ H_{13} : \gamma_{11}, \gamma_{12}, \cdots, \gamma_{rs} 不全为零. \end{cases}$$

类似于单因素情况, 对这些问题的检验方法也是建立在平方和分解上的. 记

$$\bar{X} = \frac{1}{rst} \sum_{i=1}^{r} \sum_{j=1}^{s} \sum_{k=1}^{t} X_{ijk}; \quad \bar{X}_{ij\cdot} = \frac{1}{t} \sum_{k=1}^{t} x_{ijk}, \quad i = 1, 2, \cdots, r; \quad j = 1, 2, \cdots, s;$$

$$\bar{X}_{i\cdot\cdot} = \frac{1}{st} \sum_{j=1}^{s} \sum_{k=1}^{t} X_{ijk}, \quad i = 1, 2, \cdots, r; \quad \bar{X}_{\cdot j\cdot} = \frac{1}{rt} \sum_{i=1}^{r} \sum_{k=1}^{t} X_{ijk}, \quad j = 1, 2, \cdots, s;$$

$$S_T = \sum_{i=1}^{r} \sum_{j=1}^{s} \sum_{k=1}^{t} (X_{ijk} - \bar{X})^2.$$

不难验证$\bar{X}, \bar{X}_{i\cdot\cdot}, \bar{X}_{\cdot j\cdot}, \bar{X}_{ij\cdot}$分别是$\mu, \mu_{i\cdot}, \mu_{\cdot j}, \mu_{ij}$的无偏估计. 由于对所有的$1 \leqslant i \leqslant r$, $1 \leqslant j \leqslant s, 1 \leqslant k \leqslant t$可以得到

$$X_{ijk} - \bar{X} = (X_{ijk} - \bar{X}_{ij\cdot}) + (\bar{X}_{i\cdot\cdot} - \bar{X}) + (\bar{X}_{\cdot j\cdot} - \bar{X}) + (\bar{X}_{ij\cdot} - \bar{X}_{i\cdot\cdot} - \bar{X}_{\cdot j\cdot} + \bar{X}),$$

从而平方和S_T可以分解为

$$S_T = S_E + S_A + S_B + S_{A \times B},$$

其中

$$S_E = \sum_{i=1}^{r} \sum_{j=1}^{s} \sum_{k=1}^{t} (X_{ijk} - \overline{X}_{ij\cdot})^2, \quad S_A = st \sum_{i=1}^{r} (\overline{X}_{i\cdot\cdot} - \overline{X})^2,$$

$$S_B = rt \sum_{j=1}^{s} (\overline{X}_{\cdot j\cdot} - \overline{X})^2, \quad S_{A\times B} = t \sum_{i=1}^{r} \sum_{j=1}^{s} (\overline{X}_{ij\cdot} - \overline{X}_{i\cdot\cdot} - \overline{X}_{\cdot j\cdot} + \overline{X})^2.$$

这里类似于上一小节, 称 S_E 为**误差平方和**, S_A, S_B 分别称为因素 A, B 的**偏差平方和**, $S_{A\times B}$ 称为 A, B **交互作用的偏差平方和**.

可以证明当 H_{01} 为真时,

$$F_A = \frac{S_A}{(r-1)} \bigg/ \frac{S_E}{rs(t-1)} \sim F(r-1, rs(t-1));$$

当假设 H_{02} 为真时,

$$F_B = \frac{S_B}{(s-1)} \bigg/ \frac{S_E}{rs(t-1)} \sim F(s-1, rs(t-1));$$

当假设 H_{03} 为真时,

$$F_{A\times B} = \frac{S_{A\times B}}{(r-1)(s-1)} \bigg/ \frac{S_E}{rs(t-1)} \sim F((r-1)(s-1), rs(t-1)).$$

当给定显著性水平 α 后, 假设 H_{01}, H_{02}, H_{03} 的拒绝域分别为

$$\begin{cases} F_A > F_\alpha(r-1, rs(t-1)), \\ F_B > F_\alpha(s-1, rs(t-1)), \\ F_{A\times B} > F_\alpha(r-1)(s-1), rs(t-1)). \end{cases}$$

经过上面的分析和计算, 可得出双因素试验的方差分析表 9-9.

表 9-9　有交互影响的双因素方差分析表

方差来源	平方和	自由度	均方和	F 值
因素 A	S_A	$r-1$	$\overline{S}_A = \dfrac{S_A}{r-1}$	$F_A = \dfrac{\overline{S}_A}{\overline{S}_E}$
因素 B	S_B	$s-1$	$\overline{S}_B = \dfrac{S_B}{s-1}$	$F_B = \dfrac{\overline{S}_B}{\overline{S}_E}$
交互作用	$S_{A\times B}$	$(r-1)(s-1)$	$\overline{S}_{A\times B} = \dfrac{S_{A\times B}}{(r-1)(s-1)}$	$F_{A\times B} = \dfrac{\overline{S}_{A\times B}}{\overline{S}_E}$
误差	S_E	$rs(t-1)$	$\overline{S}_E = \dfrac{S_E}{rs(t-1)}$	
总和	S_T	$rst-1$		

在实际中, 也可按以下较简便的公式来计算 $S_T, S_A, S_B, S_{A\times B}, S_E$.

记

$$T = \sum_{i=1}^{r}\sum_{j=1}^{s}\sum_{k=1}^{t} X_{ijk}, \quad T_{ij\cdot} = \sum_{k=1}^{t} X_{ijk}, \quad i=1,2,\cdots,r, \quad j=1,2,\cdots,s,$$

$$T_{i\cdot\cdot} = \sum_{j=1}^{s}\sum_{k=1}^{t} X_{ijk}, \quad i=1,2,\cdots,r, \quad T_{\cdot j\cdot} = \sum_{i=1}^{r}\sum_{k=1}^{t} X_{ijk}, \quad j=1,2,\cdots,s,$$

即有

$$\begin{cases} S_T = \displaystyle\sum_{i=1}^{r}\sum_{j=1}^{s}\sum_{k=1}^{t} X_{ijk}^2 - \frac{T^2}{rst}, \\[2mm] S_A = \displaystyle\frac{1}{st}\sum_{i=1}^{r} T_{i\cdot\cdot}^2 - \frac{T^2}{rst}, \\[2mm] S_B = \displaystyle\frac{1}{rt}\sum_{j=1}^{s} T_{\cdot j\cdot}^2 - \frac{T^2}{rst}, \\[2mm] S_{A\times B} = \displaystyle\frac{1}{t}\sum_{i=1}^{r}\sum_{j=1}^{s} T_{ij\cdot}^2 - \frac{T^2}{rst} - S_A - S_B, \\[2mm] S_E = S_T - S_A - S_B - S_{A\times B}. \end{cases}$$

例 9.2.2　用不同的生产方法(不同的硫化时间和不同的加速剂)制造的硬橡胶的抗牵拉强度(单位: $\text{kg}\cdot\text{cm}^{-2}$)的观察数据如表 9-10 所示. 试在显著水平 0.10 下分析不同的硫化时间(A)、加速剂(B)以及它们的交互作用($A\times B$)对抗牵拉强度有无显著影响.

表 9-10　抗牵拉强度数据表

140℃下硫化 时间/s	加速剂		
	甲	乙	丙
40	39, 36	41, 35	40, 30
60	43, 37	42, 39	43, 36
80	37, 41	39, 40	36, 38

解　按题意, 需检验假设 H_{01}, H_{02}, H_{03}.

易知 $r = s = 3, t = 2$, 而 $T, T_{ij\cdot}, T_{i\cdot\cdot}, T_{\cdot j\cdot}$ 的计算如表 9-11 所示.

表 9-11　数据计算表

时间　　$T_{ij\cdot}$　　加速剂	甲	乙	丙	$T_{i\cdot\cdot}$
40	75	76	70	221
60	80	81	79	240

续表

$T_{ij\cdot}$ 加速剂 时间	甲	乙	丙	$T_{i\cdot\cdot}$
80	78	79	74	231
$T_{\cdot j\cdot}$	233	236	223	692

进一步经计算得到

$$S_T = \sum_{i=1}^{r}\sum_{j=1}^{s}\sum_{k=1}^{t} X_{ijk}^2 - \frac{T^2}{rst} = 178.44, \quad S_A = \frac{1}{st}\sum_{i=1}^{r} T_{i\cdot\cdot}^2 - \frac{T^2}{rst} = 30.11,$$

$$S_B = \frac{1}{rt}\sum_{j=1}^{s} T_{\cdot j\cdot}^2 - \frac{T^2}{rst} = 15.44, \quad S_{A\times B} = \frac{1}{t}\sum_{i=1}^{r}\sum_{j=1}^{s} T_{ij\cdot}^2 - \frac{T^2}{rst} - S_A - S_B = 2.89,$$

$$S_E = S_T - S_A - S_B - S_{A\times B} = 130,$$

从而得到方差分析表 9-12.

表 9-12 例 9.2.2 的方差分析表

方差来源	平方和	自由度	均方和	F 值
因素 A(硫化时间)	30.11	2	15.56	$F_A = 1.04$
因素 B(加速剂)	15.44	2	7.72	$F_B = 0.53$
交互作用 $A\times B$	2.89	4	0.7225	$F_{A\times B} = 0.05$
误差	130	9	14.44	
总和	178.44	17		

由于 $F_{0.10}(2, 9) = 3.01 > F_A$, $F_{0.10}(2, 9) > F_B$, $F_{0.10}(4, 9) = 2.69 > F_{A\times B}$, 因而接受假设 H_{01}, H_{02}, H_{03}, 即硫化时间、加速剂以及它们的交互作用对硬橡胶的抗牵拉强度的影响不显著. □

习题 9-2

1. 为了试制一种化工产品. 在三种不同温度、四种不同压力下做试验, 每一水平组合重复两次, 得产品的收率(投入单位数量原料获得的实际生产的产品产量与理论计算的产品产量的比值)如下(%):

压力 温度	1	2	3	4
1	52, 57	42, 45	41, 45	48, 45
2	50, 52	47, 45	47, 48	53, 50
3	63, 58	54, 59	57, 60	58, 59

问: 温度、压力及温度与压力的交互作用中哪些对收率有显著影响? ($\alpha = 0.05$)

2. 测试某种钢不同含铜量在各种温度下的冲击值(单位: $kg \cdot m \cdot cm^{-1}$), 下表列出了试验的数据(冲击值), 问试验温度、含铜量对钢的冲击值的影响是否显著? ($\alpha = 0.01$)

冲击值　铜含量　　　试验温度	0.2%	0.4%	0.8%
20℃	10.6	11.6	14.5
0℃	7.0	11.1	13.3
−20℃	4.2	6.8	11.5
−40℃	4.2	6.3	8.7

第 10 章　一元回归分析

回归分析方法是统计分析的重要组成部分. 什么是回归分析呢? 实际上, 简单地讲就是观测到成组的一系列数据, 这些数据描绘出来会展示出某种变化趋势, 比如线性趋势、多项式趋势等, 而回归分析就是要确定一条能够有效体现这种趋势的曲线. 本章将主要利用二维观测点来确定一条平面拟合曲线, 也就是讨论一元回归问题.

10.1　一元线性回归分析

一元线性回归分析讨论两个变量的线性关系. 这里的线性关系并不是指通常的确定性关系, 比如明确的函数关系 $y = a + bx$, 而是带有线性趋势的相关关系. 例如大家在生活中都会有一个基本的常识, 一个人的身高和体重在大部分情况下都是呈正相关的, 也就是说一个人越高, 就意味着他的体重也很可能更重. 而回归分析可以具体确定身高和体重的这种正相关关系. 我们假定身高为随机变量 X, 体重为随机变量 Y, 那么在线性回归分析中认为 X 与 Y 的正相关关系就意味着 $Y = \beta_0 + \beta_1 X$ 很可能成立, 但是一个明显的问题是: 当两人身高相同时, 其体重自然可以不同, 这又说明 $Y = \beta_0 + \beta_1 X$ 是不应该成立的. 因而要解决的关键问题就是 X 与 Y 之间是否存在合理的线性关系, 如果存在, 又如何估计 β_0 与 β_1. 在回归分析理论中, X 可以被认为是被控制的随机变量, 即可以具体给定 $X = x$, 也就是可以把 X 作为常规变量 x 处理. 随机变量 Y 关于 X 求条件期望, 即可获得与 x 的关系式:

$$E(Y \mid x) = \beta_0 + \beta_1 x, \tag{10.1.1}$$

称其为 Y 关于 X 的**回归函数**, 而这个在平均意义下得到的回归函数才是线性回归分析的真正目标. 在估计 β_0 与 β_1 过程中, 需要利用 x 及其对应的 Y 的观测值, 此时也可以认为 x 与 Y 满足下面的关系式:

$$Y = \beta_0 + \beta_1 x + \varepsilon, \tag{10.1.2}$$

其中 ε 称为随机误差. 所以, 既然 Y 的条件期望(或期望)是 Y 观测值的中心, 那么我们利用满足关系式(10.1.2)的观测数据, 获得的关于方程(10.1.1)的近似方程被称为是一元线性回归方程.

10.1.1　一元线性回归模型

本节将通过一个例子来介绍一元线性回归分析的相关概念及方法.

例 10.1.1　为了学生健康的预防和保健, 调查分析学生的身体素质情况, 高校新生入学时都要进行一次体检. 现从新生中抽取了 12 名学生的身高和体重的数据, 见表 10-1. 通过表中的数据来确定身高和体重之间的关系.

表 10-1　12 名学生的身高和体重数据表

身高 x/cm	163	165	167	169	170	172	175	177	179	180	182	190
体重 y/kg	56.5	61	63.5	62	60.5	63.5	70	72	70.5	71	74	75.5

首先, 通过表 10-1 的数据, 我们可以在直角坐标系下绘制一张**散点图**, 见图 10-1, 从图中可以发现随着身高的增加, 体重也具有增加的趋势, 这些观测数据点近似在一条直线附近, 也就是说散点图中体现出了明显的线性特征, 至于数据点不完全在一条直线上, 则是由随机因素的干扰造成的, 比如同样身高的人, 其体重也往往不同, 这不妨碍主要的线性特征. 因而回归分析的主要目标就是要找出那条近似直线.

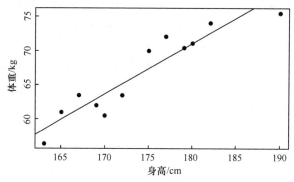

图 10-1　身高与体重的散点图

例 10.1.1 中的问题抽象出来就是根据已知的观测值 $(x_i, y_i), i = 1, 2, \cdots, n$ 来获得 (10.1.1)式中 β_0, β_1 的估计值, 为此, 我们先完整地给出一元回归模型的基本假设.

已知 Y 与 x 的关系为 $Y = \beta_0 + \beta_1 x + \varepsilon$, 其中 β_0, β_1 称为**回归系数**, ε 是随机因素对**响应变量** Y 所产生的影响——随机误差, 也是随机变量. 为了便于进行估计和假设检验, 总是假设 $E(\varepsilon) = 0, D(\varepsilon) = \sigma^2$, 亦即 $\varepsilon \sim N(0, \sigma^2)$, σ^2 未知, 则随机变量 $Y \sim N(\beta_0 + \beta_1 x, \sigma^2)$. 为叙述方便, 我们把 Y 的样本观测值 $y_i, i = 1, 2, \cdots, n$ 也认为是相互独立的随机变量, 则有

$$y_i = \beta_0 + \beta_1 x_i + \varepsilon_i, \quad i = 1, 2, \cdots, n,$$

其中 ε_i 是相互独立的, 且 $\varepsilon_i \sim N(0, \sigma^2), y_i \sim N(\beta_0 + \beta_1 x_i, \sigma^2)$. 因而, 综合上述假设, **一元线性回归模型**可以表达如下:

$$\begin{cases} y_i = \beta_0 + \beta_1 x_i + \varepsilon_i, i = 1, 2, \cdots, n, \\ \text{各} \varepsilon_i \text{相互独立}, \text{且} \varepsilon_i \sim N(0, \sigma^2). \end{cases}$$

若用 $\hat{\beta}_0, \hat{\beta}_1$ 分别表示利用观测数据获得的 β_0, β_1 的估计值, 则称

$$\hat{y} = \hat{\beta}_0 + \hat{\beta}_1 x \tag{10.1.3}$$

为 Y 关于 x 的**一元线性回归方程**, 有时也称为**经验回归直线**或**拟合直线**. 给定 x 值, $\hat{y}$ 称为对应的**回归值**(有时也称预测值, 拟合值).

10.1.2　回归系数的最小二乘估计

一元线性回归分析的主要目标是获得一元线性回归方程, 也就是要估计 β_0, β_1 的值, 而常用的方法就是最小二乘法. 所谓的**最小二乘法**, 就是取 β_0, β_1 的一组估计值 $\hat{\beta}_0, \hat{\beta}_1$ 使其随机误差 ε_i 的平方和达到最小, 即 y_i 与 $\hat{y}_i = \hat{\beta}_0 + \hat{\beta}_1 x_i$ 的拟合达到最佳. 若记

$$Q(\beta_0, \beta_1) = \sum_{i=1}^n \varepsilon_i^2 = \sum_{i=1}^n (y_i - \beta_0 - \beta_1 x_i)^2,$$

则

$$Q(\hat{\beta}_0, \hat{\beta}_1) = \min_{\beta_0, \beta_1} Q(\beta_0, \beta_1) = \sum_{i=1}^n (y_i - \hat{\beta}_0 - \hat{\beta}_1 x_i)^2.$$

从数学上看, 这归结为求二元函数 $Q(\beta_0, \beta_1)$ 的最小值问题. 显然 $Q(\beta_0, \beta_1) \geq 0$, 且关于 β_0, β_1 可微, 则由多元函数存在极值的必要条件得

$$\begin{cases} \dfrac{\partial Q}{\partial \beta_0} \bigg|_{(\hat{\beta}_0, \hat{\beta}_1)} = 0, \\ \dfrac{\partial Q}{\partial \beta_1} \bigg|_{(\hat{\beta}_0, \hat{\beta}_1)} = 0, \end{cases} \quad \text{即} \quad \begin{cases} \sum_{i=1}^n (y_i - \hat{\beta}_0 - \hat{\beta}_1 x_i) = 0, \\ \sum_{i=1}^n (y_i - \hat{\beta}_0 - \hat{\beta}_1 x_i) x_i = 0. \end{cases}$$

此方程组称为**正规方程组**, 经过整理, 可得

$$\begin{cases} n\hat{\beta}_0 + n\bar{x}\hat{\beta}_1 = n\bar{y}, \\ n\bar{x}\hat{\beta}_0 + \sum_{i=1}^n x_i^2 \hat{\beta}_1 = \sum_{i=1}^n x_i y_i, \end{cases}$$

求解可得

$$\begin{cases} \hat{\beta}_0 = \bar{y} - \hat{\beta}_1 \bar{x}, \\ \hat{\beta}_1 = l_{xy} / l_{xx}, \end{cases} \tag{10.1.4}$$

称这种方法求出的 $\hat{\beta}_0, \hat{\beta}_1$ 为 β_0, β_1 的**最小二乘估计**, 其中

$$\bar{x} = \frac{1}{n}\sum_{i=1}^{n} x_i, \quad \bar{y} = \frac{1}{n}\sum_{i=1}^{n} y_i, \quad l_{xx} = \sum_{i=1}^{n}(x_i - \bar{x})^2 = \sum_{i=1}^{n} x_i^2 - n\bar{x}^2 = \sum_{i=1}^{n} x_i^2 - \frac{1}{n}\left(\sum_{i=1}^{n} x_i\right)^2,$$

$$l_{xy} = \sum_{i=1}^{n}(x_i - \bar{x})(y_i - \bar{y}) = \sum_{i=1}^{n} x_i y_i - n\bar{x}\,\bar{y} = \sum_{i=1}^{n} x_i y_i - \frac{1}{n}\left(\sum_{i=1}^{n} x_i\right)\left(\sum_{i=1}^{n} y_i\right).$$

最小二乘法能够很好地利用函数连续性和可微性, 不但可以处理线性问题, 还可以处理非线性问题, 是一种常用的估计方法, 并且得到的最小二乘估计 $\hat{\beta}_0, \hat{\beta}_1$ 是 β_0, β_1 的无偏估计.

接下来, 根据上面的方法, 我们继续解答例 10.1.1.

解　前面关于散点图 10-1 的分析, 确定了我们的计算目标就是得到一个直线方程, 也就是获得 β_0, β_1 的估计值, 那么根据数据计算如下:

$$\sum_{i=1}^{12} x_i = 2089, \quad \sum_{i=1}^{12} y_i = 800, \quad \sum_{i=1}^{12} x_i y_i = 139770.5, \quad \sum_{i=1}^{12} x_i^2 = 364347,$$

进而

$$\bar{x} = \frac{1}{12}\sum_{i=1}^{12} x_i = 174.083, \quad \bar{y} = \frac{1}{12}\sum_{i=1}^{12} y_i = 66.667,$$

$$l_{xx} = \sum_{i=1}^{n} x_i^2 - \frac{1}{n}\left(\sum_{i=1}^{n} x_i\right)^2 = 686.917, \quad l_{xy} = \sum_{i=1}^{n} x_i y_i - \frac{1}{n}\left(\sum_{i=1}^{n} x_i\right)\left(\sum_{i=1}^{n} y_i\right) = 503.833.$$

由(10.1.4)得

$$\hat{\beta}_1 = l_{xy} / l_{xx} = 0.733, \quad \hat{\beta}_0 = \bar{y} - \hat{\beta}_1 \bar{x} = -60.936.$$

代入(10.1.3), 得到回归方程为

$$\hat{y} = -60.936 + 0.733x. \tag{10.1.5}$$

$\square$

通过上面的分析, 可知利用最小二乘法能够求出一条回归方程, 此方程是否合理还需要进行一些讨论, 下面的定理给出了一些相关性质.

定理 10.1.1　在一元线性回归模型中, 有

(1) $\hat{\beta}_0 \sim N\left(\beta_0, \left(\frac{1}{n} + \frac{\bar{x}^2}{l_{xx}}\right)\sigma^2\right)$, $\hat{\beta}_1 \sim N\left(\beta_1, \frac{\sigma^2}{l_{xx}}\right)$;

(2) $\mathrm{Cov}(\hat{\beta}_0, \hat{\beta}_1) = -\dfrac{\overline{x}}{l_{xx}}\sigma^2$；

(3) $\hat{y} \sim N\left(\beta_0 + \beta_1 x, \left(\dfrac{1}{n} + \dfrac{(x - \overline{x})^2}{l_{xx}}\right)\sigma^2\right)$.

证明略.

由此定理可知，$E(\hat{\beta}_0) = \beta_0$，$E(\hat{\beta}_1) = \beta_1$，故 $\hat{\beta}_0, \hat{\beta}_1$ 是 β_0, β_1 的无偏估计. 对固定的 x 有 $E(\hat{y}) = \beta_0 + \beta_1 x = E(Y)$，即 $\hat{y}$ 是 $E(Y)$ 的无偏估计.

10.1.3 回归方程的显著性检验

在 10.1.2 小节中根据最小二乘法，求出了估计值 $\hat{\beta}_0, \hat{\beta}_1$，从而得到回归方程 $\hat{y} = \hat{\beta}_0 + \hat{\beta}_1 x$. 现在的问题是：$y$ 与 x 之间是否确实存在这种关系？即回归方程是否一定有价值或者是否是合理的？这就需要对回归方程做显著性检验.

对于方程 $E(Y) = \beta_0 + \beta_1 x$，如果 $\beta_1 = 0$，则不管 x 如何变化，$E(Y)$ 不会随 x 作线性变化，那么这时求的一元线性回归方程就没有意义，称回归方程**不显著**. 如果 $\beta_1 \neq 0$，则 x 变化时，$E(Y)$ 会随 x 作线性变化，此时称回归方程**显著**.

因此，对回归方程的显著性检验可以提出如下的检验假设：

$$H_0: \beta_1 = 0, \quad H_1: \beta_1 \neq 0. \tag{10.1.6}$$

如果拒绝原假设，则认为方程是显著的. 为此，就需要建立一个检验统计量. 根据检验统计量的不同，一元线性回归中有三种等价的检验方法. 下面逐一介绍.

1. F 检验

此检验的思想与方差分析类似，我们先考虑总偏差平方和

$$S_T = \sum_{i=1}^{n}(y_i - \overline{y})^2,$$

其表示 $y_1, y_2, \cdots, y_n$ 之间的差异，然后将其分解为两个部分，得到如下结果：

$$
\begin{aligned}
S_T &= \sum_{i=1}^{n}(y_i - \overline{y})^2 = \sum_{i=1}^{n}(y_i - \hat{y}_i + \hat{y}_i - \overline{y})^2 \\
&= \sum_{i=1}^{n}(y_i - \hat{y}_i)^2 + \sum_{i=1}^{n}(\hat{y}_i - \overline{y})^2 + 2\sum_{i=1}^{n}(y_i - \hat{y}_i)(\hat{y}_i - \overline{y}) \\
&= S_E + S_R,
\end{aligned}
\tag{10.1.7}
$$

这里 $S_R = \sum_{i=1}^{n}(\hat{y}_i - \overline{y})^2$ 为**回归平方和**，是由变量 x 的变化引起的误差，它的大小反

映了每一个 x 对应的回归值的波动程度；$S_E = \sum\limits_{i=1}^{n}(y_i - \hat{y}_i)^2$ 为**残差平方和**，是由随机误差和其他未加控制的因素引起的.

事实上，由正规方程组知

$$\sum_{i=1}^{n}(y_i - \hat{y}_i)(\hat{y}_i - \overline{y}) = \sum_{i=1}^{n}(y_i - \hat{\beta}_0 - \hat{\beta}_1 x_i)(\hat{\beta}_0 + \hat{\beta}_1 x_i - \overline{y})$$

$$= \sum_{i=1}^{n}(y_i - \hat{\beta}_0 - \hat{\beta}_1 x_i)(\hat{\beta}_0 - \overline{y}) + \hat{\beta}_1 \sum_{i=1}^{n}(y_i - \hat{\beta}_0 - \hat{\beta}_1 x_i)x_i$$

$$= 0,$$

因而(10.1.7)式成立.

由定理 10.1.1 可以证明下面结论.

定理 10.1.2 设 $y_i = \beta_0 + \beta_1 x_i + \varepsilon_i$，其中 $\varepsilon_i \sim N(0,\sigma^2), i = 1,2,\cdots,n$ 相互独立，则

$$E(S_R) = \sigma^2 + \beta_1^2 l_{xx}, \quad E(S_E) = (n-2)\sigma^2.$$

这说明**残差均方** $\mathrm{MS}_E = S_E/(n-2)$ 是 σ^2 的无偏估计. 进一步，还可以得到如下的结论.

定理 10.1.3 设 $y_i \sim N(\beta_0 + \beta_1 x_i, \sigma^2), i = 1,2,\cdots,n$ 且相互独立，则

(1) $\dfrac{S_E}{\sigma^2} \sim \chi^2(n-2)$；

(2) 若 H_0 成立,则 $\dfrac{S_R}{\sigma^2} \sim \chi^2(1)$；

(3) $S_R, S_E, \overline{y}$ 相互独立(或 $\hat{\beta}_1, S_E, \overline{y}$ 相互独立).

证明略.

在我们的假设下，**回归均方** $\mathrm{MS}_R = S_R$ 与残差均方的比值

$$F = \frac{\mathrm{MS}_R}{\mathrm{MS}_E} = \frac{S_R}{S_E/(n-2)}$$

是 F 统计量，即 $F \sim F(1,n-2)$. 在 $\beta_1 = 0$ 的假设下，给定一个显著水平 α，可以查表得到 F 分布的上 α 分位数 $F_\alpha(1,n-2)$，则拒绝域为

$$F > F_\alpha(1,n-2).$$

这表明 $F > F_\alpha(1,n-2)$ 是小概率事件，在一次检验中是不会发生的. 若确实 $F > F_\alpha(1,n-2)$，则说明原假设 $\beta_1 = 0$ 不成立，即模型中一次项 $\beta_1 x$ 是必要的. 换言之，模型对水平 α 是显著的.

在例 10.1.1 中，可以计算 $\mathrm{MS}_R = 369.547, \mathrm{MS}_E = 5.062$，进而

$$F = 73.004 > F_{0.05}(1,10) = 4.96,$$

因此拒绝原假设, 即例 10.1.1 中求得的回归方程(10.1.5)在显著性水平 0.05 下是显著的.

2. t 检验

在 H_0 为真的情况下, 由定理 10.1.1 和定理 10.1.3 可知

$$T = \frac{\hat{\beta}_1}{\sqrt{\mathrm{MS}_E / l_{xx}}} \sim t(n-2).$$

对于给定的一个显著水平 α, 其拒绝域为

$$|t| = \left| \frac{\hat{\beta}_1}{\sqrt{\mathrm{MS}_E / l_{xx}}} \right| > t_{\alpha/2}(n-2).$$

注意 T^2 是服从 F 分布的, 所以 t 检验与 F 检验是等价的.

在例 10.1.1 中, 已经计算得到 $l_{xx} = 686.917$, $\hat{\beta}_1 = 0.733$, $\mathrm{MS}_E = 5.062$, 从而

$$t = \frac{0.733}{\sqrt{5.062/686.917}} = 8.539 > t_{0.025}(10) = 2.228.$$

因而同样可知例 10.1.1 中求得的回归方程(10.1.5)在显著性水平 0.05 下是显著的.

3. 相关系数检验

当一元线性回归方程是反映两个随机变量间的线性关系时, 显著性检验可以通过相关系数 ρ 来进行. 这个时候检验假设为

$$H_0 : \rho = 0, \quad H_1 : \rho \neq 0.$$

此时采用的检验统计量为样本相关系数, 记为 R, 可以验证

$$R^2 = \frac{S_R}{S_T} = \frac{S_R}{S_R + S_E} = \frac{S_R / S_E}{S_R / S_E + 1},$$

而

$$F = \frac{\mathrm{MS}_R}{\mathrm{MS}_E} = \frac{(n-2)S_R}{S_E},$$

因此, 得到

$$R^2 = \frac{F}{F + (n-2)}.$$

由此可知, 相关系数检验与 F 检验也是等价的. 但是由于相关系数检验的拒绝域的确定比较烦琐, 一般使用较为笼统的判断. 通常 R^2 被称为**决定系数**, 它表示总偏差中自变量 x 引起的那部分的比例. 显然 $0 \leqslant R^2 \leqslant 1$. R^2 越接近 1, 表明回归平

方和占总平方和的比例越大, 回归直线与各观测点越接近, 回归直线的拟合效果越好; 反之, R^2 越接近 0, 残差平方和占的比例就越大, 拟合效果就越差, 回归方程就很可能不显著.

例 10.1.1 中, 可以计算 $R^2 = 0.8795$, 这个值是比较接近 1 的, 说明拟和效果是不错的.

10.1.4 估计和预测

利用已经通过显著性检验的回归方程, 可以对 Y 进行估计和预测. 估计是指当给定 $x = x_0$ 时, 可以对相应的随机变量 $Y_0 = \beta_0 + \beta_1 x_0 + \varepsilon_0$ 的均值进行点估计或区间估计; 而预测是指当给定 $x = x_0$ 时, 随机变量 Y_0 的观察值会出现在哪个范围内. 因此, 估计和预测是两个不同的问题.

1. 均值 $E(Y_0)$ 的估计

由定理 10.1.1 知, $\hat{y}_0$ 是 $E(Y_0)$ 的无偏估计, 并且

$$\hat{y}_0 \sim N\left(\beta_0 + \beta_1 x_0, \left(\frac{1}{n} + \frac{(x_0 - \bar{x})^2}{l_{xx}}\right)\sigma^2\right),$$

又由定理 10.1.3 知 $\dfrac{S_E}{\sigma^2} \sim \chi^2(n-2)$ 且与 $\hat{y}_0 = \bar{y} + \hat{\beta}_1(x_0 - \bar{x})$ 独立, 因此

$$\frac{\hat{y}_0 - E(Y_0)}{\hat{\sigma}\sqrt{\dfrac{1}{n} + \dfrac{(x_0 - \bar{x})^2}{l_{xx}}}} \sim t(n-2), \quad \text{这里} \ \hat{\sigma}^2 = \mathrm{MS}_E = \frac{S_E}{n-2}.$$

因此随机变量 Y_0 关于均值 $E(Y_0)$ 的置信水平为 $1-\alpha$ 的置信区间为

$$(\hat{y}_0 - \delta(x_0), \hat{y}_0 + \delta(x_0)),$$

其中 $\delta(x_0) = t_{\alpha/2}(n-2)\hat{\sigma}\sqrt{\dfrac{1}{n} + \dfrac{(x_0 - \bar{x})^2}{l_{xx}}}$.

在例 10.1.1 中, 令 $x_0 = 185$, 得到 $\hat{y}_0 = 74.669$. 又

$$n = 12, \quad \bar{x} = \frac{1}{12}\sum_{i=1}^{12} x_i = 174.083, \quad l_{xx} = 686.917,$$

$$\mathrm{MS}_E = 5.062, \quad t_{0.025}(10) = 2.228,$$

从而得到身高是 185cm 时, 体重的均值 $E(Y_0)$ 的置信水平为 95% 的置信区间为 $(72.129, 77.209)$.

2. Y_0 的预测区间

利用回归模型中获得的回归方程对 Y 进行预测, 即给定 x 一个取值, 比如

$x = x_0$，可获得对应的 Y_0 的值，但是由于 Y_0 是随机变量，所以一般获得 Y_0 的一个区间来进行预测.

由于 $Y_0 = \beta_0 + \beta_1 x_0 + \varepsilon_0$，$\varepsilon_0 \sim N(0, \sigma^2)$，$\hat{y}_0 \sim N\left(\beta_0 + \beta_1 x_0, \left(\dfrac{1}{n} + \dfrac{(x_0 - \overline{x})^2}{l_{xx}}\right)\sigma^2\right)$，

可以得到

$$Y_0 - \hat{y}_0 \sim N\left(0, \left(1 + \frac{1}{n} + \frac{(x_0 - \overline{x})^2}{l_{xx}}\right)\sigma^2\right).$$

进而由定理 10.1.3 可知

$$\frac{Y_0 - \hat{y}_0}{\hat{\sigma}\sqrt{1 + \dfrac{1}{n} + \dfrac{(x_0 - \overline{x})^2}{l_{xx}}}} \sim t(n-2).$$

从而，得到 Y_0 的一个置信水平为 $1 - \alpha$ 的预测区间

$$(\hat{y}_0 - \delta(x_0), \hat{y}_0 + \delta(x_0)),$$

其中 $\delta(x_0) = t_{\alpha/2}(n-2)\hat{\sigma}\sqrt{1 + \dfrac{1}{n} + \dfrac{(x_0 - \overline{x})^2}{l_{xx}}}$.

在例 10.1.1 中，令 $x_0 = 185$，可得到 Y_0 的一个置信水平为 95%的预测区间为 (69.049, 80.289)，也就是说一个身高 1.85 米的人，体重在 69.049kg 到 80.289kg 之间的概率为 0.95.

习题 10-1

1. 证明一元回归方程通过点 $(\overline{x}, \overline{y})$.

2. 设 $\hat{\beta}_0$，$\hat{\beta}_1$ 为一元线性回归系数 β_0, β_1 的最小二乘估计，记 $\hat{y} = \hat{\beta}_0 + \hat{\beta}_1 x$，$i = 1, 2, \cdots, n$，证明：

$$\sum_{i=1}^{n}(y_i - \hat{y}_i) = 0, \quad \sum_{i=1}^{n}(y_i - \hat{y}_i)x_i = 0.$$

3. 证明一元回归方程中利用最小二乘法得到的 $\hat{\beta}_0$，$\hat{\beta}_1$ 也是 β_0, β_1 的极大似然估计.

4. 为考察某种维尼纶纤维的耐水性能，安排了一组实验，测得其甲醇浓度 x 及相应的"缩醇化度" y 数据如下：

x	18	20	22	24	26	28	30
y	26.86	28.35	28.75	28.87	29.75	30.00	30.36

(1) 作散点图；

(2) 建立一元线性回归方程；

(3) 对建立的回归方程作显著性检验. ($\alpha = 0.05$)

5. 测得一组弹簧形变 x (单位: cm)和相应的外力 y (单位: N)数据如下:

x	1	1.2	1.4	1.6	1.8	2.0	2.2	2.4	2.8	3.0
y	3.08	3.76	4.31	5.02	5.51	6.25	6.74	7.40	8.54	9.24

由胡克定律知 $y = kx$, 试估计 k (提示: 先利用 $y = kx$ 与最小二乘法求 k 的估计式).

6. 设 x 固定, y 为正态随机变量. 关于 x , y 有如下数据:

x	−2.0	0.6	1.4	1.3	0.1	−1.6	−1.7	0.7	−1.8	−1.1
y	−6.1	−0.5	7.2	6.9	−0.2	−2.1	−3.9	3.8	−7.5	−2.1

(1) 求 y 对 x 的回归方程;

(2) 检验回归方程的显著性. ($\alpha = 0.05$)

10.2　一元非线性回归分析

在回归分析中, x 与 y (本质上是 Y , 这里只强调函数关系, 记为小写)之间也可能是非线性关系, 但是很多时候, 可以将非线性关系转化为线性关系, 从而利用前面的方法获得相应的回归方程. 比如原始关系满足 $y = a + b \ln x$, 则可以令 $u = y, v = \ln x$, 从而得到 u 与 v 之间的关系满足 $u = a + bv$, 即二者为线性关系, 利用线性回归分析获得 a 与 b 的估计, 也就得到了 x 与 y 的回归方程.

下面通过一个具体例子进行说明.

例 10.2.1　表 10-2 给出了截至 1997 年年底在 6 个不同距离上中短跑成绩的世界纪录.

表 10-2　6 个距离上中短跑世界纪录

距离 x /m	100	200	400	800	1000	1500
时间 y /s	9.95	19.72	43.86	102.40	133.90	212.10

利用这些数据得出时间与距离的关系.

解　(1) 作出数据的散点图, 见图 10-2.

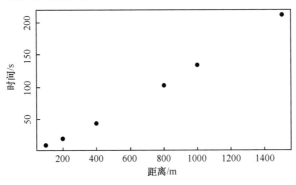

图 10-2　距离与时间的散点图

(2) 通过散点图 10-2 确定函数形式. 散点图中点的排列似乎接近直线, 但又有点向下凸出. 考虑到实际问题中, 距离越长, 人的体力消耗越快, 速度就会越慢, 时间耗费就越长, 而且在纵轴上不可能有负的截距, 这样可以排除 x 与 y 的线性关系, 通过比较常用曲线的形态, 发现下列曲线的形态比较吻合: $y = ax^b$.

将此曲线两边取对数, 并令 $u = \ln y$, $v = \ln x$, $a' = \ln a$, 可得到 $u = a' + bv$. 于是利用对数化后的数据, 获得线性回归方程为

$$u = -3.034 + 1.145v.$$

将此方程还原, 则得到 x 与 y 的函数关系为

$$y = 0.048x^{1.145}.$$

注　在实际问题中如果不确定曲线形态, 可以选择几个相似的曲线进行拟合, 然后利用决定系数 R^2 或者残余标准差来确定选择哪条曲线更好.

最后, 给出常用的曲线图形, 见表 10-3.

表 10-3　常见函数的图形

函数名称	函数表达式	图像	线性化方法
双曲线函数	$\dfrac{1}{y} = a + \dfrac{b}{x}$	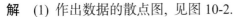	$v = \dfrac{1}{y}$ $u = \dfrac{1}{x}$

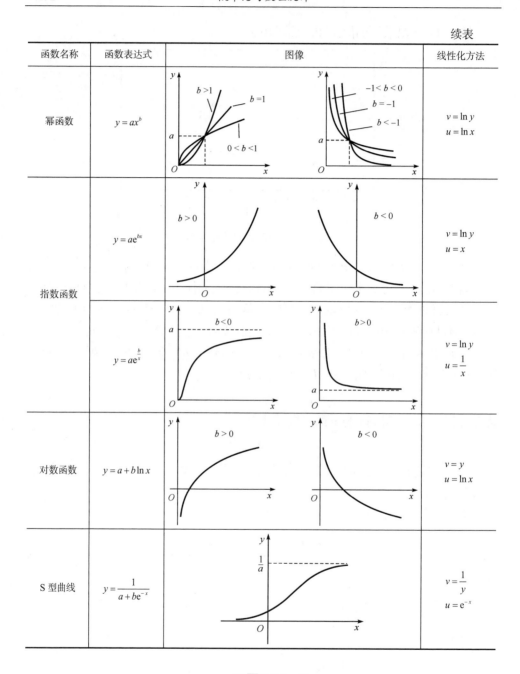

函数名称	函数表达式	图像	线性化方法
幂函数	$y = ax^b$		$v = \ln y$ $u = \ln x$
指数函数	$y = ae^{bx}$		$v = \ln y$ $u = x$
	$y = ae^{\frac{b}{x}}$		$v = \ln y$ $u = \dfrac{1}{x}$
对数函数	$y = a + b\ln x$		$v = y$ $u = \ln x$
S 型曲线	$y = \dfrac{1}{a + be^{-x}}$		$v = \dfrac{1}{y}$ $u = e^{-x}$

习题 10-2

1. 对下列模型进行适当变换以转化为对参数为线性的模型:

(1) $Y = \exp(\beta_0 + \beta_1 X + \varepsilon)$;

(2) $Y = \dfrac{1}{1 + \exp[-(\beta_0 + \beta_1 X + \varepsilon)]}$.

2. 研究青春发育与远视率(或者对数视力)的变化关系, 测得结果为

青春发育与远视率(或者对数视力)的变化关系表

年龄 X /岁	远视率 Y /%	对数视力 $y = \ln Y$
6	63.64	4.153
7	61.06	4.112
8	38.84	3.659
9	13.75	2.621
10	14.50	2.674
11	8.07	2.088
12	4.41	1.484
13	2.27	0.82
14	2.09	0.737
15	1.02	0.02
16	2.51	0.92
17	3.12	1.138
18	2.98	1.092

试建立曲线回归方程 $\hat{Y} = a\mathrm{e}^{bx}$ ($\ln \hat{Y} = \ln a + bX$).

习 题 答 案

1. (1) $\Omega = \{2,3,4,\cdots,12\}$;

   (2) $\Omega = \{5,6,7,\cdots\}$; (3) $\Omega = \{(x,y) \mid x>0, y>0, x+y=1\}$;

   (4) $\Omega = \{(x,y) \mid x^2+y^2<1\}$;

   (5) $\Omega = \{00,100,0100,0101,0110,0111,1010,1011,1100,1101,1110,1111\}$.

2. (1) $A \cup B = \Omega$ 是必然事件; (2) $AB = \varnothing$ 是不可能事件; (3) $AC = \{$取得球的号码是 2,4$\}$;

   (4) $\overline{AC} = \{$取得球的号码是 1,3,5,6,7,8,9,10$\}$;

   (5) $\overline{A}\,\overline{C} = \{$取得球的号码为奇数, 且不小于 5$\}=\{$取得球的号码为 5,7,9$\}$;

   (6) $\overline{B \cup C} = \overline{B} \cap \overline{C} = \{$取得球的号码是不小于 5 的偶数$\}=\{$取得球的号码为 6,8,10$\}$;

   (7) $A-C = A\overline{C} = \{$取得球的号码是不小于 5 的偶数$\}=\{$取得球的号码为 6,8,10$\}$.

3. (1) 事件 $AB\overline{C}$ 表示该生是三年级的男生, 但不是运动员;

   (2) $ABC = C$ 等价于 $C \subset AB$, 表示全系运动员都是三年级的男生;

   (3) 当全系运动员都是三年级的学生时;

   (4) 当全系女生都在三年级并且三年级学生都是女生时.

4. $B = A_1 A_2 \overline{A_3} \cup A_1 \overline{A_2} A_3 \cup \overline{A_1} A_2 A_3$; $C = A_1 A_2 \cup A_1 A_3 \cup A_2 A_3$.

5. (2)与(8)不成立, 其余都成立.

6. 不成立.

1. $p+q$; 0; $1-q$; p ; $1-p-q$.

2. (1) 0.5; (2) 0.2; (3) 0.8; (4) 0.2; (5) 0.9.

3. (1) $\dfrac{19}{27}$; (2) $\dfrac{7}{27}$; (3) $\dfrac{12}{27}$.

4. (1) 0.6,0.4; (2) 0.6 ; (3) 0.4 ; (4) 0, 0.4 ; (5) 0.2.

5. 0.1,0.3 .

6. (1) 0.6 ; (2) 0.3 .

1. (1) $\dfrac{9!}{2 \cdot 10^7}$; (2) $\dfrac{4}{5}$; (3) $\dfrac{21 \cdot 9^5}{10^7}$; (4) $1 - \dfrac{73 \cdot 9^6}{5 \cdot 10^7}$.

2. (1) $\dfrac{25}{49}$; (2) $\dfrac{10}{49}$; (3) $\dfrac{20}{49}$; (4) $\dfrac{5}{7}$.

3. $\dfrac{1}{12}$；$\dfrac{1}{20}$．

4. (1) $\dfrac{1}{6}$；(2) $\dfrac{5}{18}$；(3) $\dfrac{1}{2}$．

5. (1) $\dfrac{3}{5}$；(2) $\dfrac{3}{10}$；(3) $\dfrac{9}{10}$．

6. $\dfrac{1}{15}$．

7. $\dfrac{10}{19}$．

8. (1) $\dfrac{365!}{365^n(365-n)!}$；(2) $1-\dfrac{365!}{365^n(365-n)!}$．

习题 1-4

1. 0.75．

2. (1) $\dfrac{25}{441}$；(2) $\dfrac{1}{20}$．

3. $\dfrac{23}{25}$．

4. $\dfrac{1}{2}$．

5. 0.998．

6. (1) 0.85; (2) 0.058; (3) 0.8286.

7. 0.00786.

习题 1-5

1. (1) 0.7075；(2) 0.035．

2. $3p-3p^2+p^3$．

3. (1) $\dfrac{255}{256}$；(2) $\dfrac{27}{128}$；(3) $\dfrac{81}{256}$．

4. (1) 0.29；(2) $\dfrac{15}{29}$．

5. $\dfrac{624}{625}$

6. $\dfrac{1}{4}$ 或 $\dfrac{3}{4}$．

7. (1) 0.7；(2) 0.96．

习题 2-1

1. (1) $\Omega=\{HHH,HHT,HTH,THH,HTT,THT,TTH,TTT\}$；

(2) $X(\omega) = \begin{cases} 0, & \omega = TTT, \\ 1, & \omega = HTT, THT, TTH, \\ 2, & \omega = HHT, HTH, THH, \\ 3, & \omega = HHH; \end{cases}$

(3) $\{X = 2\} = \{HHT, HTH, THH\}$, $P(X = 2) = \dfrac{3}{8}$, $\{X \leqslant 1\} = \{HTT, THT, TTH, TTT\}$,

$P(X \leqslant 1) = \dfrac{4}{8}$.

2. 令 $X = \begin{cases} 1, & \omega = 红球, \\ 0, & \omega = 白球. \end{cases}$ $P(X = 1) = \dfrac{m}{m+n}$, $P(X = 0) = \dfrac{n}{m+n}$.

3. C.

4. $F(x) = \begin{cases} 0, & x < -1, \\ 1/6, & -1 \leqslant x < 2, \\ 2/3, & 2 \leqslant x < 3, \\ 1, & x \geqslant 3. \end{cases}$

习题 2-2

1. (1) $P(X = k) = \dfrac{1}{2^k}, k = 1, 2, \cdots$; (2) 1/16.

2. $c = (1 - e^{-\lambda})^{-1}$.

3.

X	0	1	2
P	$\dfrac{1}{5}$	$\dfrac{3}{5}$	$\dfrac{1}{5}$

4.

X	-1	2	3
P	$\dfrac{1}{6}$	$\dfrac{1}{2}$	$\dfrac{1}{3}$

5. $P(X = k) = p(1 - p)^{k-1}, k = 1, 2, \cdots$.

6.

X	-1	1	3
P	0.4	0.4	0.2

7. (1) $P(X = k) = (1 - p)^k p = (0.9)^k \times 0.1, k = 0, 1, 2, \cdots$; (2) $(0.9)^5$.

8. 1/64.

9. (1) $P(X = k) = C_3^k \left(\dfrac{2}{5}\right)^k \left(\dfrac{3}{5}\right)^{3-k}, k = 0, 1, 2, 3$ 列成表格为

X	0	1	2	3
P	$\dfrac{27}{125}$	$\dfrac{54}{125}$	$\dfrac{36}{125}$	$\dfrac{8}{125}$

(2) $F(x) = \begin{cases} 0, & x < 0, \\ \dfrac{27}{125}, & 0 \leqslant x < 1, \\ \dfrac{81}{125}, & 1 \leqslant x < 2, \\ \dfrac{117}{125}, & 2 \leqslant x < 3, \\ 1, & x \geqslant 3. \end{cases}$

10.

X	0	1	2	3
P	0.008	0.096	0.384	0.512

$F(x) = \begin{cases} 0, & x < 0, \\ 0.008, & 0 \leqslant x < 1, \\ 0.104, & 1 \leqslant x < 2, \\ 0.488, & 2 \leqslant x < 3, \\ 1, & x \geqslant 3. \end{cases}$ $P(X \geqslant 2) = 0.896$.

11. (1) 0.2936; (2) 0.00123.

12. (1) $\lambda = \ln 2$; (2) $\dfrac{1}{2}(1 - \ln 2)$.

13. e^{-8}.

14. (1) $t = 3, \lambda = \dfrac{3}{2}, P(X = 0) = e^{-\frac{3}{2}}$; (2) $t = 5, \lambda = \dfrac{5}{2}, P(X \geqslant 1) = 1 - e^{-\frac{5}{2}}$.

15. (1) 0.0175; (2) $N = 4$.

习题 2-3

1. (1) $F(x) = \begin{cases} 1 - \dfrac{10000}{(x+100)^2}, & x > 0, \\ 0, & x \leqslant 0; \end{cases}$ (2) 1/9.

2. (1) $K = 3$, $f(x) = \begin{cases} 3e^{-3x}, & x > 0, \\ 0, & x \leqslant 0; \end{cases}$ (2) 0.7408; (3) $F(x) = \begin{cases} 1 - e^{-3x}, & x > 0, \\ 0, & x \leqslant 0. \end{cases}$

3. (1) 0.4; (2) $f_X(x) = \begin{cases} 2x, & 0 < x < 1, \\ 0, & 其他. \end{cases}$

4. (1) $A = \dfrac{1}{2}, B = \dfrac{1}{\pi}$; (2) $f(x) = \begin{cases} \dfrac{1}{\pi\sqrt{a^2 - x^2}}, & -a < x < a, \\ 0, & 其他. \end{cases}$

5. $\dfrac{3}{5}$

6. $P(Y = k) = C_5^k (e^{-2})^k (1 - e^{-2})^{5-k}, k = 0,1,2,3,4,5$; $P(Y \geqslant 1) = 1 - (1 - e^{-2})^5 \approx 0.5167$.

7. $\dfrac{65}{81}$.

8. $\dfrac{9}{64}$.

9. (1) 0.6179; (2) 0.1122; (3) 0.0668; (4) 0.1151; (5) 0.2662.

10. (1) 0.8413; (2) 0.4013; (3) 0.7612.

11. 0.8664.

12. 车门的设计高度至少应为 184cm.

习题 2-4

1. (1)

Y	−3	−1	1	3
P	0.1	0.2	0.3	0.4

(2)

Y	0	1	4
P	0.2	0.4	0.4

2. $f_Y(y) = \begin{cases} \dfrac{1}{2\sqrt{y}} e^{-\sqrt{y}}, & y > 0, \\ 0, & y \leqslant 0. \end{cases}$

3. (1) $f_Y(y) = \begin{cases} \dfrac{1}{2} e^{-\frac{y}{2}}, & y > 0, \\ 0, & y \leqslant 0; \end{cases}$ (2) $f_Y(y) = \begin{cases} \dfrac{1}{y}, & y \in (1, e), \\ 0, & 其他. \end{cases}$

4. $f_Y(y) = \dfrac{3(1-y)^2}{\pi(1 + (1-y)^6)}, -\infty < y < +\infty.$

5. (1) $F(x) = \begin{cases} 0, & x \leqslant 0, \\ \dfrac{3}{16} x^2 + \dfrac{x}{8}, & 0 < x < 2, \\ 1, & x \geqslant 2; \end{cases}$ (2) $f(y) = \begin{cases} \dfrac{1}{32}(3y + 2), & 0 < y < 4, \\ 0, & 其他. \end{cases}$

6. $f_Y(y) = \begin{cases} \dfrac{3}{4} \sqrt{\dfrac{1-y}{2}}, & -1 < y < 1, \\ 0, & 其他. \end{cases}$

7. $f_Y(y) = \begin{cases} \dfrac{1}{2\pi \sqrt{8 - y^2 - 2y}}, & -4 < y < 2, \\ 0, & 其他. \end{cases}$

8. $f_Y(y) = \begin{cases} \dfrac{3}{2\sqrt{2y}} e^{-3\sqrt{y/2}}, & y > 0, \\ 0, & y \leqslant 0. \end{cases}$

习题 3-1

1. C.

2.

X \ Y	1	2	3	4
1	$\frac{1}{4}$	0	0	0
2	$\frac{1}{8}$	$\frac{1}{8}$	0	0
3	$\frac{1}{12}$	$\frac{1}{12}$	$\frac{1}{12}$	0
4	$\frac{1}{16}$	$\frac{1}{16}$	$\frac{1}{16}$	$\frac{1}{16}$

3.

X \ Y	1	3	$p_{i\cdot}$
0	0	$\frac{1}{8}$	$\frac{1}{8}$
1	$\frac{3}{8}$	0	$\frac{3}{8}$
2	$\frac{3}{8}$	0	$\frac{3}{8}$
3	0	$\frac{1}{8}$	$\frac{1}{8}$
$p_{\cdot j}$	$\frac{6}{8}$	$\frac{2}{8}$	1

4.

X \ Y	0	1
0	$\frac{9}{25}$	$\frac{6}{25}$
1	$\frac{6}{25}$	$\frac{4}{25}$

5.

X \ Y	1	2	3
0	$\frac{4}{25}$	$\frac{8}{25}$	$\frac{4}{25}$
1	$\frac{2}{25}$	$\frac{4}{25}$	$\frac{2}{25}$
2	$\frac{1}{100}$	$\frac{1}{50}$	$\frac{1}{100}$

6.(1)

X \ Y	0	1
0	$\frac{3}{10}$	$\frac{3}{10}$
1	$\frac{3}{10}$	$\frac{1}{10}$

(2)

X	0	1
P	$\frac{3}{5}$	$\frac{2}{5}$

Y	0	1
P	$\frac{3}{5}$	$\frac{2}{5}$

7. (1)

X \ Y	0	1	2
0	$\frac{1}{3^5}$	$\frac{4}{3^5}$	$\frac{4}{3^5}$
1	$\frac{6}{3^5}$	$\frac{24}{3^5}$	$\frac{24}{3^5}$
2	$\frac{12}{3^5}$	$\frac{48}{3^5}$	$\frac{32}{3^5}$
3	$\frac{8}{3^5}$	$\frac{32}{3^5}$	$\frac{32}{3^5}$

(2)

X	0	1	2	3
P	$\frac{1}{27}$	$\frac{2}{9}$	$\frac{4}{9}$	$\frac{8}{27}$

Y	0	1	2
P	$\frac{1}{9}$	$\frac{4}{9}$	$\frac{4}{9}$

8. 0.4; 0.4

9. $0.05; 0.3; 0.6.$

10. $\dfrac{3}{8}; \dfrac{21}{32}.$

11. (1) $F(x,y)=\begin{cases}(1-\mathrm{e}^{-2x})(1-\mathrm{e}^{-y}), & x>0,y>0,\\ 0, & 其他;\end{cases}$ (2) $\dfrac{1}{3}.$

12. (1) 1; (2) $\dfrac{(1-\mathrm{e})(1-\mathrm{e}^2)}{\mathrm{e}^3}.$

13. $\dfrac{2}{3}.$

14. (1) $\dfrac{24}{5}$; (2) $f_X(x)=\begin{cases}\dfrac{12}{5}x^2(2-x), & 0\leqslant x\leqslant 1,\\ 0, & 其他.\end{cases}$ $f_Y(y)=\begin{cases}\dfrac{24}{5}y\left(\dfrac{3}{2}-2y+\dfrac{y^2}{2}\right), & 0\leqslant y\leqslant 1,\\ 0, & 其他.\end{cases}$

15. $f_X(x)=\begin{cases}6(x-x^2), & 0\leqslant x\leqslant 1,\\ 0, & 其他.\end{cases}$ $f_Y(y)=\begin{cases}6(\sqrt{y}-y), & 0\leqslant y\leqslant 1,\\ 0, & 其他.\end{cases}$

16. $f_X(x)=\begin{cases}\dfrac{2}{\pi}\sqrt{1-x^2}, & -1\leqslant x\leqslant 1,\\ 0, & 其他.\end{cases}$ $f_Y(y)=\begin{cases}\dfrac{2}{\pi}\sqrt{1-y^2}, & -1\leqslant y\leqslant 1,\\ 0, & 其他.\end{cases}$

习题 3-2

1. (1)

X \ Y	−1	0	2	$p_{i\cdot}$
0	0.1	0.2	0	0.3
1	0.3	0.05	0.1	0.45
2	0.15	0	0.1	0.25
$p_{\cdot j}$	0.55	0.25	0.2	1

(2) X 与 Y 不独立.

2. $\dfrac{2}{9}; \dfrac{1}{9}.$

3. X 与 Y 不相互独立.

4. (1) $\dfrac{1}{3}$; (2) X 与 Y 不相互独立.

5. (1) 12; (2) $f_X(x)=\begin{cases}3x^2, & 0<x<1,\\ 0, & 其他,\end{cases}$ $f_Y(y)=\begin{cases}4y^3, & 0<y<1,\\ 0, & 其他;\end{cases}$ (3) X 与 Y 相互独立.

6. (1) $f(x,y)=\begin{cases}\dfrac{1}{4}\mathrm{e}^{-\frac{x+y}{2}}, & x\geqslant 0,y\geqslant 0,\\ 0 & 其他;\end{cases}$ (2) $f_X(x)=\begin{cases}\dfrac{1}{2}\mathrm{e}^{-\frac{x}{2}}, & x\geqslant 0,\\ 0, & 其他,\end{cases}$ $f_Y(y)=\begin{cases}\dfrac{1}{2}\mathrm{e}^{-\frac{y}{2}}, & y\geqslant 0,\\ 0, & 其他.\end{cases}$

(3) X 与 Y 相互独立.

习题 3-3

1.

Z	2	3	4
P	$\dfrac{1}{9}$	$\dfrac{4}{9}$	$\dfrac{4}{9}$

2. (1) 0.2, $\dfrac{1}{3}$;

(2)

M	0	1	2	3	4	5
P	0	0.04	0.16	0.28	0.24	0.28

(3)

N	0	1	2	3
P	0.28	0.30	0.25	0.17

3. (1) $f(x,y)=\begin{cases} \mathrm{e}^{-y}, & 0\leqslant x\leqslant 1, y>0, \\ 0, & \text{其他;} \end{cases}$ 　(2) $f_Z(z)=\begin{cases} 1-\mathrm{e}^{-z}, & 0\leqslant z<1, \\ (\mathrm{e}-1)\mathrm{e}^{-z}, & z\geqslant 1, \\ 0, & \text{其他.} \end{cases}$

4. $F_M(z)=\begin{cases} 0, & z<0, \\ \dfrac{(1-\mathrm{e}^{-z})^2}{1-\mathrm{e}^{-1}}, & 0\leqslant z<1, \\ 1-\mathrm{e}^{-z}, & \text{其他.} \end{cases}$

5. (1)

Z_1	0	1
P	$\dfrac{1}{4}$	$\dfrac{3}{4}$

(2)

Z_2	0	1	2
P	$\dfrac{1}{4}$	$\dfrac{1}{2}$	$\dfrac{1}{4}$

习题 3-4

1. $F\left(x\,\Big|\,X>\dfrac{1}{2}\right)=\begin{cases} 0, & x\leqslant \dfrac{1}{2}, \\ 2x-1, & \dfrac{1}{2}<x\leqslant 1, \\ 1, & x>1. \end{cases}$

2. $\dfrac{(7.14)^m(6.86)^{n-m}}{m!(n-m)!}, m=0,1,\cdots,n$.

3. 当 $0 < x < 1$ 时，$f(y\,|\,x) = \dfrac{1}{x}, 0 < y < x$.

4. 当 $0 < y < 1$ 时，$f(x\,|\,y) = \dfrac{1}{(1-|\,y\,|)}, |\,y\,| < x < 1$.

5. 当 $y > 0$ 时，$f(x\,|\,y) = 2\mathrm{e}^{-2x}, x > 0$；当 $x > 0$ 时，$f(y\,|\,x) = 3\mathrm{e}^{-3y}, y > 0$.

6. (1) $\dfrac{1}{2}$；(2) $f_Z(z) = \begin{cases} \dfrac{1}{3}, & -1 < z < 2, \\ 0, & \text{其他.} \end{cases}$

习题 4-1

1. $\dfrac{3}{4}$.

2. 8.

3. (1) $F(x) = \begin{cases} 0, & x \leqslant 0, \\ \dfrac{x^3}{8}, & 0 < x < 2, \\ 1, & x \geqslant 2; \end{cases}$ (2) 2.4.

4. (1)

X	-1	0	1
P	$\dfrac{1}{6}$	$\dfrac{1}{3}$	$\dfrac{1}{2}$

(2) $\dfrac{1}{3}$.

5. (1)

X	0	1	2	3
P	$\dfrac{1}{120}$	$\dfrac{21}{120}$	$\dfrac{63}{120}$	$\dfrac{35}{120}$

(2) 2.1.

6. (1)

X	1	2	3
P	$\dfrac{1}{8}$	$\dfrac{7}{64}$	$\dfrac{49}{64}$

(2) $\dfrac{169}{64}$.

7. (1)

X	3	4	5
P	$\dfrac{1}{10}$	$\dfrac{3}{10}$	$\dfrac{3}{5}$

(2) 4.5.

8. X 的分布律为

X	0	1	2
P	0.1	0.6	0.3

Y 的分布律为

Y	3	2	1
P	0.1	0.6	0.3

$E(X) = 1.2$，$E(Y) = 1.8$．

9. $\sqrt{\dfrac{\pi}{2}}$．

10. (1) 2,0; (2) $-\dfrac{1}{15}$; (3) 5.

11. 450 吨．

12. 8.784 次．

13. 把资金存入银行．

习题 4-2

1. (1) -2；(2) 0；(3) -1；(4) 5；(5) 2；(6) 4．

2. $6, 0.4$．

3. $\dfrac{1}{18}$．

4. 10．

5. 45．

6. $\dfrac{\pi^2}{80}(a^4 + ab^3 + a^2b^2 + a^3b + b^4)$，$\dfrac{\pi^2}{720}(4a^4 - a^3b - 6a^2b^2 + ab^3 + 4b^4)$．

7. (1) $a = 1, b = -0.5$；(2) $\dfrac{11}{144}$．

8. $a = 12, b = -12, c = 3$．

9. (1) $A = 1$；(2) 2．

10. (1) 边缘分布 Y 的分布律为

Y	-1	1	2
P	0.5	0.3	0.2

(2) 1.44．

习题 4-3

1. -1.

2. 25.6．

3. 联合概率密度为 $f(x, y) = \begin{cases} \dfrac{1}{\pi}, & x^2 + y^2 \leqslant 1, \\ 0, & \text{其他,} \end{cases}$ 不独立，不相关．

4. (1) $E(X) = 1$，$E(Y) = \dfrac{\pi}{4}$，$D(X) = \pi - 3$，$D(Y) = \dfrac{\pi^2}{48}$；(2) $\mathrm{Cov}(X, Y) = 0$．

5. X, Y 不独立，也不相关．

6. $1; 3$．

习题 5-1

1. $\dfrac{1}{22.5}$.

2. 0.64.

3. 略.

4. 略.

5. 略.

习题 5-2

1. 0.8788.

2. 0.

3. 16.

4. 切比雪夫不等式估计 $n \geqslant 250$; 中心极限定理估计 $n \geqslant 68$.

5. 0.1587.

习题 6-1

1. 总体是 8400 名同学的体重; 样本是抽取的 200 名学生的体重; 样本容量为 200.

2. $p*(x_{i_1}, x_{i_2}, \cdots, x_{i_n}) = p^{\sum\limits_{k=1}^{n} x_{i_k}} (1-p)^{n-\sum\limits_{k=1}^{n} x_{i_k}}$.

3. $p*(x_{i_1}, x_{i_2}, \cdots, x_{i_n}) = \left(\lambda^{\sum\limits_{k=1}^{n} x_{i_k}} \mathrm{e}^{-n\lambda} \right) / (x_{i_1}! x_{i_2}! \cdots x_{i_n}!)$.

4. $f*(x_1, x_2, \cdots, x_n) = \begin{cases} \lambda^n \mathrm{e}^{-\lambda \sum\limits_{i=1}^{n} x_i}, & x_1, x_2, \cdots, x_n > 0, \\ 0, & \text{其他.} \end{cases}$

5. 有放回 $p*(x_1, x_2, \cdots, x_n) = \left(\dfrac{M}{N} \right)^{\sum\limits_{i=1}^{n} x_i} \left(\dfrac{N-M}{N} \right)^{n-\sum\limits_{i=1}^{n} x_i}$, $x_i = 0$ 或 1, $i = 1, 2, \cdots, n$;

无放回 $p*(x_1, x_2, \cdots, x_n) = C_M^{\sum\limits_{i=1}^{n} x_i} C_{N-M}^{n-\sum\limits_{i=1}^{n} x_i} \Big/ C_N^n$, $x_i = 0$ 或 1, $i = 1, 2, \cdots, n$.

6. $f*(x_1, x_2, \cdots, x_n) = \dfrac{1}{(2\pi)^{n/2} (\sigma^2)^{n/2}} \mathrm{e}^{-\frac{1}{2\sigma^2} \sum\limits_{i=1}^{n} (x_i - \mu)^2}$.

7. $F_3(x) = \begin{cases} 0, & x < 1, \\ \dfrac{2}{3}, & 1 \leqslant x < 2, \\ 1, & 2 \leqslant x. \end{cases}$

习题 6-2

1. 是; 是; 不是; 是.

2. 是; 不是; 是; 不是.

3. 2; 0.12; 0.24.

4. (1) 总体为某工人生产的铆钉的直径; 样本为 $(X_1, X_2, \cdots, X_5)$, 其中 X_i 表示抽取的第 i 铆钉的直径; 样本容量为5; 样本值为(13.7, 13.08, 13. 11, 13. 11, 13. 13).

(2) 样本均值观测值为13.226; 样本方差的观测值为0.2821; 样本标准差的观测值为0.5311.

5. 样本均值为1; 样本方差为 $\frac{71}{6}$; 次序统计量的观测值为(−5, −3, −3, −1, −1, 1, 1, 4, 4, 5, 5, 5).

习题 6-3

1. 略.

2. (1) $\bar{X} \sim N(168,4)$; (2) 0.0668.

3. (1) 0.1; (2) 0.9.

4. −1.8125.

5. $Y_1 \sim N(0,10)$, $Y_2 \sim t(2)$.

6. (1) 0.1; (2) 0.75; 0.75.

7. (1) 0.8904; (2) 0.99.

习题 7-1

1. (1) $\dfrac{\bar{X}}{1-\bar{X}}, -\dfrac{n}{\sum\limits_{i=1}^{n}\ln X_i}$; (2) $\dfrac{\bar{X}}{\bar{X}-c}, \dfrac{n}{\sum\limits_{i=1}^{n}\ln X_i - n\ln c}$; (3) $\dfrac{\bar{X}}{m}, \dfrac{\bar{X}}{m}$.

2. $\bar{X}$.

3. $\bar{X}, \bar{X}$.

4. $\dfrac{2n_1+n_2}{2n}, \dfrac{2n_1+n_2}{2n}$.

习题 7-2

1. (1) T_1, T_3. (2) T_3.

2. $2\bar{X}, \dfrac{\theta^2}{5n}$.

3. $2\bar{X}-1$, 是.

4. $\dfrac{1}{2(n-1)}$.

5. 略.

习题 7-3

1. $(1498.265, 1501.735)$.

2. $(499.695, 506.305)$.

3. $(0.146, 0.292)$.

4. (1) $(-8.977, 0.977)$, (2) $(0.19, 2.67)$.

习题 8-2

1. 可认为铁水平均含碳量不变.

2. 可认为包装机工作正常.

3. 可认为钢板重量的方差不满足要求.

4. (1) 拒绝 H_0; (2) 接受 H_0.

习题 8-3

1. 不能.

2. (1) 方差无显著差异; (2) 期望无显著差异.

3. 两组方差无显著差异, 实验组成绩期望比对照组成绩期望高且两组差异显著.

习题 8-4

1. 可以认为这颗骰子是均匀的.

2. 可以认为该中学 11 岁男生身高服从正态分布.

习题 9-1

1. 可计算 $F = 28.34 > F_{0.05}(2,27) = 3.35$, 故而有差异.

2. 可计算 $F = 7.56 > F_{0.05}(2,9) = 4.26$, 故而有差异.

3. 可计算 $F = 12.7 > F_{0.05}(3,20) = 3.10$, 故而有差异.

4. 可计算 $F = 8.92 > F_{0.05}(2,27) = 3.35$, 故而有差异.

习题 9-2

1. $F_A = 53.70 > F_{0.05}(2,12) = 3.89; F_B = 9.29 > F_{0.05}(3,12) = 3.49; F_{A \times B} = 2.02 < F_{0.05}(6,12) = 3.00$, 因素 A, B 显著, 交互作用不显著.

2. $F_A = 23.77 > F_{0.01}(3,6) = 9.78; F_B = 33.54 > F_{0.01}(2,6) = 10.92$, 因素 A, B 显著.

习题 10-1

1. 一元线性回归方程 $\hat{y} = \hat{\beta}_0 + \hat{\beta}_1 x$, 可以化简成如下形式: $\hat{y} = \bar{y} + \hat{\beta}_1(x - \bar{x})$, 可得结论.

2. 由正规方程组立得结论.

3. $y_i \sim N(\beta_0 + \beta_1 x_i, \sigma^2)$, $i = 1, 2, \cdots, n$. 其似然函数为

$$f(y_1, y_2, \cdots y_n) = \frac{1}{(2\pi\sigma^2)^{n/2}} \exp\left[-\frac{1}{2\sigma^2}\sum_{i=1}^{n}(y_i - \beta_0 - \beta_1 x)^2\right],$$

然后可进一步确定对数似然函数, 对 β_0, β_1 分别求导, 通过正规方程组, 可知结论成立.

4. 回归方程 $\hat{y} = 22.634 + 0.265x$, 检验显著.

5. 先利用最小二乘法, 得到 $\hat{\beta}_1 = \dfrac{\sum\limits_{i=1}^{n} x_i y_i}{\sum\limits_{i=1}^{n} x_i^2}$, 然后求得回归方程 $\hat{y} = 3.08x$.

6. 回归方程 $\hat{y} = 0.960 + 3.440x$, 检验显著.

习题 10-2

1. (1) 令 $Y' = \ln Y$, 则变为线性模型 $Y' = \beta_0 + \beta_1 X + \varepsilon$;

   (2) 令 $Y' = -\ln\left(\dfrac{1}{Y} - 1\right)$, 则变为线性模型 $Y' = \beta_0 + \beta_1 X + \varepsilon$.

2. 线性回归方程: $\hat{u} = 5.730 - 0.314x$, 进而得到回归方程 $\hat{y} = 307.969 e^{-0.314x}$.

参 考 文 献

陈家鼎, 孙山泽, 李东风, 刘力平. 2015. 数理统计学讲义. 3 版. 北京: 高等教育出版社.

郭跃华, 朱月萍. 2011. 概率论与数理统计. 北京: 高等教育出版社.

茆诗松, 程依明, 濮晓龙. 2004. 概率论与数理统计教程. 北京: 高等教育出版社.

同济大学应用数学系. 2003. 概率统计简明教程. 北京: 高等教育出版社.

王松桂, 陈敏, 陈立萍. 1999. 线性统计模型. 北京: 高等教育出版社.

魏宗舒. 1983. 概率论与数理统计. 北京: 高等教育出版社.

吴传生. 2009. 经济数学——概率论与数理统计. 2 版. 北京: 高等教育出版社.

附　　录

附表 1　泊松分布表

$$P(X \leqslant x) = \sum_{k=0}^{x} \frac{\lambda^k}{k!} \mathrm{e}^{-\lambda}$$

x	λ									
	0.1	0.2	0.3	0.4	0.5	0.6	0.7	0.8	0.9	1.0
0	0.9048	0.8187	0.7408	0.6703	0.6065	0.5488	0.4966	0.4493	0.4066	0.3679
1	0.9953	0.9825	0.9631	0.9384	0.9098	0.8781	0.8442	0.8088	0.7725	0.7358
2	0.9998	0.9989	0.9964	0.9921	0.9856	0.9769	0.9659	0.9526	0.9371	0.9197
3	1.0000	0.9999	0.9997	0.9992	0.9982	0.9966	0.9942	0.9909	0.9865	0.9810
4		1.0000	1.0000	0.9999	0.9998	0.9996	0.9992	0.9986	0.9977	0.9963
5				1.0000	1.0000	1.0000	0.9999	0.9998	0.9997	0.9994
6							1.0000	1.0000	1.0000	0.9999
7										1.0000

x	λ									
	1.1	1.2	1.3	1.4	1.5	1.6	1.7	1.8	1.9	2.0
0	0.3329	0.3012	0.2725	0.2466	0.2231	0.2019	0.1827	0.1653	0.1496	0.1353
1	0.6990	0.6626	0.6268	0.5918	0.5578	0.5249	0.4932	0.4628	0.4337	0.4060
2	0.9004	0.8795	0.8571	0.8335	0.8088	0.7834	0.7572	0.7306	0.7037	0.6767
3	0.9743	0.9662	0.9569	0.9463	0.9344	0.9212	0.9068	0.8913	0.8747	0.8571
4	0.9946	0.9923	0.9893	0.9857	0.9814	0.9763	0.9704	0.9636	0.9559	0.9473
5	0.9990	0.9985	0.9978	0.9968	0.9955	0.9940	0.9920	0.9896	0.9868	0.9834
6	0.9999	0.9997	0.9996	0.9994	0.9991	0.9987	0.9981	0.9974	0.9966	0.9955
7	1.0000	1.0000	0.9999	0.9999	0.9998	0.9997	0.9996	0.9994	0.9992	0.9989
8			1.0000	1.0000	1.0000	1.0000	0.9999	0.9999	0.9998	0.9998
9							1.0000	1.0000	1.0000	1.0000

x	λ									
	2.1	2.2	2.3	2.4	2.5	2.6	2.7	2.8	2.9	3.0
0	0.1225	0.1108	0.1003	0.0907	0.0821	0.0743	0.0672	0.0608	0.0550	0.0498
1	0.3796	0.3546	0.3309	0.3084	0.2873	0.2674	0.2487	0.2311	0.2146	0.1991
2	0.6496	0.6227	0.5960	0.5697	0.5438	0.5184	0.4936	0.4695	0.4460	0.4232
3	0.8386	0.8194	0.7993	0.7787	0.7576	0.7360	0.7141	0.6919	0.6696	0.6472
4	0.9379	0.9275	0.9162	0.9041	0.8912	0.8774	0.8629	0.8477	0.8318	0.8153
5	0.9796	0.9751	0.9700	0.9643	0.9580	0.9510	0.9433	0.9349	0.9258	0.9161
6	0.9941	0.9925	0.9906	0.9884	0.9858	0.9828	0.9794	0.9756	0.9713	0.9665
7	0.9985	0.9980	0.9974	0.9967	0.9958	0.9947	0.9934	0.9919	0.9901	0.9881
8	0.9997	0.9995	0.9994	0.9991	0.9989	0.9985	0.9981	0.9976	0.9969	0.9962
9	0.9999	0.9999	0.9999	0.9998	0.9997	0.9996	0.9995	0.9993	0.9991	0.9989
10	1.0000	1.0000	1.0000	1.0000	0.9999	0.9999	0.9999	0.9998	0.9998	0.9997
11					1.0000	1.0000	1.0000	1.0000	0.9999	0.9999
12									1.0000	1.0000

x	λ									
	3.1	3.2	3.3	3.4	3.5	3.6	3.7	3.8	3.9	4.0
0	0.0450	0.0408	0.0369	0.0334	0.0302	0.0273	0.0247	0.0224	0.0202	0.0183
1	0.1847	0.1712	0.1586	0.1468	0.1359	0.1257	0.1162	0.1074	0.0992	0.0916
2	0.4012	0.3799	0.3594	0.3397	0.3208	0.3027	0.2854	0.2689	0.2531	0.2381
3	0.6248	0.6025	0.5803	0.5584	0.5366	0.5152	0.4942	0.4735	0.4532	0.4335
4	0.7982	0.7806	0.7626	0.7442	0.7254	0.7064	0.6872	0.6678	0.6484	0.6288
5	0.9057	0.8946	0.8829	0.8705	0.8576	0.8441	0.8301	0.8156	0.8006	0.7851
6	0.9612	0.9554	0.9490	0.9421	0.9347	0.9267	0.9182	0.9091	0.8995	0.8893
7	0.9858	0.9832	0.9802	0.9769	0.9733	0.9692	0.9648	0.9599	0.9546	0.9489
8	0.9953	0.9943	0.9931	0.9917	0.9901	0.9883	0.9863	0.9840	0.9815	0.9786
9	0.9986	0.9982	0.9978	0.9973	0.9967	0.9960	0.9952	0.9942	0.9931	0.9919
10	0.9996	0.9995	0.9994	0.9992	0.9990	0.9987	0.9984	0.9981	0.9977	0.9972
11	0.9999	0.9999	0.9998	0.9998	0.9997	0.9996	0.9995	0.9994	0.9993	0.9991
12	1.0000	1.0000	1.0000	0.9999	0.9999	0.9999	0.9999	0.9998	0.9998	0.9997
13				1.0000	1.0000	1.0000	1.0000	1.0000	0.9999	0.9999
14									1.0000	1.0000

续表

x	λ									
	4.2	4.4	4.6	4.8	5.0	6.0	7.0	8.0	9.0	10.0
0	0.0150	0.0123	0.0101	0.0082	0.0067	0.0025	0.0009	0.0003	0.0001	0.0000
1	0.0780	0.0663	0.0563	0.0477	0.0404	0.0174	0.0073	0.0030	0.0012	0.0005
2	0.2102	0.1851	0.1626	0.1425	0.1247	0.0620	0.0296	0.0138	0.0062	0.0028
3	0.3954	0.3594	0.3257	0.2942	0.2650	0.1512	0.0818	0.0424	0.0212	0.0103
4	0.5898	0.5512	0.5132	0.4763	0.4405	0.2851	0.1730	0.0996	0.0550	0.0293
5	0.7531	0.7199	0.6858	0.6510	0.6160	0.4457	0.3007	0.1912	0.1157	0.0671
6	0.8675	0.8436	0.8180	0.7908	0.7622	0.6063	0.4497	0.3134	0.2068	0.1301
7	0.9361	0.9214	0.9049	0.8867	0.8666	0.7440	0.5987	0.4530	0.3239	0.2202
8	0.9721	0.9642	0.9549	0.9442	0.9319	0.8472	0.7291	0.5925	0.4557	0.3328
9	0.9889	0.9851	0.9805	0.9749	0.9682	0.9161	0.8305	0.7166	0.5874	0.4579
10	0.9959	0.9943	0.9922	0.9896	0.9863	0.9574	0.9015	0.8159	0.7060	0.5830
11	0.9986	0.9980	0.9971	0.9960	0.9945	0.9799	0.9467	0.8881	0.8030	0.6968
12	0.9996	0.9993	0.999	0.9986	0.9980	0.9912	0.9730	0.9362	0.8758	0.7916
13	0.9999	0.9998	0.9997	0.9995	0.9993	0.9964	0.9872	0.9658	0.9261	0.8645
14	1.0000	0.9999	0.9999	0.9999	0.9998	0.9986	0.9943	0.9827	0.9585	0.9165
15		1.0000	1.0000	1.0000	0.9999	0.9995	0.9976	0.9918	0.9780	0.9513
16					1.0000	0.9998	0.9990	0.9963	0.9889	0.9730
17						0.9999	0.9996	0.9984	0.9947	0.9857
18						1.0000	0.9999	0.9993	0.9976	0.9928
19							1.0000	0.9997	0.9989	0.9965
20								0.9999	0.9996	0.9984
21								1.0000	0.9998	0.9993
22									0.9999	0.9997
23									1.0000	0.9999
24										1.0000

附表 2　标准正态分布

$$\Phi(x) = \int_{-\infty}^{x} \frac{1}{\sqrt{2\pi}} e^{-\frac{t^2}{2}} dt = P(X \leqslant x)$$

x	0.00	0.01	0.02	0.03	0.04	0.05	0.06	0.07	0.08	0.09
0.0	0.5000	0.5040	0.5080	0.5120	0.5160	0.5199	0.5239	0.5279	0.5319	0.5359
0.1	0.5398	0.5438	0.5478	0.5517	0.5557	0.5596	0.5636	0.5675	0.5714	0.5753
0.2	0.5793	0.5832	0.5871	0.5910	0.5948	0.5987	0.6026	0.6064	0.6103	0.6141
0.3	0.6179	0.6217	0.6255	0.6293	0.6331	0.6368	0.6406	0.6443	0.6480	0.6517
0.4	0.6554	0.6591	0.6628	0.6664	0.6700	0.6736	0.6772	0.6808	0.6844	0.6879
0.5	0.6915	0.6950	0.6985	0.7019	0.7054	0.7088	0.7123	0.7157	0.7190	0.7224
0.6	0.7257	0.7291	0.7324	0.7357	0.7389	0.7422	0.7454	0.7486	0.7517	0.7549
0.7	0.7580	0.7611	0.7642	0.7673	0.7704	0.7734	0.7764	0.7794	0.7823	0.7852
0.8	0.7881	0.7910	0.7939	0.7967	0.7995	0.8023	0.8051	0.8078	0.8106	0.8133
0.9	0.8159	0.8186	0.8212	0.8238	0.8264	0.8289	0.8315	0.8340	0.8365	0.8389
1.0	0.8413	0.8438	0.8461	0.8485	0.8508	0.8531	0.8554	0.8577	0.8599	0.8621
1.1	0.8643	0.8665	0.8686	0.8708	0.8729	0.8749	0.8770	0.8790	0.8810	0.8830
1.2	0.8849	0.8869	0.8888	0.8907	0.8925	0.8944	0.8962	0.8980	0.8997	0.9015
1.3	0.9032	0.9049	0.9066	0.9082	0.9099	0.9115	0.9131	0.9147	0.9162	0.9177
1.4	0.9192	0.9207	0.9222	0.9236	0.9251	0.9265	0.9279	0.9292	0.9306	0.9319
1.5	0.9332	0.9345	0.9357	0.9370	0.9382	0.9394	0.9406	0.9418	0.9429	0.9441
1.6	0.9452	0.9463	0.9474	0.9484	0.9495	0.9505	0.9515	0.9525	0.9535	0.9545
1.7	0.9554	0.9564	0.9573	0.9582	0.9591	0.9599	0.9608	0.9616	0.9625	0.9633
1.8	0.9641	0.9649	0.9656	0.9664	0.9671	0.9678	0.9686	0.9693	0.9699	0.9706
1.9	0.9713	0.9719	0.9726	0.9732	0.9738	0.9744	0.9750	0.9756	0.9761	0.9767
2.0	0.9772	0.9778	0.9783	0.9788	0.9793	0.9798	0.9803	0.9808	0.9812	0.9817
2.1	0.9821	0.9826	0.9830	0.9834	0.9838	0.9842	0.9846	0.9850	0.9854	0.9857
2.2	0.9861	0.9864	0.9868	0.9871	0.9875	0.9878	0.9881	0.9884	0.9887	0.9890
2.3	0.9893	0.9896	0.9898	0.9901	0.9904	0.9906	0.9909	0.9911	0.9913	0.9916
2.4	0.9918	0.9920	0.9922	0.9925	0.9927	0.9929	0.9931	0.9932	0.9934	0.9936
2.5	0.9938	0.9940	0.9941	0.9943	0.9945	0.9946	0.9948	0.9949	0.9951	0.9952
2.6	0.9953	0.9955	0.9956	0.9957	0.9959	0.9960	0.9961	0.9962	0.9963	0.9964
2.7	0.9965	0.9966	0.9967	0.9968	0.9969	0.9970	0.9971	0.9972	0.9973	0.9974
2.8	0.9974	0.9975	0.9976	0.9977	0.9977	0.9978	0.9979	0.9979	0.9980	0.9981
2.9	0.9981	0.9982	0.9982	0.9983	0.9984	0.9984	0.9985	0.9985	0.9986	0.9986
3.0	0.9987	0.9990	0.9993	0.9995	0.9997	0.9998	0.9998	0.9999	0.9999	1.0000

注: 表中末行系函数值 $\Phi(3.0), \Phi(3.1), \cdots, \Phi(3.9)$.

附表 3　χ^2 分布表

$$P(\chi^2(n) > \chi_\alpha^2(n)) = \alpha$$

n \ α	0.995	0.990	0.975	0.950	0.900	0.100	0.050	0.025	0.010	0.005
1	0.000	0.000	0.001	0.004	0.016	2.706	3.841	5.024	6.635	7.879
2	0.010	0.020	0.051	0.103	0.211	4.605	5.991	7.378	9.210	10.597
3	0.072	0.115	0.216	0.352	0.584	6.251	7.815	9.348	11.345	12.838
4	0.207	0.297	0.484	0.711	1.064	7.779	9.488	11.143	13.277	14.860
5	0.412	0.554	0.831	1.145	1.610	9.236	11.070	12.833	15.086	16.750
6	0.676	0.872	1.237	1.635	2.204	10.645	12.592	14.449	16.812	18.548
7	0.989	1.239	1.690	2.167	2.833	12.017	14.067	16.013	18.475	20.278
8	1.344	1.646	2.180	2.733	3.490	13.362	15.507	17.535	20.090	21.955
9	1.735	2.088	2.700	3.325	4.168	14.684	16.919	19.023	21.666	23.589
10	2.156	2.558	3.247	3.940	4.865	15.987	18.307	20.483	23.209	25.188
11	2.603	3.053	3.816	4.575	5.578	17.275	19.675	21.920	24.725	26.757
12	3.074	3.571	4.404	5.226	6.304	18.549	21.026	23.337	26.217	28.300
13	3.565	4.107	5.009	5.892	7.042	19.812	22.362	24.736	27.688	29.819
14	4.075	4.660	5.629	6.571	7.790	21.064	23.685	26.119	29.141	31.319
15	4.601	5.229	6.262	7.261	8.547	22.307	24.996	27.488	30.578	32.801
16	5.142	5.812	6.908	7.962	9.312	23.542	26.296	28.845	32.000	34.267
17	5.697	6.408	7.564	8.672	10.085	24.769	27.587	30.191	33.409	35.718
18	6.265	7.015	8.231	9.390	10.865	25.989	28.869	31.526	34.805	37.156
19	6.844	7.633	8.907	10.117	11.651	27.204	30.144	32.852	36.191	38.582
20	7.434	8.260	9.591	10.851	12.443	28.412	31.410	34.170	37.566	39.997
21	8.034	8.897	10.283	11.591	13.240	29.615	32.671	35.479	38.932	41.401
22	8.643	9.542	10.982	12.338	14.041	30.813	33.924	36.781	40.289	42.796
23	9.260	10.196	11.689	13.091	14.848	32.007	35.172	38.076	41.638	44.181
24	9.886	10.856	12.401	13.848	15.659	33.196	36.415	39.364	42.980	45.559
25	10.520	11.524	13.120	14.611	16.473	34.382	37.652	40.646	44.314	46.928
26	11.160	12.198	13.844	15.379	17.292	35.563	38.885	41.923	45.642	48.290
27	11.808	12.879	14.573	16.151	18.114	36.741	40.113	43.195	46.963	49.645
28	12.461	13.565	15.308	16.928	18.939	37.916	41.337	44.461	48.278	50.993
29	13.121	14.256	16.047	17.708	19.768	39.087	42.557	45.722	49.588	52.336
30	13.787	14.953	16.791	18.493	20.599	40.256	43.773	46.979	50.892	53.672
31	14.458	15.655	17.539	19.281	21.434	41.422	44.985	48.232	52.191	55.003

n \ α	0.995	0.990	0.975	0.950	0.900	0.100	0.050	0.025	0.010	0.005
32	15.134	16.362	18.291	20.072	22.271	42.585	46.194	49.480	53.486	56.328
33	15.815	17.074	19.047	20.867	23.110	43.745	47.400	50.725	54.776	57.648
34	16.501	17.789	19.806	21.664	23.952	44.903	48.602	51.966	56.061	58.964
35	17.192	18.509	20.569	22.465	24.797	46.059	49.802	53.203	57.342	60.275
36	17.887	19.233	21.336	23.269	25.643	47.212	50.998	54.437	58.619	61.581
37	18.586	19.960	22.106	24.075	26.492	48.363	52.192	55.668	59.893	62.883
38	19.289	20.691	22.878	24.884	27.343	49.513	53.384	56.896	61.162	64.181
39	19.996	21.426	23.654	25.695	28.196	50.660	54.572	58.120	62.428	65.476
40	20.707	22.164	24.433	26.509	29.051	51.805	55.758	59.342	63.691	66.766
41	21.421	22.906	25.215	27.326	29.907	52.949	56.942	60.561	64.950	68.053
42	22.138	23.650	25.999	28.144	30.765	54.090	58.124	61.777	66.206	69.336
43	22.859	24.398	26.785	28.965	31.625	55.230	59.304	62.990	67.459	70.616
44	23.584	25.148	27.575	29.787	32.487	56.369	60.481	64.201	68.710	71.893
45	24.311	25.901	28.366	30.612	33.350	57.505	61.656	65.410	69.957	73.166
46	25.041	26.657	29.160	31.439	34.215	58.640	62.830	66.616	71.201	74.436
47	25.775	27.416	29.956	32.268	35.081	59.774	64.001	67.821	72.443	75.704
48	26.511	28.177	30.754	33.098	35.949	60.907	65.171	69.023	73.683	76.969
49	27.249	28.941	31.555	33.930	36.818	62.037	66.339	70.222	74.919	78.231
50	27.991	29.707	32.357	34.764	37.689	63.167	67.505	71.420	76.154	79.490

附表 4　　t 分布表

$$P(t(n) > t_\alpha(n)) = \alpha$$

n \ α	0.1	0.05	0.025	0.01	0.005	0.0005
1	3.07768	6.31375	12.70620	31.82052	63.65674	636.61925
2	1.88562	2.91999	4.30265	6.96456	9.92484	31.59905
3	1.63774	2.35336	3.18245	4.54070	5.84091	12.92398
4	1.53321	2.13185	2.77645	3.74695	4.60409	8.61030
5	1.47588	2.01505	2.57058	3.36493	4.03214	6.86883
6	1.43976	1.94318	2.44691	3.14267	3.70743	5.95882
7	1.41492	1.89458	2.36462	2.99795	3.49948	5.40788
8	1.39682	1.85955	2.30600	2.89646	3.35539	5.04131
9	1.38303	1.83311	2.26216	2.82144	3.24984	4.78091
10	1.37218	1.81246	2.22814	2.76377	3.16927	4.58689
11	1.36343	1.79588	2.20099	2.71808	3.10581	4.43698
12	1.35622	1.78229	2.17881	2.68100	3.05454	4.31779
13	1.35017	1.77093	2.16037	2.65031	3.01228	4.22083
14	1.34503	1.76131	2.14479	2.62449	2.97684	4.14045
15	1.34061	1.75305	2.13145	2.60248	2.94671	4.07277
16	1.33676	1.74588	2.11991	2.58349	2.92078	4.01500
17	1.33338	1.73961	2.10982	2.56693	2.89823	3.96513
18	1.33039	1.73406	2.10092	2.55238	2.87844	3.92165
19	1.32773	1.72913	2.09302	2.53948	2.86093	3.88341
20	1.32534	1.72472	2.08596	2.52798	2.84534	3.84952
21	1.32319	1.72074	2.07961	2.51765	2.83136	3.81928
22	1.32124	1.71714	2.07387	2.50832	2.81876	3.79213
23	1.31946	1.71387	2.06866	2.49987	2.80734	3.76763
24	1.31784	1.71088	2.0639	2.49216	2.79694	3.74540
25	1.31635	1.70814	2.05954	2.48511	2.78744	3.72514
26	1.31497	1.70562	2.05553	2.47863	2.77871	3.70661

n ＼ α	0.1	0.05	0.025	0.01	0.005	0.0005
27	1.3137	1.70329	2.05183	2.47266	2.77068	3.68959
28	1.31253	1.70113	2.04841	2.46714	2.76326	3.67391
29	1.31143	1.69913	2.04523	2.46202	2.75639	3.65941
30	1.31042	1.69726	2.04227	2.45726	2.75000	3.64596
31	1.30946	1.69552	2.03951	2.45282	2.74404	3.63346
32	1.30857	1.69389	2.03693	2.44868	2.73848	3.62180
33	1.30774	1.69236	2.03452	2.44479	2.73328	3.61091
34	1.30695	1.69092	2.03224	2.44115	2.72839	3.60072
35	1.30621	1.68957	2.03011	2.43772	2.72381	3.59115
36	1.30551	1.6883	2.02809	2.43449	2.71948	3.58215
37	1.30485	1.68709	2.02619	2.43145	2.71541	3.57367
38	1.30423	1.68595	2.02439	2.42857	2.71156	3.56568
39	1.30364	1.68488	2.02269	2.42584	2.70791	3.55812
40	1.30308	1.68385	2.02108	2.42326	2.70446	3.55097
41	1.30254	1.68288	2.01954	2.4208	2.70118	3.54418
42	1.30204	1.68195	2.01808	2.41847	2.69807	3.53775
43	1.30155	1.68107	2.01669	2.41625	2.69510	3.53163
44	1.30109	1.68023	2.01537	2.41413	2.69228	3.52580
45	1.30065	1.67943	2.01410	2.41212	2.68959	3.52025
∞	1.28155	1.64485	1.95996	2.32634	2.57582	3.29052

附表 5　F 分布表

$$P(F(n_1,n_2) > F_\alpha(n_1,n_2)) = \alpha$$

$\alpha = 0.1$

n_2 \ n_1	1	2	3	4	5	6	7	8	9	10	12	15	20	25	30	35	40	60	120	+∞
1	39.86	49.50	53.59	55.83	57.24	58.2	58.91	59.44	59.86	60.19	60.71	61.22	61.74	62.05	62.26	62.42	62.53	62.79	63.06	63.33
2	8.53	9.00	9.16	9.24	9.29	9.33	9.35	9.37	9.38	9.39	9.41	9.42	9.44	9.45	9.46	9.46	9.47	9.47	9.48	9.49
3	5.54	5.46	5.39	5.34	5.31	5.28	5.27	5.25	5.24	5.23	5.22	5.20	5.18	5.17	5.17	5.16	5.16	5.15	5.14	5.13
4	4.54	4.32	4.19	4.11	4.05	4.01	3.98	3.95	3.94	3.92	3.90	3.87	3.84	3.83	3.82	3.81	3.80	3.79	3.78	3.76
5	4.06	3.78	3.62	3.52	3.45	3.40	3.37	3.34	3.32	3.30	3.27	3.24	3.21	3.19	3.17	3.16	3.16	3.14	3.12	3.10
6	3.78	3.46	3.29	3.18	3.11	3.05	3.01	2.98	2.96	2.94	2.90	2.87	2.84	2.81	2.80	2.79	2.78	2.76	2.74	2.72
7	3.59	3.26	3.07	2.96	2.88	2.83	2.78	2.75	2.72	2.70	2.67	2.63	2.59	2.57	2.56	2.54	2.54	2.51	2.49	2.47
8	3.46	3.11	2.92	2.81	2.73	2.67	2.62	2.59	2.56	2.54	2.50	2.46	2.42	2.40	2.38	2.37	2.36	2.34	2.32	2.29
9	3.36	3.01	2.81	2.69	2.61	2.55	2.51	2.47	2.44	2.42	2.38	2.34	2.30	2.27	2.25	2.24	2.23	2.21	2.18	2.16
10	3.29	2.92	2.73	2.61	2.52	2.46	2.41	2.38	2.35	2.32	2.28	2.24	2.20	2.17	2.16	2.14	2.13	2.11	2.08	2.06
11	3.23	2.86	2.66	2.54	2.45	2.39	2.34	2.30	2.27	2.25	2.21	2.17	2.12	2.10	2.08	2.06	2.05	2.03	2.00	1.97
12	3.18	2.81	2.61	2.48	2.39	2.33	2.28	2.24	2.21	2.19	2.15	2.10	2.06	2.03	2.01	2.00	1.99	1.96	1.93	1.90
13	3.14	2.76	2.56	2.43	2.35	2.28	2.23	2.20	2.16	2.14	2.10	2.05	2.01	1.98	1.96	1.94	1.93	1.90	1.88	1.85
14	3.10	2.73	2.52	2.39	2.31	2.24	2.19	2.15	2.12	2.10	2.05	2.01	1.96	1.93	1.91	1.90	1.89	1.86	1.83	1.80
15	3.07	2.70	2.49	2.36	2.27	2.21	2.16	2.12	2.09	2.06	2.02	1.97	1.92	1.89	1.87	1.86	1.85	1.82	1.79	1.76

续表

$\alpha = 0.1$

n_1 / n_2	1	2	3	4	5	6	7	8	9	10	12	15	20	25	30	35	40	60	120	$+\infty$
16	3.05	2.67	2.46	2.33	2.24	2.18	2.13	2.09	2.06	2.03	1.99	1.94	1.89	1.86	1.84	1.82	1.81	1.78	1.75	1.72
17	3.03	2.64	2.44	2.31	2.22	2.15	2.10	2.06	2.03	2.00	1.96	1.91	1.86	1.83	1.81	1.79	1.78	1.75	1.72	1.69
18	3.01	2.62	2.42	2.29	2.20	2.13	2.08	2.04	2.00	1.98	1.93	1.89	1.84	1.80	1.78	1.77	1.75	1.72	1.69	1.66
19	2.99	2.61	2.40	2.27	2.18	2.11	2.06	2.02	1.98	1.96	1.91	1.86	1.81	1.78	1.76	1.74	1.73	1.70	1.67	1.63
20	2.97	2.59	2.38	2.25	2.16	2.09	2.04	2.00	1.96	1.94	1.89	1.84	1.79	1.76	1.74	1.72	1.71	1.68	1.64	1.61
21	2.96	2.57	2.36	2.23	2.14	2.08	2.02	1.98	1.95	1.92	1.87	1.83	1.78	1.74	1.72	1.70	1.69	1.66	1.62	1.59
22	2.95	2.56	2.35	2.22	2.13	2.06	2.01	1.97	1.93	1.90	1.86	1.81	1.76	1.73	1.07	1.68	1.67	1.64	1.60	1.57
23	2.94	2.55	2.34	2.21	2.11	2.05	1.99	1.95	1.92	1.89	1.84	1.80	1.74	1.71	1.69	1.67	1.66	1.62	1.59	1.55
24	2.93	2.54	2.33	2.19	2.10	2.04	1.98	1.94	1.91	1.88	1.83	1.78	1.73	1.70	1.67	1.65	1.64	1.61	1.57	1.53
25	2.92	2.53	2.32	2.18	2.09	2.02	1.97	1.93	1.89	1.87	1.82	1.77	1.72	1.68	1.66	1.64	1.63	1.59	1.56	1.52
26	2.91	2.52	2.31	2.17	2.08	2.01	1.96	1.92	1.88	1.86	1.81	1.76	1.71	1.67	1.65	1.63	1.61	1.58	1.54	1.50
27	2.90	2.51	2.30	2.17	2.07	2.00	1.95	1.91	1.87	1.85	1.80	1.75	1.70	1.66	1.64	1.62	1.60	1.57	1.53	1.49
28	2.89	2.50	2.29	2.16	2.06	2.00	1.94	1.90	1.87	1.84	1.79	1.74	1.69	1.65	1.63	1.61	1.59	1.56	1.52	1.48
29	2.89	2.50	2.28	2.15	2.06	1.99	1.93	1.89	1.86	1.83	1.78	1.73	1.68	1.64	1.62	1.60	1.58	1.55	1.51	1.47
30	2.88	2.49	2.28	2.14	2.05	1.98	1.93	1.88	1.85	1.82	1.77	1.72	1.67	1.63	1.61	1.59	1.57	1.54	1.5	1.46
40	2.84	2.44	2.23	2.09	2.00	1.93	1.87	1.83	1.79	1.76	1.71	1.66	1.61	1.57	1.54	1.52	1.51	1.47	1.42	1.38
60	2.79	2.39	2.18	2.04	1.95	1.87	1.82	1.77	1.74	1.71	1.66	1.60	1.54	1.50	1.48	1.45	1.44	1.40	1.35	1.29
120	2.75	2.35	2.13	1.99	1.90	1.82	1.77	1.72	1.68	1.65	1.60	1.55	1.48	1.44	1.41	1.39	1.37	1.32	1.26	1.19
∞	2.71	2.30	2.08	1.94	1.85	1.77	1.72	1.67	1.63	1.60	1.55	1.49	1.42	1.38	1.34	1.32	1.30	1.24	1.17	1.00

续表

$\alpha = 0.05$

n_1 \ n_2	1	2	3	4	5	6	7	8	9	10	12	15	20	25	30	35	40	60	120	$+\infty$
1	161.4	199.5	215.7	224.5	230.2	234.0	236.8	238.9	240.5	241.9	243.9	245.9	248.0	249.3	250	251	251	252	253	254
2	18.51	19.00	19.16	19.25	19.30	19.33	19.35	19.37	19.38	19.40	19.41	19.43	19.45	19.46	19.46	19.47	19.47	19.48	19.49	19.50
3	10.13	9.55	9.28	9.12	9.01	8.94	8.89	8.85	8.81	8.79	8.74	8.70	8.66	8.63	8.62	8.60	8.59	8.57	8.55	8.53
4	7.71	6.94	6.59	6.39	6.26	6.16	6.09	6.04	6.00	5.96	5.91	5.86	5.80	5.77	5.75	5.73	5.72	5.69	5.66	5.63
5	6.61	5.79	5.41	5.19	5.05	4.95	4.88	4.82	4.77	4.74	4.68	4.62	4.56	4.52	4.50	4.48	4.46	4.43	4.40	4.36
6	5.99	5.14	4.76	4.53	4.39	4.28	4.21	4.15	4.10	4.06	4.00	3.94	3.87	3.83	3.81	3.79	3.77	3.74	3.70	3.67
7	5.59	4.74	4.35	4.12	3.97	3.87	3.79	3.73	3.68	3.64	3.57	3.51	3.44	3.40	3.38	3.36	3.34	3.30	3.27	3.23
8	5.32	4.46	4.07	3.84	3.69	3.58	3.50	3.44	3.39	3.35	3.28	3.22	3.15	3.11	3.08	3.06	3.04	3.01	2.97	2.93
9	5.12	4.26	3.86	3.63	3.48	3.37	3.29	3.23	3.18	3.14	3.07	3.01	2.94	2.89	2.86	2.84	2.83	2.79	2.75	2.71
10	4.96	4.10	3.71	3.48	3.33	3.22	3.14	3.07	3.02	2.98	2.91	2.85	2.77	2.73	2.70	2.68	2.66	2.62	2.58	2.54
11	4.84	3.98	3.59	3.36	3.20	3.09	3.01	2.95	2.90	2.85	2.79	2.72	2.65	2.60	2.57	2.55	2.53	2.49	2.45	2.40
12	4.75	3.89	3.49	3.26	3.11	3.00	2.91	2.85	2.80	2.75	2.69	2.62	2.54	2.50	2.47	2.44	2.43	2.38	2.34	2.30
13	4.67	3.81	3.41	3.18	3.03	2.92	2.83	2.77	2.71	2.67	2.60	2.53	2.46	2.41	2.38	2.36	2.34	2.30	2.25	2.21
14	4.60	3.74	3.34	3.11	2.96	2.85	2.76	2.70	2.65	2.60	2.53	2.46	2.39	2.34	2.31	2.28	2.27	2.22	2.18	2.13
15	4.54	3.68	3.29	3.06	2.90	2.79	2.71	2.64	2.59	2.54	2.48	2.40	2.33	2.28	2.25	2.22	2.20	2.16	2.11	2.07
16	4.49	3.63	3.24	3.01	2.85	2.74	2.66	2.59	2.54	2.49	2.42	2.35	2.28	2.23	2.19	2.17	2.15	2.11	2.06	2.01
17	4.45	3.59	3.20	2.96	2.81	2.70	2.61	2.55	2.49	2.45	2.38	2.31	2.23	2.18	2.15	2.12	2.10	2.06	2.01	1.96
18	4.41	3.55	3.16	2.93	2.77	2.66	2.58	2.51	2.46	2.41	2.34	2.27	2.19	2.14	2.11	2.08	2.06	2.02	1.97	1.92

续表

$\alpha = 0.05$

n_1 \ n_2	1	2	3	4	5	6	7	8	9	10	12	15	20	25	30	35	40	60	120	$+\infty$
19	4.38	3.52	3.13	2.9	2.74	2.63	2.54	2.48	2.42	2.38	2.31	2.23	2.16	2.11	2.07	2.05	2.03	1.98	1.93	1.88
20	4.35	3.49	3.1	2.87	2.71	2.60	2.51	2.45	2.39	2.35	2.28	2.20	2.12	2.07	2.04	2.01	1.99	1.95	1.90	1.84
21	4.32	3.47	3.07	2.84	2.68	2.57	2.49	2.42	2.37	2.32	2.25	2.18	2.10	2.05	2.01	1.98	1.96	1.92	1.87	1.81
22	4.30	3.44	3.05	2.82	2.66	2.55	2.46	2.40	2.34	2.30	2.23	2.15	2.07	2.02	1.98	1.96	1.94	1.89	1.84	1.78
23	4.28	3.42	3.03	2.80	2.64	2.53	2.44	2.37	2.32	2.27	2.20	2.13	2.05	2.00	1.96	1.93	1.91	1.86	1.81	1.76
24	4.26	3.40	3.01	2.78	2.62	2.51	2.42	2.36	2.30	2.25	2.18	2.11	2.03	1.97	1.94	1.91	1.89	1.84	1.79	1.73
25	4.24	3.39	2.99	2.76	2.60	2.49	2.40	2.34	2.28	2.24	2.16	2.09	2.01	1.96	1.92	1.89	1.87	1.82	1.77	1.71
26	4.23	3.37	2.98	2.74	2.59	2.47	2.39	2.32	2.27	2.22	2.15	2.07	1.99	1.94	1.90	1.87	1.85	1.80	1.75	1.69
27	4.21	3.35	2.96	2.73	2.57	2.46	2.37	2.31	2.25	2.20	2.13	2.06	1.97	1.92	1.88	1.86	1.84	1.79	1.73	1.67
28	4.20	3.34	2.95	2.71	2.56	2.45	2.36	2.29	2.24	2.19	2.12	2.04	1.96	1.91	1.87	1.84	1.82	1.77	1.71	1.65
29	4.18	3.33	2.93	2.70	2.55	2.43	2.35	2.28	2.22	2.18	2.10	2.03	1.94	1.89	1.85	1.83	1.81	1.75	1.70	1.64
30	4.17	3.32	2.92	2.69	2.53	2.42	2.33	2.27	2.21	2.16	2.09	2.01	1.93	1.88	1.84	1.81	1.79	1.74	1.68	1.62
40	4.08	3.23	2.84	2.61	2.45	2.34	2.25	2.18	2.12	2.08	2.00	1.92	1.84	1.78	1.74	1.72	1.69	1.64	1.58	1.51
60	4.00	3.15	2.76	2.53	2.37	2.25	2.17	2.10	2.04	1.99	1.92	1.84	1.75	1.69	1.65	1.62	1.59	1.53	1.47	1.39
120	3.92	3.07	2.68	2.45	2.29	2.18	2.09	2.02	1.96	1.91	1.83	1.75	1.66	1.60	1.55	1.52	1.50	1.43	1.35	1.25
∞	3.84	3.00	2.6	2.37	2.21	2.10	2.01	1.94	1.88	1.83	1.75	1.67	1.57	1.51	1.46	1.42	1.39	1.32	1.22	1.00

续表

$\alpha = 0.025$

n_2 \ n_1	1	2	3	4	5	6	7	8	9	10	12	15	20	25	30	35	40	60	120	$+\infty$
1	647.8	799.5	864.2	899.6	921.8	937.1	948.2	956.7	963.3	968.6	976.7	984.9	993.1	998.1	1001	1004	1006	1010	1014	1018
2	38.51	39.00	39.17	39.25	39.30	39.33	39.36	39.37	39.39	39.40	39.41	39.43	39.45	39.46	39.46	39.47	39.47	39.48	39.49	39.50
3	17.44	16.04	15.44	15.10	14.88	14.73	14.62	14.54	14.47	14.42	14.34	14.25	14.17	14.12	14.08	14.06	14.04	13.99	13.95	13.90
4	12.22	10.65	9.98	9.60	9.36	9.20	9.07	8.98	8.90	8.84	8.75	8.66	8.56	8.50	8.46	8.43	8.41	8.36	8.31	8.26
5	10.01	8.43	7.76	7.39	7.15	6.98	6.85	6.76	6.68	6.62	6.52	6.43	6.33	6.27	6.23	6.20	6.18	6.12	6.07	6.02
6	8.81	7.26	6.60	6.23	5.99	5.82	5.70	5.60	5.52	5.46	5.37	5.27	5.17	5.11	5.07	5.04	5.01	4.96	4.90	4.85
7	8.07	6.54	5.89	5.52	5.29	5.12	4.99	4.90	4.82	4.76	4.67	4.57	4.47	4.40	4.36	4.33	4.31	4.25	4.20	4.14
8	7.57	6.06	5.42	5.05	4.82	4.65	4.53	4.43	4.36	4.30	4.20	4.10	4.00	3.94	3.89	3.86	3.84	3.78	3.73	3.67
9	7.21	5.71	5.08	4.72	4.48	4.32	4.20	4.10	4.03	3.96	3.87	3.77	3.67	3.60	3.56	3.53	3.51	3.45	3.39	3.33
10	6.94	5.46	4.83	4.47	4.24	4.07	3.95	3.85	3.78	3.72	3.62	3.52	3.42	3.35	3.31	3.28	3.26	3.20	3.14	3.08
11	6.72	5.26	4.63	4.28	4.04	3.88	3.76	3.66	3.59	3.53	3.43	3.33	3.23	3.16	3.12	3.09	3.06	3.00	2.94	2.88
12	6.55	5.10	4.47	4.12	3.89	3.73	3.61	3.51	3.44	3.37	3.28	3.18	3.07	3.01	2.96	2.93	2.91	2.85	2.79	2.72
13	6.41	4.97	4.35	4.00	3.77	3.60	3.48	3.39	3.31	3.25	3.15	3.05	2.95	2.88	2.84	2.80	2.78	2.72	2.66	2.60
14	6.30	4.86	4.24	3.89	3.66	3.50	3.38	3.29	3.21	3.15	3.05	2.95	2.84	2.78	2.73	2.70	2.67	2.61	2.55	2.49
15	6.20	4.77	4.15	3.80	3.58	3.41	3.29	3.20	3.12	3.06	2.96	2.86	2.76	2.69	2.64	2.61	2.59	2.52	2.46	2.4
16	6.12	4.69	4.08	3.73	3.50	3.34	3.22	3.12	3.05	2.99	2.89	2.79	2.68	2.61	2.57	2.53	2.51	2.45	2.38	2.32
17	6.04	4.62	4.01	3.66	3.44	3.28	3.16	3.06	2.98	2.92	2.82	2.72	2.62	2.55	2.50	2.47	2.44	2.38	2.32	2.25
18	5.98	4.56	3.95	3.61	3.38	3.22	3.10	3.01	2.93	2.87	2.77	2.67	2.56	2.49	2.44	2.41	2.38	2.32	2.26	2.19
19	5.92	4.51	3.90	3.56	3.33	3.17	3.05	2.96	2.88	2.82	2.72	2.62	2.51	2.44	2.39	2.36	2.33	2.27	2.20	2.13

续表

$\alpha = 0.025$

n_1 \ n_2	1	2	3	4	5	6	7	8	9	10	12	15	20	25	30	35	40	60	120	$+\infty$
20	5.87	4.46	3.86	3.51	3.29	3.13	3.01	2.91	2.84	2.77	2.68	2.57	2.46	2.40	2.35	2.31	2.29	2.22	2.16	2.09
21	5.83	4.42	3.82	3.48	3.25	3.09	2.97	2.87	2.80	2.73	2.64	2.53	2.42	2.36	2.31	2.27	2.25	2.18	2.11	2.04
22	5.79	4.38	3.78	3.44	3.22	3.05	2.93	2.84	2.76	2.70	2.60	2.50	2.39	2.32	2.27	2.24	2.21	2.14	2.08	2.00
23	5.75	4.35	3.75	3.41	3.18	3.02	2.9	2.81	2.73	2.67	2.57	2.47	2.36	2.29	2.24	2.2	2.18	2.11	2.04	1.97
24	5.72	4.32	3.72	3.38	3.15	2.99	2.87	2.78	2.70	2.64	2.54	2.44	2.33	2.26	2.21	2.17	2.15	2.08	2.01	1.94
25	5.69	4.29	3.69	3.35	3.13	2.97	2.85	2.75	2.68	2.61	2.51	2.41	2.30	2.23	2.18	2.15	2.12	2.05	1.98	1.91
26	5.66	4.27	3.67	3.33	3.10	2.94	2.82	2.73	2.65	2.59	2.49	2.39	2.28	2.21	2.16	2.12	2.09	2.03	1.95	1.88
27	5.63	4.24	3.65	3.31	3.08	2.92	2.80	2.71	2.63	2.57	2.47	2.36	2.25	2.18	2.13	2.10	2.07	2.00	1.93	1.85
28	5.61	4.22	3.63	3.29	3.06	2.90	2.78	2.69	2.61	2.55	2.45	2.34	2.23	2.16	2.11	2.08	2.05	1.98	1.91	1.83
29	5.59	4.20	3.61	3.27	3.04	2.88	2.76	2.67	2.59	2.53	2.43	2.32	2.21	2.14	2.09	2.06	2.03	1.96	1.89	1.81
30	5.57	4.18	3.59	3.25	3.03	2.87	2.75	2.65	2.57	2.51	2.41	2.31	2.20	2.12	2.07	2.04	2.01	1.94	1.87	1.79
40	5.42	4.05	3.46	3.13	2.90	2.74	2.62	2.53	2.45	2.39	2.29	2.18	2.07	1.99	1.94	1.90	1.88	1.80	1.72	1.64
60	5.29	3.93	3.34	3.01	2.79	2.63	2.51	2.41	2.33	2.27	2.17	2.06	1.94	1.87	1.82	1.78	1.74	1.67	1.58	1.48
120	5.15	3.80	3.23	2.89	2.67	2.52	2.39	2.30	2.22	2.16	2.05	1.94	1.82	1.75	1.69	1.65	1.61	1.53	1.43	1.31
∞	5.02	3.69	3.12	2.79	2.57	2.41	2.29	2.19	2.11	2.05	1.94	1.83	1.71	1.63	1.57	1.52	1.48	1.39	1.27	1.00

续表

$\alpha = 0.01$

n_1 / n_2	1	2	3	4	5	6	7	8	9	10	12	15	20	25	30	35	40	60	120	$+\infty$
1	4052	4999	5403	5625	5764	5859	5928	5981	6022	6056	6106	6157	6209	6240	6261	6276	6287	6313	6339	6366
2	98.50	99.00	99.17	99.25	99.3	99.33	99.36	99.37	99.39	99.40	99.42	99.43	99.45	99.46	99.47	99.47	99.47	99.48	99.49	99.50
3	34.12	30.82	29.46	28.71	28.24	27.91	27.67	27.49	27.35	27.23	27.05	26.87	26.69	26.58	26.50	26.45	26.41	26.32	26.22	26.13
4	21.20	18.00	16.69	15.98	15.52	15.21	14.98	14.80	14.66	14.55	14.37	14.20	14.02	13.91	13.84	13.79	13.75	13.65	13.56	13.46
5	16.26	13.27	12.06	11.39	10.97	10.67	10.46	10.29	10.16	10.05	9.89	9.72	9.55	9.45	9.38	9.33	9.29	9.20	9.11	9.02
6	13.75	10.92	9.78	9.15	8.75	8.47	8.26	8.10	7.98	7.87	7.72	7.56	7.40	7.30	7.23	7.18	7.14	7.06	6.97	6.88
7	12.25	9.55	8.45	7.85	7.46	7.19	6.99	6.84	6.72	6.62	6.47	6.31	6.16	6.06	5.99	5.94	5.91	5.82	5.74	5.65
8	11.26	8.65	7.59	7.01	6.63	6.37	6.18	6.03	5.91	5.81	5.67	5.52	5.36	5.26	5.20	5.15	5.12	5.03	4.95	4.86
9	10.56	8.02	6.99	6.42	6.06	5.80	5.61	5.47	5.35	5.26	5.11	4.96	4.81	4.71	4.65	4.60	4.57	4.48	4.40	4.31
10	10.04	7.56	6.55	5.99	5.64	5.39	5.20	5.06	4.94	4.85	4.71	4.56	4.41	4.31	4.25	4.20	4.17	4.08	4.00	3.91
11	9.65	7.21	6.22	5.67	5.32	5.07	4.89	4.74	4.63	4.54	4.40	4.25	4.10	4.01	3.94	3.89	3.86	3.78	3.69	3.60
12	9.33	6.93	5.95	5.41	5.06	4.82	4.64	4.50	4.39	4.30	4.16	4.01	3.86	3.76	3.70	3.65	3.62	3.54	3.45	3.36
13	9.07	6.70	5.74	5.21	4.86	4.62	4.44	4.30	4.19	4.10	3.96	3.82	3.66	3.57	3.51	3.46	3.43	3.34	3.25	3.17
14	8.86	6.51	5.56	5.04	4.69	4.46	4.28	4.14	4.03	3.94	3.80	3.66	3.51	3.41	3.35	3.30	3.27	3.18	3.09	3.00
15	8.68	6.36	5.42	4.89	4.56	4.32	4.14	4.00	3.89	3.80	3.67	3.52	3.37	3.28	3.21	3.17	3.13	3.05	2.96	2.87
16	8.53	6.23	5.29	4.77	4.44	4.20	4.03	3.89	3.78	3.69	3.55	3.41	3.26	3.16	3.10	3.05	3.02	2.93	2.84	2.75

续表

$\alpha = 0.01$

n_2＼n_1	1	2	3	4	5	6	7	8	9	10	12	15	20	25	30	35	40	60	120	$+\infty$
17	8.40	6.11	5.18	4.67	4.34	4.10	3.93	3.79	3.68	3.59	3.46	3.31	3.16	3.07	3.00	2.96	2.92	2.83	2.75	2.65
18	8.29	6.01	5.09	4.58	4.25	4.01	3.84	3.71	3.60	3.51	3.37	3.23	3.08	2.98	2.92	2.87	2.84	2.75	2.66	2.57
19	8.18	5.93	5.01	4.50	4.17	3.94	3.77	3.63	3.52	3.43	3.30	3.15	3.00	2.91	2.84	2.80	2.76	2.67	2.58	2.49
20	8.10	5.85	4.94	4.43	4.10	3.87	3.70	3.56	3.46	3.37	3.23	3.09	2.94	2.84	2.78	2.73	2.69	2.61	2.52	2.42
21	8.02	5.78	4.87	4.37	4.04	3.81	3.64	3.51	3.40	3.31	3.17	3.03	2.88	2.79	2.72	2.67	2.64	2.55	2.46	2.36
22	7.95	5.72	4.82	4.31	3.99	3.76	3.59	3.45	3.35	3.26	3.12	2.98	2.83	2.73	2.67	2.62	2.58	2.50	2.40	2.31
23	7.88	5.66	4.76	4.26	3.94	3.71	3.54	3.41	3.30	3.21	3.07	2.93	2.78	2.69	2.62	2.57	2.54	2.45	2.35	2.26
24	7.82	5.61	4.72	4.22	3.90	3.67	3.50	3.36	3.26	3.17	3.03	2.89	2.74	2.64	2.58	2.53	2.49	2.4	2.31	2.21
25	7.77	5.57	4.68	4.18	3.85	3.63	3.46	3.32	3.22	3.13	2.99	2.85	2.70	2.60	2.54	2.49	2.45	2.36	2.27	2.17
26	7.72	5.53	4.64	4.14	3.82	3.59	3.42	3.29	3.18	3.09	2.96	2.81	2.66	2.57	2.50	2.45	2.42	2.33	2.23	2.13
27	7.68	5.49	4.60	4.11	3.78	3.56	3.39	3.26	3.15	3.06	2.93	2.78	2.63	2.54	2.47	2.42	2.38	2.29	2.20	2.10
28	7.64	5.45	4.57	4.07	3.75	3.53	3.36	3.23	3.12	3.03	2.90	2.75	2.60	2.51	2.44	2.39	2.35	2.26	2.17	2.06
29	7.60	5.42	4.54	4.04	3.73	3.50	3.33	3.20	3.09	3.00	2.87	2.73	2.57	2.48	2.41	2.36	2.33	2.23	2.14	2.03
30	7.56	5.39	4.51	4.02	3.70	3.47	3.30	3.17	3.07	2.98	2.84	2.70	2.55	2.45	2.39	2.34	2.30	2.21	2.11	2.01
40	7.31	5.18	4.31	3.83	3.51	3.29	3.12	2.99	2.89	2.80	2.66	2.52	2.37	2.27	2.20	2.15	2.11	2.02	1.92	1.80
60	7.08	4.98	4.13	3.65	3.34	3.12	2.95	2.82	2.72	2.63	2.50	2.35	2.20	2.10	2.03	1.98	1.94	1.84	1.73	1.60
120	6.85	4.79	3.95	3.48	3.17	2.96	2.79	2.66	2.56	2.47	2.34	2.19	2.03	1.93	1.86	1.81	1.76	1.66	1.53	1.38
∞	6.63	4.61	3.78	3.32	3.02	2.80	2.64	2.51	2.41	2.32	2.18	2.04	1.88	1.77	1.70	1.64	1.59	1.47	1.32	1.00